"十二五"高等职业教育计算机类专

U0667316

平面设计与制作

姜宏志　主　编

任丽鸿　柳洪轶　王秀娟　副主编

丁宝亮　张云鹏　参　编

中国铁道出版社

CHINA RAILWAY PUBLISHING HOUSE

内 容 简 介

　　本书详细讲述了平面设计相关的理论基础与实践操作,理实一体,共有 8 个任务,涵盖了平面设计的基础理论、平面构成、色彩构成,实践操作中应用了 Photoshop、Illustrator、CorelDRAW 三大平面设计软件。任务 1 从赏析的角度引入平面设计教学内容,通过视觉的冲击激发读者学习的兴趣;任务 2 详细讲述了 VI 设计的相关内容;任务 3 讲述了插画设计的相关内容;任务 4 从流行的个性化文字入手讲述了字体艺术设计的相关内容;任务 5 从产品包装入手讲述了包装设计的理论与实践;任务 6 从户外广告设计入手讲述了广告设计的理论与实践;任务 7 从输出与版面的角度讲解了排版与印前设计的相关内容;任务 8 从总结提高的角度,在上述 7 个任务的基础上讲述了网页界面的设计与实践内容。8 个任务基于从基础到高级、从理论到实践的内容设计,旨在让读者系统地掌握平面设计理论与实践内容体系,掌握具体的设计细节。

　　本书适合作为高职高专计算机类及相关专业的教材,也可作为计算机培训使用。

图书在版编目(CIP)数据

平面设计与制作/姜宏志主编. —北京:中国铁
道出版社,2014.8(2015.8 重印)
"十二五"高等职业教育计算机类专业规划教材
ISBN 978-7-113-18333-2

Ⅰ. ①平… Ⅱ. ①姜… Ⅲ. ①平面设计—图形软件—
高等职业教育—教材 Ⅳ. ①TP391.41

中国版本图书馆 CIP 数据核字(2014)第 172765 号

书　　名:平面设计与制作
作　　者:姜宏志　主编

策　　划:王春霞		读者热线:400-668-0820
责任编辑:王春霞　冯彩茹		
封面设计:付　巍		
封面制作:白　雪		
责任校对:汤淑梅		
责任印制:李　佳		

出版发行:中国铁道出版社(100054,北京市西城区右安门西街 8 号)
网　　址:http://www.51eds.com
印　　刷:北京市昌平百善印刷厂
版　　次:2014 年 8 月第 1 版　　　　2015 年 8 月第 2 次印刷
开　　本:787 mm×1 092 mm　1/16　印张:16.25　字数:395 千
书　　号:ISBN 978-7-113-18333-2
定　　价:32.00 元

设计服务业是我国重点发展的服务业，目前已列入国家发展重点计划，希望能协助国内产业运用设计发展品牌，促进设计服务输出，扩大市场需求，并可发扬、丰富多元文化特色。当前设计服务业前景比较光明，但平面设计师却面对比其他设计业更大的市场发展压力。近年来因为信息技术的亲近性设计，使得一般人可以容易利用电脑软件自己来进行设计，因此平面设计师面临削价竞争的问题，获利空间大为缩水。因此，在努力提升自己的创意设计能力之外，更需花时间去经营客户关系，提供更好的服务，才能保持自己的竞争优势。

中国现代平面设计真正的兴起，是在20世纪80年代，伴随着艺术设计学科的建立和完善。而用现代平面设计的理念和方法挖掘汉字所携带的中国文化基因的设计热潮，开始于近十几年。随着中国平面设计的成熟和发展，中国平面设计师将更多关注的目光投向了中国传统文化的挖掘上。中国平面设计的学习者和研究者，已经在有意识或无意识（自觉或不自觉）地汲取汉字及其各种艺术形式的营养，并取得了一些成果。

日本当代的平面设计中，对汉字和中国书法的深入研究与利用可以说早于我国，但日本设计师主要是从汉字与书法的形式美的角度去寻找可用的平面设计元素。人们可以见到大量的以汉字或日语假名为形，用中国书法的表现方式加入现代平面构成理念的作品。从中可以感受到汉文化的魅力和汉字对世界平面设计领域独特的影响力。

在汉字文化中成长起来的中国平面设计师，把握住了中国人的"设计智慧与能力中的优势基因"，他们对中国文化理解的程度，是外国设计师所不具备的。不脱离世间万物的"象"和"形"，并对物象的简约化和概括化表现的汉字，为创意和创形提供了一个富有张力的施展空间，中国设计师正是把握了汉字的这种特征，将作为主题或语言介质的汉字在平面设计作品中发挥到了一个前所未有的水平。从2008年奥运会的标志中可以感受到汉字在世界文化中的影响力。

从现代中国平面视觉传达教育中，也可以看到围绕汉字所展开的训练课程越来越受到重视，比如汉字字体设计、汉字的图形创意变化，等等。但在对于造型进行研究的同时，也应该对于汉字文化予以足够的了解和重视。本书从平面设计的行业中选取部分经典作品进行讲解，并从设计理论到技能操作进行了详尽的阐述。

本书由姜宏志任主编，任丽鸿、柳洪轶、王秀娟任副主编，丁宝亮、张云鹏参编。具体编写分工如下：任务1和任务4由任丽鸿编写，任务2由柳洪轶编写，任务3由丁宝亮编写，任务5由王秀娟编写，任务6由张云鹏编写，任务7和任务8由姜宏志编写。

由于编者水平有限，书中难免存在疏漏和不足之处，敬请读者批评指正。

编 者
2014 年 8 月

目 录

任务 ①

➡ 平面设计作品赏析与解构

　　人们生活的世界中无论何时何地，都充满着各种不同的色彩。人们在接触这些色彩时，常常都会以为色彩是独立的：天空是蓝色的，植物是绿色的，花朵是红色的。但色彩就像音符，唯有一个个的音符才能共同谱出美妙的乐章。实际上没有一个色彩是独立存在的，也没有哪一种颜色本身是好看的颜色或是不好看的颜色。相反，只有当色彩成为一组颜色组成中的其中一个时，人们才会说这个颜色在这里是协调或是不协调，适合或不适合。

1.1　　任务描述

　　本任务以色轮为主引入色彩相关知识，最终通过色轮软件进行色彩搭配的具体应用。通过下载、安装及使用色轮软件（ColorImpact）逐步认识色轮、了解色彩原理、掌握利用色轮来分析色彩构成、色彩的内涵、色彩所表达的意义，最终达到提高学生色彩认知能力、色彩赏析的能力、色轮软件的使用能力。

1.2　　相关知识

1.2.1　色轮软件及其应用

　　色轮软件（ColorImpact）介绍：ColorImpact 是一个应用于 Windows 平台上获得多项大奖的颜色方案设计工具，兼具易用性和高级功能。ColorImpact 在众多设计、多媒体、Web 开发程序中提供出众的色彩整合。主要功能有：单击即可建立漂亮的颜色方案；通过内置的高级工具探索颜色语言的强大之处；全新颜色混合；高级颜色公式；全新的高级颜色方案分析；自定义调色板；导出颜色方案到其他设计程序；全新颜色设计。ColorImpact 是一个非常好的色彩选取工具，程序提供了非常友好的界面，提供了多种色彩选取方式，支持屏幕直接取色，非常方便易用，其界面如图 1-1 所示。

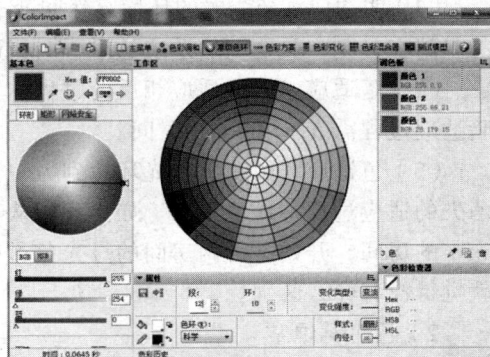

图 1-1　ColorImpact 运行界面

1.2.2 色彩描述

1. 色彩的性质

1）光与色彩

色彩是由光的刺激而产生的一种视觉效应。光是产生色的原因，色是光感觉的结果。

光在物理学上是电磁波的一部分，其波长为 400～700 nm，在此范围称为可视光线。当把光线引入三棱镜时，光线被分离为红、橙、黄、绿、青、蓝、紫，因而得出的自然光是七色光的混合。这种现象称作光的分解或光谱，七色光谱的颜色分布是按光的波长排列的。

2）物体色

物体本身不会发光的，之所以能看到它，是因为光源色经物体表面的吸收、反射，反映到视觉中的光色感觉。

物体在自然光照下，只反射其中一种波长的光，而其他波长的光全部吸收，这个物体则呈现反射光的颜色。如果某一物体反射所有色光，那么我们便感觉这个物体是白色的；如果把七色光全部吸收，那么就呈现一种黑色；实际上，现实生活中的颜色是极其丰富的，各种物体不可能单纯反射一种波长的光，它只能对某一种波长的光反射得多，而对其他波长的光按不同比例反射得少因此，物体的颜色不可能是一种绝对标准的色彩，而只能是倾向某一种颜色，同时又具有其他色光的成分。所以说物体的色彩是受光源的色彩和该物体的选择吸收与反射能力所决定的。

3）计算机色彩显示

我们知道物体的色彩是对色光反射的结果，那么，计算机显示器的色彩是如何生成的？彩色显示器产生色彩的方式类似于大自然中的发光体。在显示器内部有一个和电视机一样的显像管，当显像管内的电子枪发射出的电子流打在荧光屏内侧的磷光片上时，磷光片就产生发光效应。三种不同性质的磷光片分别发出红、绿、蓝三种光波，计算机程序量化地控制电子束强度，由此精确控制各个磷光片的光波的波长，再经过合成叠加，就模拟出自然界中的各种色光。

2. 视觉的生理特性

1）视觉的适应

（1）明适应。光线弱的环境突然间变成一个光线强的环境（例如，电灯骤开的瞬间），人的眼睛在片刻"失明"后适应的过程叫明适应。这个视觉适应过程大约有 0.2 s。

（2）暗适应。和明适应相反的过程称为暗适应（例如，夜晚从灯光明亮的大厅到户外），暗适应过程需 5～10min 的时间。

（3）色适应。由一个色光环境到另一个色光环境，人的眼睛由感觉到差异的存在到差异消失的适应过程称作色适应。如当我们从普通灯光（带黄橙光）的房间到点荧光灯（带蓝白光）的房间，开始觉得两房间的灯光色彩有差异，可是过不久，便会不知不觉地习惯下来，就觉得没有什么区别。

2）色感觉恒常

当人们看物象时，常常进行心理的调节就不会被进入眼内的光的物理性质所欺骗，而能认识物象的真实特性。视觉的这种自然地或无意识地对物体的色觉始终想保持原样不变和"固有"的现象，就是色感觉恒常，也叫视觉惰性。

（1）明度恒常。把一个浅色的物体放置在阳光下，一个白色的物体放置在阴影处，虽然在阳光下浅色物体对光的反射量比在阴影处时白色物体对光的反射量多，但我们仍然感到阳光下的物体是灰色的，而在阴影处的物体是白色的，这种现象称为明度恒常。

（2）大小恒常。人们面向前方，两个等大的物体，一个放置在近处，一个放置在远处，虽然近处的物体比远处的在视网膜上的成像大很多，但是我们认为是同样大小。这种现象称为大小恒常。

（3）色的恒常。把一张白纸照射蓝色光，把一张蓝颜色的纸照射白光（全色光），两者相比较，虽然两张纸都成了蓝色，但是眼睛仍然能区分出前者是在蓝色光下的白纸，后者为蓝色纸，这种把物体的"固有色"与照明色相区别的能力，称为色的恒常。

（4）色感觉恒常的条件。色彩感觉的恒常现象是有条件的。当色彩环境或照明条件发生变化时，色感觉的恒常现象不能维持。去掉环境及与周围的关系，色感觉的恒常也难以维持。

3）视觉的阈值

两种刺激差别未到达定量以上，则无法区别异同，此定量叫阈值。未到达阈值为相同，超过阈值为不同。例如，人的眼睛无法分辨速度过快、面积过小、距离过远、差别过小的物体。任何现象在未达到阈值以前都认为相同、消失、无法分辨。视觉的这种特性，为色彩的空间混合、网点印刷、计算机显像等生理理论根据。也为人们对色彩和构图的统一与变化、具象与抽象等提供了应用依据。

3. 色彩的混合

色彩有两个原色系统：色光的三原色、色素的三原色。色彩有三种混合方式：正混合、负混合、中性混合。

1）原色

不能用其他色混合而成的色彩叫原色。用原色却可以混出其他色彩。

原色有两个系统，一种是色光方面的，即光的三原色；另一种是色素方面的，即色素三原色。

色光的三原色：红光（Red）、绿光（Green）、蓝光（Blue）。

色素的三原色：品红（Magenta）、黄色（Yellow）、青色（Cyan）。

2）色彩的正混合

正混合指色光的混合。将太阳光线引入三棱镜时，光线被分离为红、橙、黄、绿、青、蓝、紫的光谱。同样，可以在实验室里把单色光混合成其他色光，得出以下实验结果：

红光+绿光+蓝紫光=白光

红+绿=黄光

红光+蓝紫光=紫红光

可以看出色光的混合特征，两色或多色光相混，混出的新色光，明度增高，明度是参加混合各色光明度之和。参加混合的色光越多，混出的新色的明度就越高，如果把各种色光全部混合在一起则成为极强白色光。所以把这种混合称为正混合或加法混合。

色环上相混合的两色光形成的新色光均为两色光的中间色光，相距近混出的新色光纯度高，相距远混出的新色光纯度低，相距最远的补色光相混，混出的光为白光，其纯度消失，混出新色光的明度为参加相混色光明度之和。

电脑显示器的色彩是通过荧光屏的磷光片发出的色光通过正混合叠加出来的，它能够显示出百万种色彩，其三原色是红（Red）、绿（Green）、蓝（Blue），所以称为 RGB 模式。

3）色彩的负混合

负混合指色素的混合，色素的混合是明度降低的减光现象，所以称为负混合或减法混合。颜料、染料、涂料等色素的性质与光谱上的单色光不同，是属于物体色的复色光，色料的显色是把白光中的色光经部分选择与吸收的结果，所反射的和所吸收的色混合的结果，而是吸收部分相混合所增加的减光现象。

在色环上相混合的两色距离近，距离中等，距离较远的色相混，混合的结果均为相混两色的中间色。两色相距较近时，混出的色纯度降低得少；两色相距远时，混出的色纯度降低得多。若两色为相距最远的互补色时，混出的新色纯度消失，明度降低为黑灰色。

因此，要混合出纯度较高的新色彩，一定要选择在色环上距离较近的色，如用黄绿和蓝绿混出的绿色，一定比用黄色和蓝色混出的绿色的纯度高。由于各色料的本质的不同及混合时分量的误差都会影响混色的结果。还有些色彩是无法用其他色彩混合出来的。

在理论上，将品红（Magenta）、黄色（Yellow）、青色（Cyan）三种色素均匀混合时，三种色光将全部吸收，产生黑色，但在实际操作中，因色料含有杂质而形成棕褐色，所以加入了黑色颜料（Black），从而形成 CMYK 色彩模式。这是平面设计的专用色彩模式，在印前处理中有着最重要的作用，是四色印刷的基础。

4）色彩的中性混合

中性混合包括回旋板的混合方法（平均混合）与空间混合（并置混合）。

（1）回旋板的混色。回旋板的混色是属于颜料的反射现象。如把红色和蓝色按一定的比例涂在回旋板上，以 40～50 次每秒以上的速度旋转则显出红紫灰色。可是如果把红和蓝两色光用加法混合则成为淡紫红色光，明度提高。把红和蓝颜料用减法混合，则成为暗紫红色，明度降低。通过以上不同方法的混合对比，发现用回旋板的方法混合出的色彩其明度基本为参加混合色彩明度的平均值，所以把这种混合方法叫中性混合。回旋板的中性混合实际是视网膜上的混合。正如上面举的例子，由于红、蓝两色经回旋板快速旋转使红、蓝二色反复刺激视网膜同一部位，红、蓝，红、蓝，交替而连续不断，因此在视网膜上发生红、蓝两色光混合而产生红紫灰色的感觉。

（2）空间混合(并置混合)。由于空间距离和视觉生理的限制，眼睛辨别不出过小或过远物象的细节，把各不同色块廓受成一个新的色彩，这种现象称为空间混合或并置混合。

如果把红、蓝色点（或块）并置的画面经过一定的距离，我们发现红色与蓝色变成了一个灰紫色。同样，胶版印刷只用品红、黄、蓝三色网点和黑色网点便可印出各种丰富多彩的画面，除重叠部分的网点产生减色混合外都是色点的并置混合，这种并置混合叫近距离空间混合。空间混合的距离是由参加混合色点（或块）面积的大小决定的，点或块的面积越大形成空间混合的距离越远。回旋板的混合和并置混合实际上都是视网膜上的混合。

这两种混合均为中性混合，混合出新色彩的明度基本等于参加混合色彩明度的平均值。

4. **色彩的三要素与色立体**

1）色彩的三要素

我们所看到的色彩世界，千差万别，几乎没有相同的，只要我们注意就能辨别出许多不同的色彩。即任何一个色彩都有它特定的明度，色相和纯度。所以我们把明度、色相、纯度称为色彩的三要素。

（1）明度。明度指色彩的明暗程度。明度是全部色彩都具有的属性，明度关系是搭配色彩的基础。明度最适于表现物体的立体感与空间感。白颜料属于反射率相当高的物体，在其他颜料中混入白色，可以提高混合色的反射率，也就是说提高了混合色的明度。混入白色越多，明度提高的越高。相反，黑颜料属于反射率极低的物体，在其他颜料中混入黑色越多，明度降低越多。

黑白之间可形成许多明度阶梯，人的最大明度层次判别能力可达 200 个台阶左右。普通实用的明度标准大都定在 9 级左右，如孟塞尔把明度定为黑白在内为 11 级，黑白之间为 9 组不同程度的灰。而有彩色的明度是根据相对应的灰的明度等级标准而定的。

黑、白、灰之间可构成明度序列。任何一个有彩色加白或加黑都可构成该色以明度为主的序列，红、橙、黄、绿、蓝、紫各纯色按明度关系排列起来可构成色相的明度秩序。

（2）色相。色相指色彩的相貌，是区别色彩种类的名称。色相是根据该色光波长划分的，只要色彩的波长相同，色相就相同，波长不同才产生色相的差别。红、橙、黄、绿、蓝、紫等每个字都代表一类具体的色相，它们之间的差别就属于色相差别。

如果红色加白色混出明度、纯度不同的几个粉红色；把红色加黑混出几个明度、纯度不同的暗红色。把红色加灰色混出几个纯度不同的灰红色。它们之间的差别就不是色相的差别，只能是同一色相，即红色相。色相的种类很多，可以识别的色相可达 160 个左右。如孟塞尔的 100 色的色相环。色相可构成高纯度、中纯度、低纯度、高明度、低明度、中明度的全色相环，即 1/3、1/2、3/4 色相环等以色相为主的序列。这些都是美感很高的色相秩序。

（3）纯度。纯度是指色彩的纯净程度。可见光辐射，有波长相当单一的，有波长相当混杂的，也有处在两者之间的，黑、白、灰等无彩色就是波长最为混杂，纯度、色相感消失造成的。

光谱中红、橙、黄、绿、蓝、紫等色光都是最纯的高纯度的色光。

颜料中的红色是纯度最高的色相。橙，黄，紫等色在颜料中是纯度高的色相，蓝绿色在颜料中是纯度最低的色相。眼睛在正常光线下对红色光波感觉敏锐，因此红色的纯度显得特别高。对绿色光波感觉相对迟钝，因此绿色相的纯度就显得低。

任何一个色彩加白、加黑、加灰都会降低它的纯度。混入的黑、白、灰，补色越多纯度降低的也越多。纯度只能是一定色相感的纯度，凡是有纯度的色彩必然有相应的色相感。因此，有纯度的色彩都称为有彩色。

（4）明度、色相、纯度三要素的关系。任何色彩（色相）在纯度最高时都有特定的明度，假如明度变了纯度就会下降。高纯度的色相加白或加黑，降低了该色相的纯度，同时也提高或降低了该色相的明度。高纯度的色相加与之不同明度的灰色，降低了该色相的纯度，同时使明度向该灰色的明度靠拢。高纯度的色相如果与同明度的灰色混合，可构成同色相同明度不同纯度的序列。

2）色立体

（1）色立体的概念。把不同明度的黑、白、灰按上白、下黑中间为不同明度的灰，等差秩序排列起来，可以构成明度序列；把不同色相的高纯度色彩按红、橙、黄、绿、蓝、紫、紫红等差环起来构成色相环；把每个色相中不同纯度的色彩，外面为纯色向内纯度降低，按等差纯度排列起来，可得各色相的纯度序列：以五彩色黑、白、灰明度序列为中轴，以色相环，环列于中轴，以纯色与中轴构成纯度序列，这种把千百个色彩依明度、色相、纯度三种关系组织在一起，构成一个立体，这就是色立体。

（2）孟塞尔色立体。孟塞尔立体是由美国教育家、色彩学家、美术家孟塞尔创立的色彩表示法。他的表示法是以色彩的三要素为基础。色相称为 Hue，简写为 H，明度叫作 Value，简写为 V，纯度为 Chroma，简写为 C。色相环是以红(R)、黄(Y)、绿(G)、蓝(B)、紫（P）心理五原色为基础，再加上它们的中间色相：橙(YR)、黄绿(GY)、蓝绿(DG)、蓝紫(PB)、红紫(RP)成为 10 色相，排列顺序为顺时针。再把每一个色相详细分为 10 等分，以各色相中央第 5 号为各色相代表，色相总数为 100。如：5R 为红，5YB 为橙，5Y 为黄等。每种摹本色取 2.5，5，7.5，10 等 4 个色相，共计 40 个色相，在色相环上相对的两色相为互补关系。

孟塞尔色立体，中心轴为黑、白、灰共分为 11 个等级，最高明度为 10，表示白，最低明度为 0，表示黑。1~9 为灰色系列，V=10 表示扩散反射率为 100%，即色光做全部反射时的白；V=0 则表示全部吸收。事实上这两种情况不可能存在，只是理想中的。

有彩色的明度与相应的中心轴一致，因此如将色立体做水平断面，其各色彩（不管色相与纯度）明度均相同。纯度垂直于中心轴，黑、白、灰的中轴纯度为 0，离中心轴越远纯度越高，最远为各色相的纯色。同一色相面的上下垂直线所穿过的色块为同纯度，以无彩轴为圆心的同心圆所穿过的不同色相也是同纯度。

（3）奥斯特瓦德色立体，是由德国科学家，伟大的色彩学家奥斯特瓦德创造的。他的色彩研究涉及的范围极广，创造的色彩体系不需要很复杂的光学测定，就能够把所指定的色彩符号化，为美术家的实际应用提供了工具。

奥斯特瓦德色立体的色相环，是以德国的物理学家赫林的生理四原色黄（Yellow）、蓝（Ultramarine-blue）、红（Red）、绿（Sea-green）基础，将四色分别放在圆周的四个等分点上，成为两组补色对。然后再在两色中间依次增加橙（Orange）、蓝绿（Turquoise）、紫（Purple）、黄绿（Leaf-green）四色相，总共 8 色相，然后每一色相再分为三色相，成为 24 色相的色相环。

总之，色立体能使我们更好地掌握色彩的科学性、多样性，使复杂的色彩关系在头脑中形成立体的概念，为更全面地应用色彩，搭配色彩提供根据。

5. 色彩与心理

色彩对人的头脑和精神的影响力是客观存在的，色彩的知觉力、色彩的辨别力、色彩的象征力与感情都是色彩心理学上的重要问题。这里我们着重研究色彩的感觉，色彩的心理分析。

1）色彩的感觉

（1）色彩的进退和胀缩感觉。当两个以上的同形同面积的不同色彩，在相同的背景衬托下，给人的感觉是不一样的。

如在白背景衬托下的红色与蓝色，红色感觉比蓝色离我们近，而且比蓝色大。当白色与黑色在灰背景的衬托下，我们感觉白色比黑色离我们近，而且比黑色大。当高纯度的红色与低纯度的红色在白背景的衬托下，我们发现高纯度的红色比低纯度红色感觉离我们近，而且比低纯度的红色大。

在色彩的比较中给人以比实际距离近的色彩叫前进色，给人以比实际距离远的色叫后退色，给人感觉比实际大的色彩叫膨胀色，给人以比实际小的色彩叫收缩色。根据上面的分析得出以下结论。在色相方面，长波长的色相，红、橙、黄给人以前进膨胀的感觉；短波长的色相，蓝、蓝绿、蓝紫有后退收缩的感觉。

在明度方面，一般情况，明度高而亮的色彩有前进或膨胀的感觉，明度低而黑暗的色彩有后退、收缩的感觉，但也由于背景的变化给人的感觉也产生变化。

在纯度方面，高纯度的鲜艳色彩有前进与膨胀的感觉，低纯度的灰浊色彩有后退收缩的感觉，并为明度的高低所左右。

（2）色彩的冷暖感觉。冷暖本来是人们的皮肤对外界温度高低的感觉。太阳、炉火、火炬、烧红的铁块等本身温度很高，他们反射出的红橙色光有导热的功能。大海、蓝天、远山、雪地等环境，是反射蓝色光最多的地方，所以这些地方总是冷的。因此在条件反射下，一看见红橙色光都会感到是热的，一看到蓝色，心里会产生冷的感觉。所以，夏天，我们关掉室内的白炽灯光，打开荧光灯，就会有一种凉爽的感觉。在冷食或冷饮的包装上使用冷色，视觉上会引起对食物冰凉的感觉。冬天，把卧室的窗帘换成暖色，就会增加室内的暖和感。当人们走进卫生间，看到蓝色标志的水龙头自然就想到是凉水管，如果是红橙色标志，即想到的是热水管。

日本色彩学家大智浩曾举了个例子：将一个工作场地涂成灰青色，另一个工作场地涂成红橙色。这两个工作场地的客观温度条件是相同的，工人的劳动强度也一样，但色彩影响人的心理与生理。在灰青色工作场的人于 59°F（°F 是华氏温度的单位符号，属非法定计量单位；$1°F=\frac{5}{9}K$，水是势力学温度的单位符号）时感到冷，但在红橙色工作场地的人在温度从 59°F 降到 52°F 时仍感觉不到冷。这就证明了色彩的温度感对人的影响力。原因是蓝色能降低血压，血流变缓即有冷的感觉。相反，红橙色引起血压增高，血液循环加快，即有暖感。

（3）色彩的轻重和软硬感觉。当我们把等大而重量相等的三个物体，其中一个涂灰色，一个涂黑色，一个保留白色，这时给人的感觉一定是涂黑色的显得最重，灰色的次之，白色的最轻。当我们把三个同样大小的物体，其中一个涂红色，一个涂黄色，一个涂蓝黑色，我们会发现，涂蓝黑色的石膏块显得最重，涂红色的次之，涂黄色的最轻。我们可以得出如下的结论，色彩的轻重感觉，是物体色与视觉经验而形成的重量感作用于人心理的结果。决定色彩轻重感觉的主要因素是明度，即明度高的色彩感觉轻，明度低的色彩感觉重。其次是纯度，在同明度、同色相条件下，纯度高的感觉轻，纯度低的感觉重。

从色相方面色彩给人的轻重感觉为：暖色黄、橙、红给人的感觉轻，冷色蓝、蓝绿、蓝紫给人的感觉重。

物体的质感给色彩的轻重感觉带来的影响是不容忽视的，物体有光泽，质感细密，坚硬给人以重的感觉，而物体表面结构松软，给人感觉就轻。同样，色彩的软硬感觉为，凡感觉轻的色彩给人的感觉均软而有膨胀的感觉。凡是感觉重的色彩给人的感觉均硬而有收缩的感觉。

2）华丽的色彩和朴素的色彩

从色相方面看，暖色给人的感觉华丽，而冷色给人的感觉朴素。

从明度来讲：明度高的色彩给人的感觉华丽，而明度低的色彩给人的感觉朴素。

从纯度来讲：纯度高的色彩给人的感觉华丽，而纯度低的色彩给人的感觉朴素。

从质感上看：质地细密而有光泽的给人以华丽的感觉，而质地酥松、无光泽的给人以朴素的感觉。

3）积极的色彩和消极的色彩

不同的色彩刺激人们，使之产生不同的情绪反射，能使人感觉鼓舞的色彩称为积极兴奋的色彩。而不能使人兴奋，使人消沉或感伤的色彩称为消极性的沉静色彩。影响感情最厉害的是色相，其次是纯度，最后是明度。

色相方面：红、橙、黄等暖色，是最令人兴奋的积极的色彩，而蓝、蓝紫、蓝绿等给人的感觉沉静而消极。

纯度方面：不论暖色与冷色，高纯度的色彩比低纯度的色彩刺激性强而给人的感觉积极。其顺序为高纯度、中纯度、低纯度，暖色则随着纯度的降低而逐渐消沉，最后接近或变为无彩色而为明度条件所左右。

明度方面：同纯度的不同明度，一般为明度高的色彩比明度低的色彩刺激性大。低纯度、低明度的色彩是属于沉静的，而无彩色中低明度一带则最为消极。

6. 色彩对比

色彩对比指两个以上的色彩，以空间或时间关系相比较，能比较出明确的差别时，它们的相互关系就称为色彩的对比关系，即色彩对比。对比的最大特征就是产生比较作用，甚至发生错觉。色彩间差别的大小，决定着对比的强弱，差别是对比的关键。

色彩对比可分为，以明度差别为主的明度对比，以色相差别为主的色相对比，以纯度差别为主的纯度对比，以冷暖差别为主的冷暖对比等。

每一个色彩的存在，都具有面积、形状、位置、肌理等方式。所以对比的色彩之间也存在着相应的面积的比例关系，位置的远近关系，形状、肌理的异同关系。这四种存在方式及关系的变化，对不同性质与不同程度的色彩对比效果也是各异的。

1）同时对比

同时对比：在同一空间，同一时间所看到的色彩对比现象叫同时对比。

其特征如下：

（1）在同时对比中，两邻接的色彩彼此影响显著，尤其是边缘。

（2）两对比色彩为补色关系时，两色纯度增高显得更为鲜艳。

（3）高纯度色与低纯度的色彩相邻接时，使高纯度的色显得更鲜，低纯度的色显得更灰。

（4）高明度与低明度的色彩相邻接时，使明度高的色显得更高，明度低的色显得更低。

（5）两不同的色相相邻接，分别把各自的补色残像加给对方。

（6）两色面积、纯度相差悬殊时，面积小的、纯度低的色彩将处于被诱导地位，受对方的影响大。而面积大、纯度高的色彩除在邻接的边缘有点影响外，其他基本不受影响。

（7）无彩色与有彩色之间的对比，有彩色的色相不受影响，而无彩色（黑、白、灰）有较大的变化，使无彩色向有彩色的补色变化。

2）连续对比

当人们先看红色的色块再看黄色的色块，就会发现后看的黄色的色块带绿味，这是因为眼睛把先看色彩的补色残像加到后看物体色彩上面的缘故。就是因为有这种前后的对比关系，这种色彩对比的方式，称为连续对比。

连续对比的情况有以下几种：

（1）把先看色彩的残像加到后看色彩上面，纯度高的比纯度低的色彩影响力强。

（2）如先看色彩与后看色彩恰好是互补色时，则会增加后看色彩的纯度使之更鲜艳，其影响力以红和绿为最大。

（3）以对比为主的色彩构成法。在色彩对比中，色彩三属性以及色彩的冷暖、色彩的面积五种对比形式在以对为主的色彩构成中有着重要的地位。

（4）明度对比为主构成的色调。明度对比就是因为明度差别而形成的色彩对比。明度对比在色彩构成中占有重要位置，色彩的层次、立体感、空间关系主要靠色彩的明度对比来实现。

以低明度色彩（低明度色彩在画面面积上占绝对优势，即面积在70%左右时）为主构成低明度基调。低明度基调给人的感觉沉重、浑厚、强硬、刚毅、神秘。也可构成黑暗、阴险、哀伤等色调。

以中明度色彩（中明度色彩在画面面积上占绝对优势，即面积在70%左右时）为主构成中明度基调。中明度基调给人以朴素、稳静、老成、庄重、刻苦、平凡的感觉。运用不好可造成呆板、贫穷、无聊的感觉。

以高明度色彩（高明度色彩在画面面积上占绝对优势，即面积在70%左右时）为主构成高明度基调。高明度基调给人联想到的是晴空、清晨、朝霞、昙花、溪流、女人用的化妆品等。这种明亮的色调给人的感觉是轻快、柔软、明朗、娇媚、纯洁。应用不当会使人感觉疲劳、冷淡、柔弱、病态。

明度对比强时，给人的感觉光感强，体感强，形象的清晰程度高，锐利，明白。

明度对比弱时，给人的感觉光感弱，体感弱，不明朗，模糊，含混，平面感强，形象不易看清楚。

明度对比太强时，如最长调有生硬、空洞、简单化的感觉。

在色彩的应用上，根据表现内容的需要，明度对比的恰如其分，才能取得理想的效果。

（5）色相对比为主构成的色调。色相对比是因色相之间的差别形成的对比叫色相对比。各色相由于在色相环上的距离远近不同，形成不同的色相对比。单纯的色相对比只有在对比的色相之间明度、纯度相同时才存在。高纯度的色相之间的对比不能离开明度和纯度的差别而存在。

色相对比分为：同一色相对比、类似色相对比、对比色相对比、互补色相对比等。

在色相对比中，任何一个色相都可为主色相，与其他色相组成类似、对比、互补关系。一般说来在以色相对比为主构成的色调中，凡是关系清楚的搭配，都能构成美的色彩关系。类似色相对比的色相感，因色相之间含有共同的因素，比同一色相对比明显、丰富、活泼。因而既显得统一、和谐、雅致又略显变化，使之耐看。如改变类似色相的明度、纯度可构成很多优美、统一、和谐的色彩关系。

在色相对比中，当主色相确定之后，其他色彩的运用必须清楚与主色相是什么关系，是要表现什么内容、感情，这样才能增强构成色调的计划性、明确性与目的性，使配色能力有所提高。

（6）纯度对比为主构成的色调。把不同纯度的色彩，相互搭配，根据纯度之间的差别，可形成不同纯度的对比关系即纯度对比。

以高纯度色彩在画面面积占70%左右时，构成高纯度基调，即鲜调。高纯度基调给人的感觉积极、强烈而冲动，有膨胀、外向、快乐、热闹、生气、聪明、活泼的感觉。运用不当也会产生残暴、恐怖、疯狂、低俗、刺激等效果。

中纯度色彩在画面面积占 70%左右时，构成中纯度基调，即中调。中纯度基调给人的感觉是中庸、文雅、可靠。如在画面中加入 5%左右面积的点缀色就可取得理想的效果。

以低纯度色彩在画面面积占 70%左右时，构成低纯度基调，即灰调。低纯度基调给人感觉为平淡、消极、无力、陈旧，但也有自然、简朴、耐用、超俗、安静、无争、随和的感觉。如应用不当时会引起肮脏、土气、悲观、伤神等感觉。

在应用色彩中，单纯的纯度对比很少出现，其主要表现为包括明度、色相对比在内的以纯度为主的对比。

明度对比、色相对比、纯度对比是最基本最重要的色彩对比形式。在实践中很少有单一对比形式出现，绝大中部分是以明度、色相、纯度综合对比的形态出现。

（7）冷暖对比为主构成的色调

因色彩感觉的冷暖差别而形成的对比为冷暖对比。

从色彩本身的功能来看，红、橙、黄能使观者心跳加快，血压升高，所以使人产生热的感觉。而蓝、蓝紫、蓝绿能使人血压降低，心跳减慢产生冷的感觉。色彩的冷暖感觉是物理、生理、心理及色彩本身综合性因素所决定的。

在色彩冷暖对比中，首先找出最暖色——橙，定为暖极；再找出最冷色——蓝，定为冷极。橙与蓝正好为一组互补色，即色相对比中的补色对比。冷暖对比实为色相对比的又一种表现形式。

找出了最暖色与最冷色，从色彩物理、生理、心理的角度来分，橙、红、黄为暖色。蓝、蓝绿、蓝紫为冷色。可是如果从对比的角度来分则为：离暖极越近的色越暖，离冷极越近的色越冷。

以冷暖对比为主构成的色调，对人的心理感觉是：冷色基调给人的感觉寒冷、清爽、空气感、空间感，暖色基调给人的感觉热烈、热情、刺激、有力量、喜庆等。

（8）面积对比为主构成的色调

面积对比是指各种色彩在画面构图中所占面积比例多少而引起的明度、色相、纯度、冷暖对比。

7. 色彩调和

色彩调和是指两个或两个以上的色彩，有秩序、协调、和谐地组织在一起，能使之心情愉快、喜欢、满足等的色彩搭配就叫色彩调和。

色彩调和的意义：一是使有明显差别的色彩为了构成和谐而统一的整体所必须经过的调整；二是使之能自由地组织构成符合目的性的美的色彩关系。

1）同一调和构成

当两个或两个以上的色彩因差别大而非常刺激不调和时，增加各色的同一因素，使强烈刺激的各色逐渐缓和，增加同一的因素越多，调和感越强。这种选择同一性很强的色彩组合，或增加对比色各方的同一性，避免或削弱尖锐刺激感的对比，取得色彩调和的方法，称作同一调和。

（1）同色相调和。同色相调和指孟塞尔色立体、奥斯特瓦德色立体，同一色相页上各色的调和。由于同一色相页上的各色均为同一色相，只有明度和纯度上的差别，所以各色的搭配给人以简洁、爽快、单纯的美。除过分接近的明度差、纯度差及过分强烈的明度差外均能取得极强的调和效果。

（2）同明度调和。同明度调和即在孟塞尔色立体同一水平面上各色的调和。由于同一水平面上的各色只有色相、纯度的差别，明度相同，所以除色相、纯度过分接近而模糊或互补色相之间纯度过高而不调和外，其他搭配均能取得含蓄、丰富、高雅的调和效果。

（3）同纯度调和。在孟塞尔色立体、奥斯特瓦德色立体上的同纯度调和分为：同色相同纯度的调和及不同色相同纯度的调和。前者只表现明度差，后者既表现明度差又表现色相差。除色相差、明度差过小过分模糊，纯度过高互补色相过分刺激外，均能取得审美价值很高的调和效果。

（4）非彩色调和。非彩色调和指孟塞尔、奥斯特瓦德色立体的中轴即无纯度的黑、白、灰之间的调和。只表现明度的特性，除明度差别过小过分模糊不清及黑白对比过分强烈焰目外均能取得很好的调和的效果。黑、白、灰与其他有彩色搭配也能取得调和感很强的色彩效果。

几种最常用的同一调和方法：

（1）混入白色调和：在强烈刺激的色彩双方，或多方（包括色相、明度、纯度过分刺激）混入白色，使之明度提高，纯度降低，刺激力减弱。混入的白色越多调和感越强。

（2）混入黑色调和：在尖锐刺激的色彩双方或多方混入黑色，使双方或多方的明度、纯度降低，对比减弱，双方混入的黑色越多，调和感越强。

（3）混入同一灰色调和：在尖锐刺激的色彩双方或多方，混入同一灰色，实则为在对比色的双方或多方同时混入白色与黑色，使之双方或多方的明度向该灰色靠拢，纯度降低，色相感削弱，双方或多方混入的灰色越多调和感越强。

（4）混入同一原色调和；在尖锐刺激的色彩双方或多方，混入同一原色（红、黄、蓝任选其一），使双方或多方的色相向混入的原色靠拢。

（5）混入同一间色调和：混入同一间色调和实则是在强烈刺激色的双方或多方混入两原色，（因为间色为两原色相混而成）在增强对比双方或多方的调和感方面与混入同一原色调和的作用一样。

（6）互混调和：在强烈刺激的色彩双方，使一色混入其中的另一色，如红与绿，红色不变，在绿色中混入红色，使绿色也含有红色的成分，使之增加同一性。也可以双方互混。

（7）点缀同一色调和：在强烈刺激的色彩双方，共同点缀同一色彩，或者双方互为点缀，或将双方之一方的色彩点缀进另一方，都能取得一定的调和感。

（8）连贯同一色调和：在色彩运用中大家都有这样的体会，当对比的各个色彩过分的强烈刺激，显得十分不调和，或色彩过分的含混不清时，为了使画面达到统一。调和的色彩效果，我们用黑、白、灰、金、银或同一色线加以勾勒，使之既相互连贯又相互隔离而达到统一。

2）类似调和构成

所谓类似，就是双方色彩接近、相似，在色彩搭配中，选择性质或程度很接近的色彩组合以增强色彩调和的方法称为类似调和。类似调和主要包括：

（1）以孟塞尔色立体为根据的类似调和：

① 明度类似调和。

② 色相类似调和。

③ 纯度类似调和。

④ 明度与色相类似调和。

⑤ 明度与纯度类似调和。

⑥ 色相与纯度类似调和。

⑦ 明度、色相、纯度均类似调和。

（2）以奥斯特瓦德色立体为根据的类似调和：

① 含白量与含色量类似调和。

② 含黑量与含色量类似调和。

③ 含色量类似调和。

④ 类似色相调和。

⑤ 含黑量、含白量、含色量与色相均类似。

凡在色立体上相距只有 2～3 个阶段的色彩组合，其明度、色相、纯度还是含白量、含黑量、含色量的类似，都能得到调和感很强的类似调和，相距阶段越少，调和程度越高。在色立体中心地带的色彩，能与之组成类似调和的色数多，色立体表面上的色彩，能与之组成类似调和的色数少，能与纯色组成类似调和的色数最少。

3）秩序调和构成

把不同明度、色相、纯度的色彩组织起来，形成渐变的，或有节奏，有韵律的色彩效果，使原来对比过分强烈刺激的色彩关系柔和起来，使本来杂乱无章的色彩因此有条理、有秩序、和谐统一起来这个方法就称为秩序调和。

在秩序调和中，可构成等差渐变的秩序调和，也可构成非等差有节奏、韵律的秩序调和。两色之间的等级少可构成显差的秩序调和，两色之间的等级多可构成微差的秩序调和。总之只要有秩序都能增强调和感。

4）色彩的调和与面积

在观察、应用色彩的实践中，我们都有这样的体会：面对一大片红色时的感觉与观看一小块红色的感觉是绝对不一样的。看大片红色会感到很刺激，不舒服。而看一小块红色时，会觉得很舒服，很鲜艳，很美。如在大片红色上点缀些蓝、黄，或灰绿色的色块，就会舒服多了。同样，当面对一大片白色、灰色或低纯度色时，就不会产生看一大片高纯度红色那样的感觉，但也会感觉单调。在大面积的白色、灰色或低纯度色上放几块小面积高纯度的色彩会更好。

实践证明，小面积用高纯度的色彩，大面积用低纯度的色彩容易获得色感觉的平衡。由此看出色彩的调和与色相、明度、纯度以及色彩在画面中所占的面积和比例大小有关。

如果在一幅色彩构图中使用了与和谐比例不同的色彩面积，如万绿丛中一点红的配色方法，使一种色占统治与支配地位，使另一种色为被统治被支配的地位，称为绝对优势的调和，所取得的效果就会是富于表现性的。在一幅富于表现性的色彩构图中，究竟要选择什么样的面积和比例要依据主题、艺术感觉和个人的趣味而定。同样，在画面中小面积用高纯度的色彩，大面积用低纯度的色彩等，都能取得调和的色彩效果。

5）色彩与作品内容的统一

作品的内容是通过造型、色彩、构图、文字等多种表现形式共同完成的，内容与形式的统一是作品成功的条件，不同的内容通过不同造型、色彩、构图，文字使之统一，否则就觉得不调和。

不同的内容需要不同的色彩来表现。色彩的感情、色彩功能、色彩的对比与调和……诸多方面都是研究色彩如何通过自身的表现力更好地表现作品的内容，使作品的内容与色彩能有机地结合起来，才能更好地发挥色彩的先声夺人及内在的力量。与作品内容相冲突的色彩均有可能被认为是不调和、不统一的色彩，并对作品内容产生消极作用。因此，色彩与作品内容的统一，是色彩是否调和的一个重要原则。

1.2.3　色彩搭配

色彩对于事物的表现能力有着其他形式无法比拟的超强效果。在生活中，色彩无所不在，它是构成人们生活环境的重要组成部分。可以说我们对每一件事物的认知，都是从色彩与形状开始的。我们也在用色彩创造丰富的视觉空间，用色彩的语言与社会进行沟通。日常生活中，人们对颜色的反应都有一定的规律。为此人们把每种颜色都赋予了特殊的感情意义。

色彩构成（Interaction of Color）即色彩的相互作用，是从人对色彩的知觉和心理效果出发，用科学分析的方法，把复杂的色彩现象还原为基本要素，利用色彩在空间、量与质上的可变幻性，按照一定的规律去组合各构成之间的相互关系，再创造出新的色彩效果的过程。色彩构成是艺术设计的基础理论之一，它与平面构成及立体构成有着不可分割的关系，色彩不能脱离形体、空间、位置、面积、肌理等独立存在。作为一个网页设计师，只有掌握色彩构成原理，熟知各色彩的相互关系及各种色彩的生理或心理作用，结合自己所具备的平面构成知识，在网页设计中正确用色，才能实现传达特定信息和渲染页面效果的目的。

作为一名设计师，如果你还在说出"这种颜色好看，那种颜色不好看"的话时，这说明你对颜色还没有正确的了解。在很多设计类文章中，都可以看到色轮的踪影，它是人们选择颜色的一个强有力的武器。本文将阐述这个色轮的基本原理，使读者对颜色关系有一个更清晰的认识。

色彩构成一半是科学，一半是艺术，哪里有光，哪里就有颜色。有时人们会认为颜色是独立的——这是蓝色，那是红色，但事实上，颜色不可能单独存在，它总是与另外的颜色产生联系，就像音乐的音符，没有某一种颜色是所谓的"好"或"坏"。只有当与其他颜色搭配作为一个整体时，我们才能说，是协调或者不协调。色轮告诉人们颜色之间的相互的关系。

色轮将无穷的颜色简化，白色光包含了所有的可见颜色，我们看到是由紫到红之间的无穷光谱组成的可见光区域，就像你所看到的彩虹颜色。为了在使用颜色时更加实用，人们对它进行了简化，将它们分为 12 种基本的色相。与小时候第一次买彩色蜡笔时，盒子里装了那 12 只蜡笔差不多。

色轮（见图 1-2）由 12 种基本的颜色组成。首先包含的是三原色（Primary Colors），即蓝、黄、红。原色混合产生了二次色（Secondary Colors），用二次色混合，产生了三次色（Tertiary Colors）。

原色是色轮中所有颜色的"父母"。在色轮中，只有这三种颜色不是由其他颜色调和而成。图 1-3 所示三原色在色环中的位置是平均分布的。

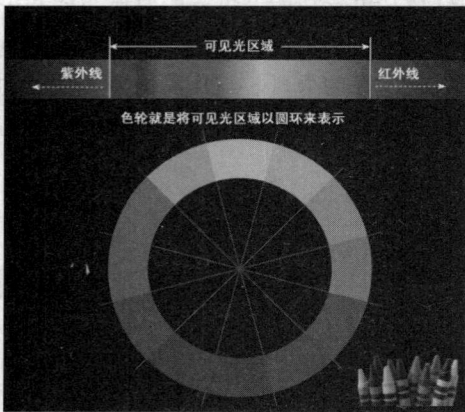

图 1-2　色轮的色彩表现

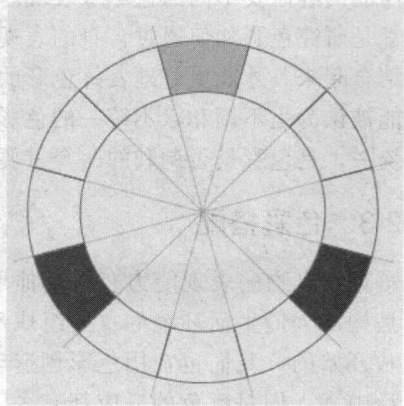

图 1-3　色彩三原色

二次色所处的位置是位于两种三原色一半的地方（见图 1-4）。每一种二次色都是由离它最近的两种原色等量调和而成的颜色。

三次色是由相邻的两种二次色调和而成，如图 1-5 所示。

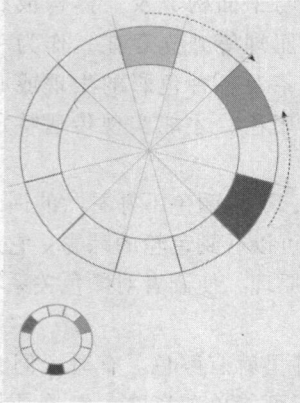

图 1-4　二次色

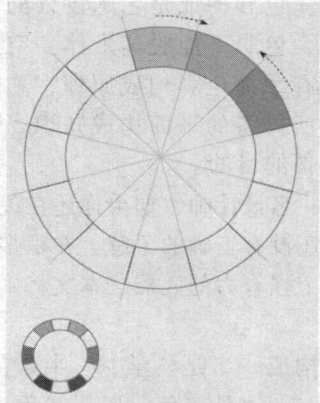

图 1-5　三次色

1.2.4　共同的颜色

从前面的叙述中我们会发现，每一种颜色都拥有部分相邻的颜色，如此循环成一个色环。共同的颜色是颜色关系的基本要点，必须对此有深入的了解。

在图 1-6 所示的这七种颜色中，都共同拥有蓝色。越远的颜色（如草绿色）含有的蓝色就越少。绿色及紫色这两种二次色都含有蓝色。

在图 1-7 所示的七种颜色中，都拥有黄色。同样的，离得越远的颜色，拥有的黄色就越少。绿色及橙色这两种二次色都含有黄色。

在图 1-8 所示的七种颜色中，都拥有红色。向两边散开时，红色就含得越少。橙色及紫色这两种二次色都含有红色。

颜色有明暗之分称为颜色数值，为了显示颜色的明暗，所以色轮有多个环。两个外围的大环是暗色（Shadow Colors），里面两个小环是明色（Tint Colors）。

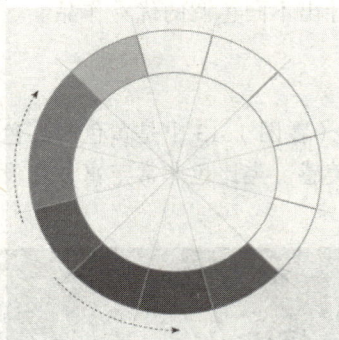

图1-6　蓝色色彩的分布情况

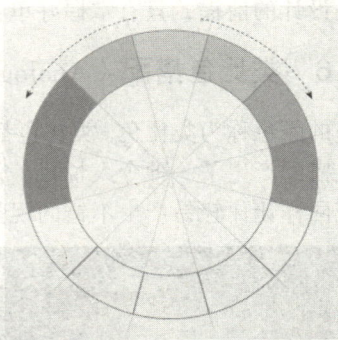

图1-7　黄色的分布情况

　　色轮有五个同心环组成，从暗到亮——暗色处于大环，明色处于小环，而中间是颜色的基本色相。

　　从图1-9可以看出，处于右边的暗色就是加上黑色，而左边的明色则是加上白色。五个圆环已经清楚表示了颜色如何由暗到亮的过程。但这种明色及暗色的关系只是相对而言。色环中黄色和绿色的色相分析分别如图1-10和图1-11所示。

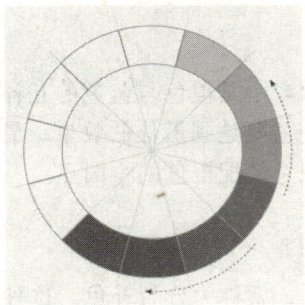

图1-8　红色的分布情况

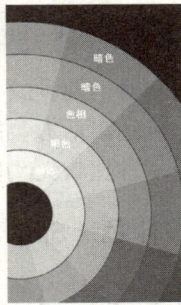

图1-9　色环的色相分布

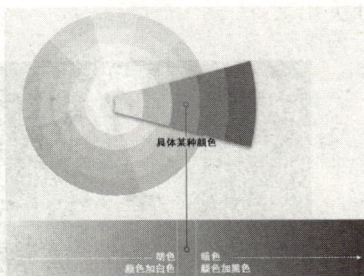

图1-10　色环中黄色的色相分析

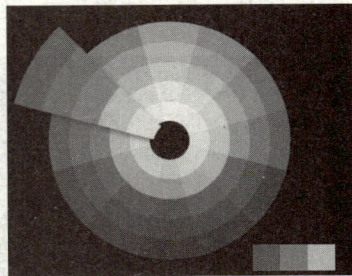

图1-11　绿色的色相分析

　　下面列出六种基本的颜色关系，每一种颜色关系都可以有无数种搭配的可能，掌握这些搭配应用后，对颜色的视野才会显得开阔。

1.2.5　单色搭配（Monochromatic）

　　一种色相由暗、中、明三种色调组成，这就是单色。单色搭配（见图1-12）并没有形成颜色的层次，但形成了明暗的层次，设计中应用这种搭配时，出来的效果永远不错。单色设计是多色设计的前提，只有掌握好单色设计，才能设计出不同色调的优秀作品。

1.2.6　类比色搭配（Analogous）

相邻的颜色称为类比色。类比色都拥有共同的颜色（在图1-13中是黄色与红色的搭配），这种颜色搭配产生了一种令人悦目、低对比度的和谐美感。类比色非常丰富，在设计时应用这种搭配同样让你轻易产生不错的视觉效果。

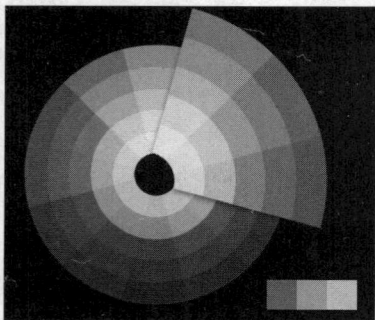

图1-12　单色搭配图解　　　　　　图1-13　类比色搭配图解

1.2.7　补色搭配（Complement）

在色轮上直线相对的两种颜色称为补色，在图1-14中是橙色与蓝色的互补。补色形成强烈的对比效果，传达出活力、能量、兴奋等意义。补色要达到最佳的效果，最好是其中一种面积比较小，另一种比较大。比如在一个蓝色的区域里搭配橙色的小圆点。

1.2.8　分裂补色（Split Complement）

如果同时用补色及类比色的方法来确定的颜色关系，就称为分裂补色。这种颜色搭配既具有类比色的低对比度的美感，又具有补色的力量感。形成了一种既和谐又有重点的颜色关系。如在图1-15所示的三种颜色中，红色就显得更加突出。

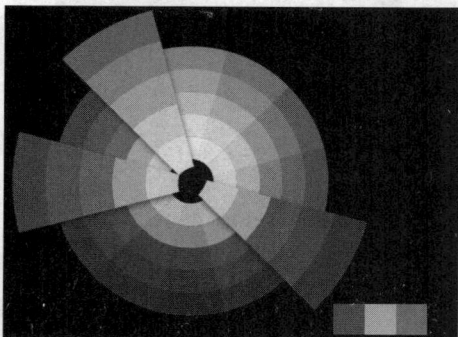

图1-14　补色搭配图解　　　　　　图1-15　分裂补色搭配图解

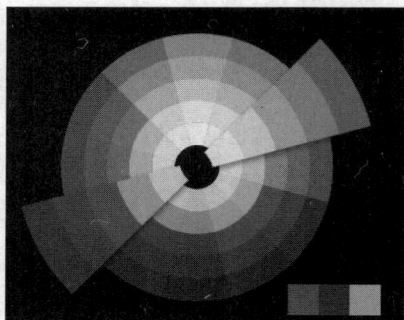

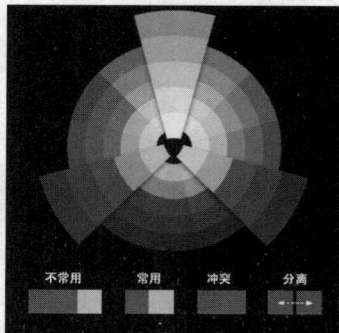

1.2.9　原色搭配（Primary）

除了在一些儿童的产品中，三原色同时使用是比较少见的。但是，无论是在中国还是在美国的文化中，红黄搭配都非常受欢迎。红黄搭配应用的范围很广——从快餐店到加油站，都可以看见这两种颜色同时在一起。蓝红搭配也很常见，但只有当两者的区域是分离时，才会显得吸引人，如果是紧邻在一起，则会产生冲突感。原色搭配图解如图 1-16 所示。

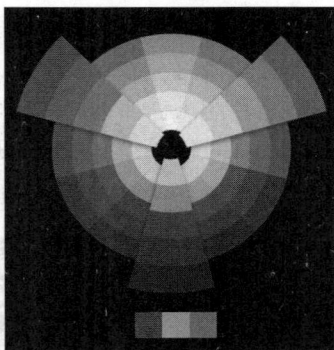

图 1-16　原色搭配图解

1.2.10　二次色搭配（Secondary）

二次色之间都拥有一种共同的颜色，其中两种共同拥有蓝色、两种共同拥有黄色、两种共同拥有红色，所以它们能轻易地形成协调的搭配。如果三种二次色同时使用，则显得很舒适、吸引，并具有丰富的色调。它们同时具有的颜色深度及广度，这一点在其他颜色关系上很难找到。

图 1-17 所示的四个封面设计中，都各自运用了前面所述的其中一种颜色搭配。能说出它们是运用了哪一种颜色搭配吗？（提示：眼睛只集中在一些大区域的颜色，不要理会细微的颜色区域，也不用理会黑白两种颜色）

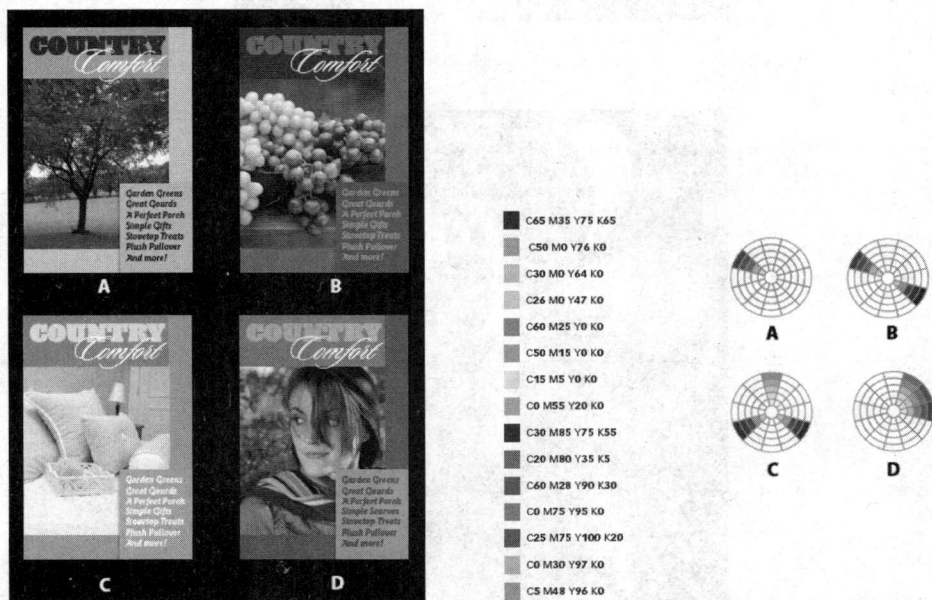

图 1-17　四种颜色搭配图示

A：单色搭配；B：补色搭配；C：三原色搭配；D：类比搭配

1.2.11　网站配色中的色彩层次

许多网站总是看起来没有精神，不够鲜活，也不够吸引人的注意，在观察了这些网站的色彩之后会发现设计者在用色上不够大胆，同时也缺乏对色彩层次的理解。

色彩的层次是指当把作品去色之后，作品中有没有表现出从黑到灰到白的存在比例。如果一个作品的黑色比较多，那么整体的效果就会显得很沉重；而如果白色很多，那么整体效果就会显得很苍白；如果灰色很多，白色与黑色都很少，那么整个版面就显得浑浊。

图1-18是图1-19被去彩色后的图，可以看到很多地方并非只是一种色彩，所以会产生一种色彩的渐变。

图 1-18　图像的黑白对比

图 1-19　图像的色彩对比

许多设计者在制作网站时也会找到自己的主色与辅色，但却没有用好辅色。所表现的作品色彩上就显得单调。丰富的色彩层次可以让作品的色彩画的艳丽。如图 1-20 所示，会发现上面的图要比下面的图艳丽许多。

图 1-20　色彩的层次对比

图 1-21 所示是一外国网站的截图，这个网站用的色彩并不多，只有白色、黑色和橙红色。其中白色最多，黑色其次，橙红色最少，但是，最醒目的不是黑白色，而是橙红色。这至少证明了：色彩多并不一定醒目，色彩少反而容易吸引注意力。另外也是因为黑白色都是无彩色，所以橙红就会显得更加鲜艳（这里的比例目测大约是：白 70%，黑 22%，橙 8%），如图 1-22 所示。

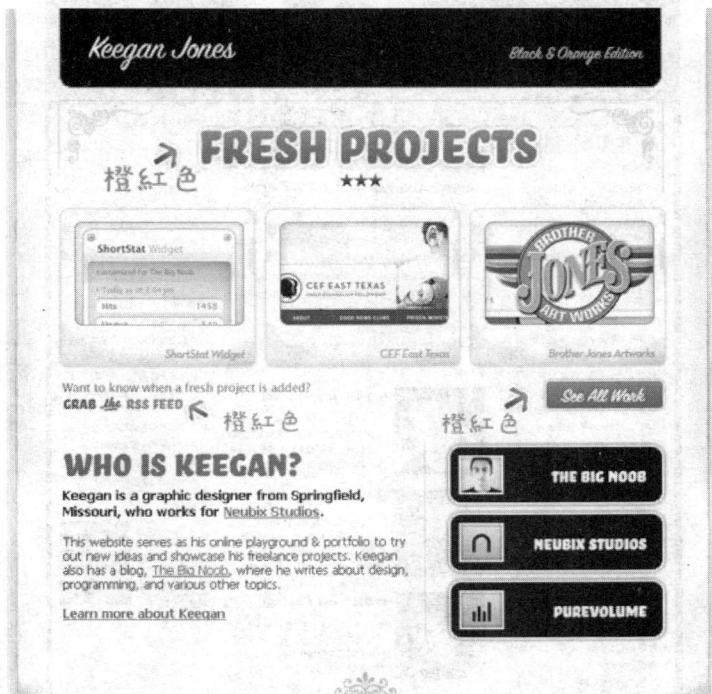

图 1-21　橙色表现

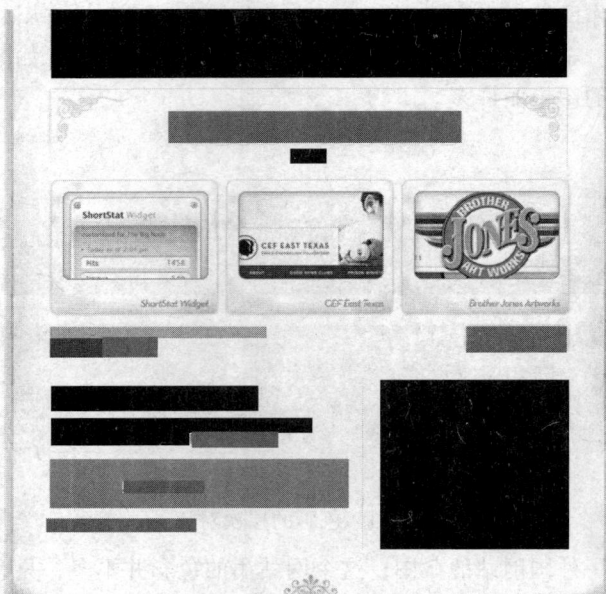

图 1-22　色彩的比例

从图 1-23 可以得出结论：越是鲜艳的色彩越是少用，所占的比例一定要少一点。

图 1-23　艳色的比重示例 A

那什么样的色彩比例要大一点呢？通过图 1-24 大家一定会有一个比较感性的认识。亚光色、无彩色的比例要占得多一点。高亮色是不适合大面积出现，最好是以很少的比例出现。

图 1-24 艳色的比重示例 B

在设计中有很多对比，大小的对比，形状的对比，长短的对比，多少的对比，这些对比都比较容易理解，因为大小、长短、多少是很容易看得出来的，也是可以量化的，可以采用黄金分割比的方式来限定设计中的这些长短、多少比例。但是色彩没办法用黄金分割比来进行限定，所以色彩之间的对比就变得仁者见仁、智者见智了。

对色彩——匹配进行分析也不现实，不过可以从另一个角度来分析，从色调、明暗、饱和度三个方面来进行对比（见图 1-25），这样色彩的对比就会显得比较容易理解了。色调指每种色彩独特的性质。比如红、黄、蓝，也就是一种色彩的基调。明暗是指色彩的深浅之分。换句话说，就是晚上与白天看同样一个色彩，其色彩的明暗是不一样的，因为它所反应的光线的强度也是不一样的。或者这样解释，在一种色彩中加入不同剂量的黑色，那么这个色彩的明暗就会产生不同的变化。饱和度是指色彩的"纯度"或是亮度。饱和度它有时会在色调和明暗之间变得很模糊而不太容易分辨。

配色时需要有对比，只要注意避开"灰""邪"的配色即可，如图 1-26 所示。"灰"就是对比性太差，没有精神，显得灰、脏。"邪"就是指对比极度的不和谐，有针眼，让人很不舒服，如图 1-26 所示。

| 色调 | 明暗 | 饱和度 | 灰 | 邪 |

图 1-25　色彩的色调、明暗、饱和度对比　　　　图 1-26　颜色的灰邪对比

如何避开呢？只要寻求色彩、明暗、饱和度三者之间有一个是统一的即可。这样的色彩对比通常不会出现什么问题，可以通过图 1-27 所示得到直观的感觉。

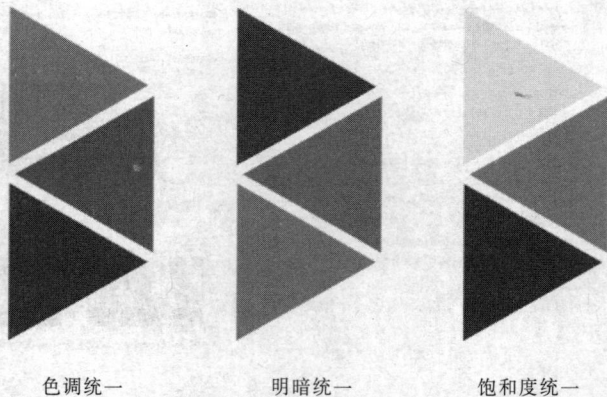

| 色调统一 | 明暗统一 | 饱和度统一 |

图 1-27　颜色的统一表现

1.3　任务实施

任 务 内 容	实 施 环 境
利用色轮实现色彩搭配	ColorImpact 4

前面探讨过色轮的构成及作用，人们可能更多的只是将其作为了解颜色关系的一个工具，却不一定将其作为实际设计中选择颜色的工具。下面以一个例子来说明在设计中如何利用色轮选择颜色搭配。利用色轮，可以将一张度假酒店的宣传卡片轻易地设计成一系列不同颜色的搭配，如图 1-28 和图 1-29 所示。

外页

内页

系列设计

图 1-28　宣传卡片的内外页最终表现　　　图 1-29　宣传卡片的最终系列表现

首先从矢量格式图片开始。矢量图使用直线和曲线来描述图形，这些图形的元素是一些点、线、矩形、多边形、圆和弧线等，它们都是通过数学公式计算获得的，与照片不一样，矢量格式的线条及形状是对象而不是像素。两种图片格式的对比如图 1-30 所示。

栅格格式　　　　矢量格式

图 1-30　图形格式对比

1. 栅格格式

一般的照片是由栅格中的微小像素构成的。其优点是色泽丰富逼真，而且渐变丰富；而缺点则是修改图片非常麻烦。

2. 矢量格式

矢量格式是利用定位点将直线及曲线连接起来，像 Adobe Illustrator 软件，就是处理矢量格式的软件。矢量格式的优点是对图片的修整非常轻松，可以任意放大或缩小，且都不会降低图片质量，而且存储的文件也非常小。"矢量"是一个数学术语，意思是空间中的一个点与其他对象的关系。

矢量格式的图片非常容易调整，如移动元素、改变形状、填充颜色等操作，如图 1–31～图 1–36 所示。

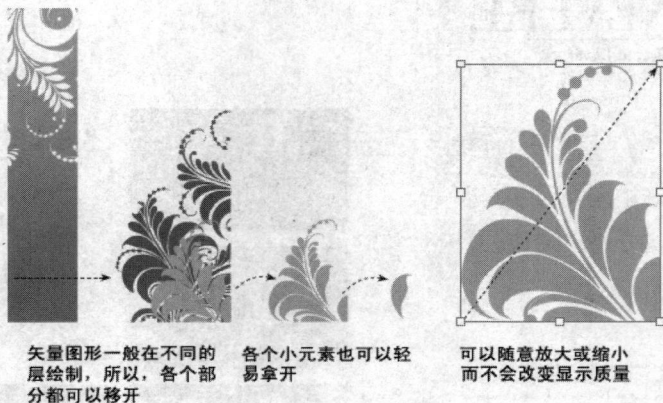

矢量图形一般在不同的层绘制，所以，各个部分都可以移开　　各个小元素也可以轻易拿开　　可以随意放大或缩小而不会改变显示质量

图 1–31　矢量图形格式 A

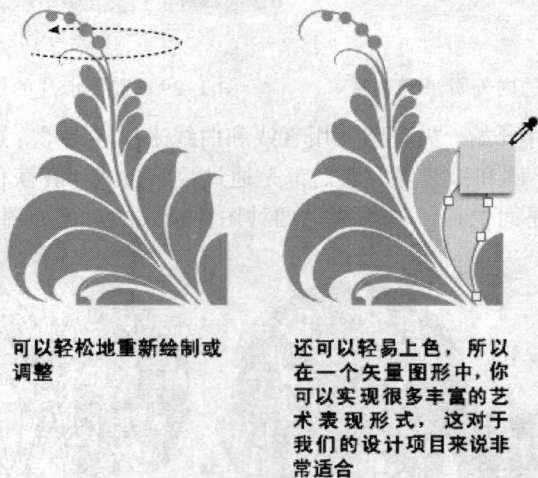

可以轻松地重新绘制或调整　　还可以轻易上色，所以在一个矢量图形中，你可以实现很多丰富的艺术表现形式，这对于我们的设计项目来说非常适合

图 1–32　矢量图形格式 B

仔细观察：在你开始工作前，先花些时间来看一下所要面对的这个图案的构成及各个元素之间的关系。

当放大时，你会看到这张精致的矢量图包含了正负空间，而且正负面积基本相等。虽然看起来好象每个区域都可以填充颜色，但这张图实际上并非如此。只有正负空间区域（黑色）才能上色，那些负空间并不能填充颜色，因为白色区域实际上并不存在。虽然整幅图看起来相当复杂，但其黑白相配却能让人轻易地辨认各个区域。

图 1-33　矢量图形格式 C

细看时，各个部分都有些相似，有些元素其实是复制使用，比如，下面这个图案元素就重复使用了两次，另一个是旋转、镜像复制及倒转（只是颜色上黑白互换而已）。

图 1-34　矢量图形格式 D

在黑白区域上都可看到一些相似的元素，这些元素让人感到有些刺眼，如果只是瞄上一眼，你会留意到那些活泼的树叶状元素，但如果你细看内部结构、螺旋状元素、花穗及花饰元素，其实整体看起来相当拥挤。

很多元素相似但不相同，增加了图形的复杂感。

还有一些黑色元素是重叠，同样显得拥挤及凌乱。

图 1-35　矢量图形格式 E

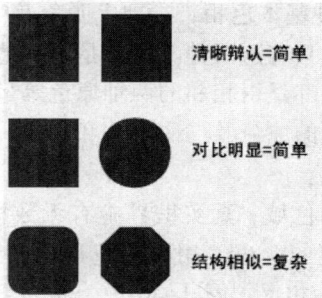

清晰辨认＝简单

对比明显＝简单

结构相似＝复杂

图 1-36　矢量构图原则

放置并裁剪图案：开始时要处理好构图，在这个设计中，为了传达一种茂盛及花园气息，花朵的图案占了设计版面的 60%，如图 1-37 所示。

观察颜色：为了使图 1-38 中的上色达到完美的效果，不能随随便便地挑选一些颜色，需要明白颜色之间的关系，为此，需要利用色轮，色轮是将无数种颜色简化为 12 种基本色相，如图 1-39 所示。

一半是背景，一半是前景，将图片接触到底部，另一边植物"生长"到边缘处传达出一种茂盛及春色满园关不住的气息。而左边的空白地方则留给酒店名称的放置。

图 1-37　矢量构图案裁剪

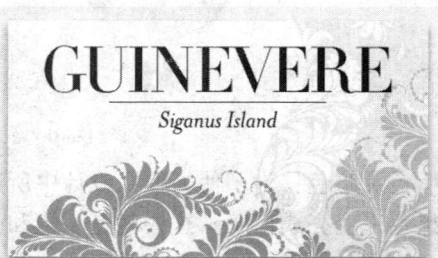

GUINEVERE

Siganus Island

利用不同的色调来区分不同的部分；不同的灰度营造出前中后三个层次感。一般来说，越大的元素，色调上应该越亮。

图 1-38　矢量构图色调选择

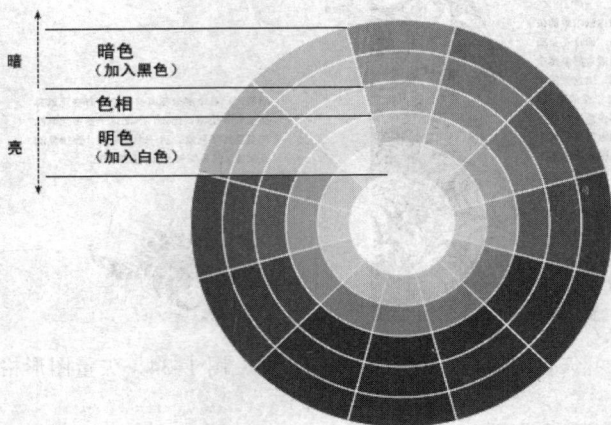

图 1-39　依据色轮确定明暗度

　　12 种基本色相，再加上明色及暗色。中间的色环是 12 种基色，而上方：①黄红蓝，是三原色，只有这三种颜色不是由其他的颜色调和而成。②二次色是三原色中间的颜色，每一种二次色都是由相邻的两种原色等量调和而成的颜色。③剩余的颜色中，则是三次色，它们是由相邻的原色及二次色调和而成。而内环及外环则是明色及暗色，是通过增加白色及黑色调和而成。

　　选择色域：真实世界中有无数种漂亮的颜色变化，但为了使设计变得简单，只选择色轮中已有的颜色，用类比色达到和谐的效果，用补色产生对比及差异。

　　相同/相反：图 1-40 中，相邻色（即类比色）搭配总是能够产生和谐的视觉效果，因为他们都含有大量相同的颜色。在图 1-40 所示区域中，每一种颜色都是黄色作为主导。而与其相对的另一边，则是补色，互为补色的两种颜色意味着它们没有共同的颜色，所以补色搭配能够产生强烈的对比。

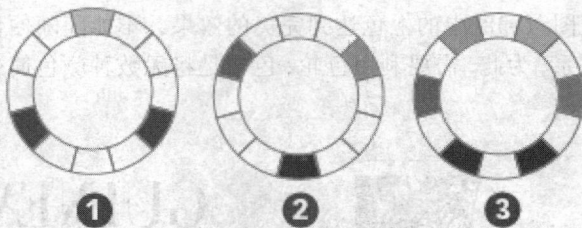

图 1-40　确定三种颜色搭配方案

　　明色及暗色：为了使人们在设计中所选择的色域范围更广，我们将整个色轮通过增加白色或黑色来变亮或变暗。这些就是不饱和颜色，不饱和颜色通常给人一种柔和、低调、朦胧及更意味深长的感觉。有趣的是，虽然我们是从三个色轮中取色，但所选择的颜色都可以互相交换，因为它们都具有相同的基色，如图 1-41 所示。

　　开始填色：利用色轮分成 12 个步骤及明暗两种色调来设计卡片。花纹图案将会采用类比色搭配，而文字则采用与其相对的补色，以下是不同色系明暗度卡片设计系列效果图。

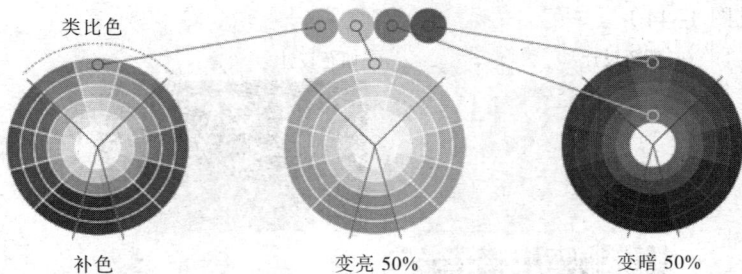

类比色

补色　　　　　　变亮 50%　　　　　　变暗 50%

图 1-41　色彩的明暗度对比

第一种（见图 1-42）：

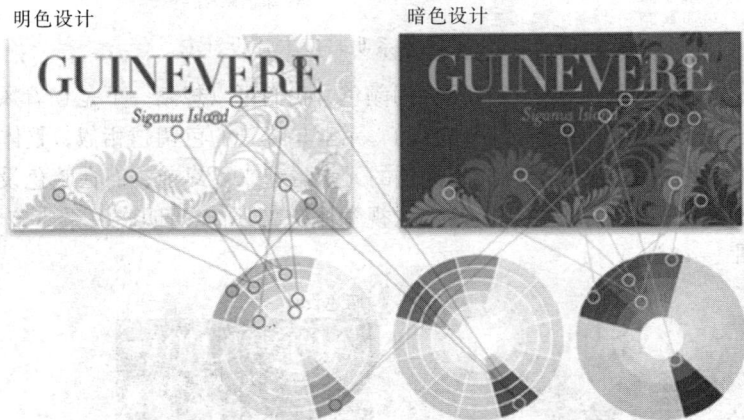

明色设计　　　　　　　　　暗色设计

图 1-42　不同色系明暗度卡片设计 A

对比：留意上方我们是如何利用不同的色调将整个图案形成了层次感，使之模仿了花园的真实感觉，而文字则形成了高对比的效果，在明亮的设计中，文字是暗色，在暗色的设计中，文字是浅色，有趣之处在于，虽然上面两个设计的用色看起来似乎有很大的不同，但其实它们都来源于相同的基色。

第二种（见图 1-43）：

明色设计　　　　　　　　　暗色设计

绿色系/红

图 1-43　不同色系明暗度卡片设计 B

第三种（见图 1-44）：

明色设计　　　　　　　　暗色设计

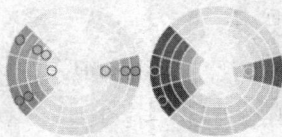

蓝-绿色系/红-橙

图 1-44　不同色系明暗度卡片设计 C

由前至后的淡化，对于一些表现自然界的颜色，我们可以想象一下是在看风景。在真实的生活中，对象是通过逐渐淡化来形成距离感的，元素与背景的色调越相似，整体就越呈现一种向远处延伸的效果，在明色卡片设计中，深色的元素看起来更靠前，而在暗色设计中，浅色的元素看起来更靠前（这有点像在白天及晚上的视觉体验），所以对明暗关系应该了然于心。

第四种（图 1-45）：

明色设计　　　　　　　　暗色设计

蓝色系/橙色

图 1-45　不同色系明暗度卡片设计 D

第五种（见图 1-46）：

明色设计　　　　　　　　暗色设计

蓝-紫色系/黄-橙

图 1-46　不同色系明暗度卡片设计 E

第六种（图 1-47）：

明色设计　暗色设计

紫色系/黄

图 1-47　不同色系明暗度卡片设计 F

第七种（见图 1-48）：

明色设计　暗色设计

颜色的"量"往往影响我们的观察：有些颜色当少量使用时，出来的效果往往很吸引人，但如果是大量使用时，给人的感觉则过于夸张及不舒服。这就是为什么很多小型轿车往往吸上鲜艳的颜色，但一些大型的汽车则没有。反过来，如果某种颜色大量使用时，给人的感觉比较平淡，单这种颜色在少量使用时，就给人份量不足或显得可有可无的感觉。

强烈　白色主导

红-紫色系/黄-绿色

图 1-48　不同色系明暗度卡片设计 G

第八种（见图 1-49）：

明色设计　暗色设计

红色系/绿

图 1-49　不同色系明暗度卡片设计 H

第九种（见图 1-50）：

明色设计　　　　　暗色设计

红-橙色系/蓝-绿

图 1-50　不同色系明暗度卡片设计 I

第十种（见图 1-51）：

明色设计　　　　　暗色设计

橙色系/蓝

图 1-51　不同色系明暗度卡片设计 J

第十一种（见图 1-52）：

明色设计　　　　　暗色设计

黄-橙色系/蓝-紫

图 1-52　不同色系明暗度卡片设计 K

第十二种（见图 1-53）：

明色设计　　　　　　　暗色设计

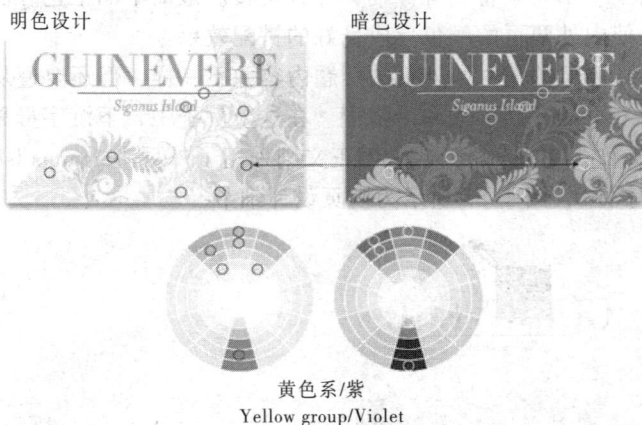

黄色系/紫
Yellow group/Violet

图 1-53　不同色系明暗度卡片设计 L

示意：围绕的颜色影响我们对某种颜色的观察。

上方箭头处所指的花纹我们可以辨认，但出来的效果却非常不一样，在右边的花纹显得比左边的更亮一些，是什么造成我们这种错觉？箭头所指的花纹颜色，是黄色中加了一些绿色。而在暗色设计的背景比花纹的颜色要深，这使得背景将花纹中的绿色"移走"，使得花纹看起来更黄。这个实例充分说明了在实际的环境中，你不可能立即就能辨别出一个对象真实的颜色，颜色的互动极大地影响到我们对颜色的观察。

内页设计：

一般来说，内页的设计应该比外页更简洁，从原图案中采用一至两个元素，调整好大小，改变位置即可，图 1-54 所示为内页设计初步。

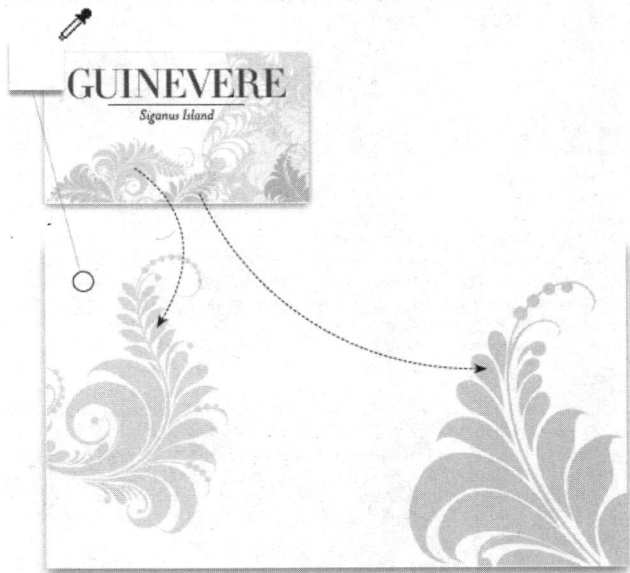

图 1-54　内页设计初步

任务 1 平面设计作品赏析与解构

31

　　相同的背景及图案：在图 1-54 这个内页设计中，我们从原图案中采用其中两个元素来设计，并且放大；其中一个元素将其镜像翻转并且旋转。最简单的上色办法是直接采用外页的颜色用在内页上，使内外两页的颜色形成良好的搭配效果。

　　使用同一种字体：内页的正文与外页的标题内容并不一样，但还要遵从延续性的原则，内页的文字应该要与外页的文字形成和谐搭配。在这个例子中，下沉字母采用了外页的大标题字体（Didot HTF 24 Light Roman 字体），而正文则采用了外页"Siganus Island"所使用的字体（Mrs Eaves Italic 字体），图 1-55 所示为内页设计细节。

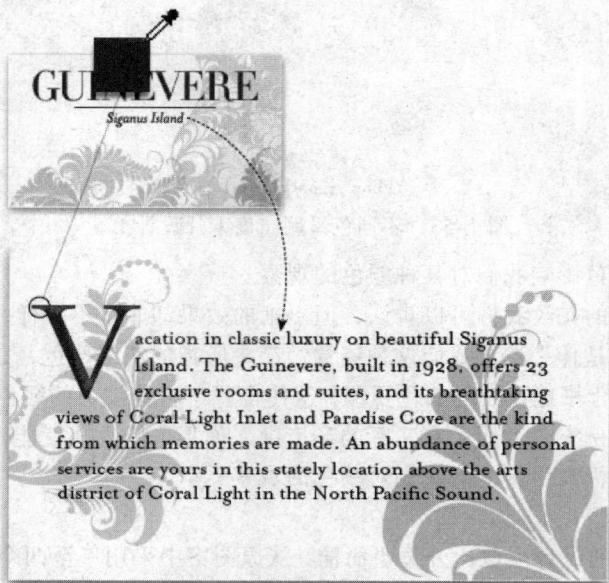

图 1-55　内页设计细节

任务②

→ VI 设计与实现

　　企业视觉识别系统（VI）是企业识别系统的重要组成部分。它是在理念识别（MI）和行为识别（BI）的基础上，通过一系列形象设计，将企业经营理念、行为规范等，即企业文化内涵，传达给社会公众的系统策略，是企业全部视觉形象的总和。企业 VI 包括：标志、包装、标准色等元素以及这些元素在企业内部制服、交通工具、文具等介质上的应用。它着力于组织整体形象的塑造，在大众中提升企业声誉度和亲和力，从而达到对企业及其产品产生一致的认同感和价值观的目的。

2.1　任务描述

　　本任务以色轮为主引入色彩相关知识，最终通过色轮软件进行色彩搭配的具体应用。通过下载、安装及使用色轮软件（ColorImpact）逐步认识色轮、了解色彩原理、掌握利用色轮来分析色彩构成、色彩的内涵、色彩所表达的意义，最终达到提高学生色彩认知能力、色彩赏析的能力、色轮软件的使用能力。

2.2　相关知识

2.2.1　VI 设计包括的内容

　　VI 设计一般包括基础部分和应用部分两大内容。其中，基础部分一般包括企业名称、标志、标识、标准字体、标准色、辅助图形、宣传口号、标志和标准字的组合、禁用规则等；应用部分一般包括办公用品、企业外部建筑环境、企业内部建筑环境、标牌旗帜、交通工具、服装服饰、广告媒体、产品包装、公务礼品、陈列展示、印刷品等。

2.2.2　VI 设计的基本原则

　　VI 设计不是机械的符号拼凑，而是以 MI（理念识别）为内涵的生动表述。所以，VI 设计应多角度、全方位地反映企业的经营理念，在设计时要注意以下几点：
　　（1）风格统一性原则。
　　（2）强化视觉冲击原则。
　　（3）强调人性化原则。
　　（4）增强民族个性与尊重民族风俗原则。
　　（5）可实施性原则。

（6）符合审美原则。

（7）严格管理的原则。

VI 系统的内容相当广泛，为了在实施过程中避免各实施部门或人员应用的随意性，应严格按照 VI 手册的规定执行，保证本企业视觉识别的统一性。

2.2.3 企业文化与企业视觉识别系统的含义

所谓企业文化，多数学者将它解释为企业在长期的运转和发展过程中形成的经营思想、价值观念、行为规范、思维方式等的综合体。它伴随着企业的成立而产生，随着企业的发展不断变化。企业文化是企业的意识形态，是其取之不尽，用之不竭的精神源泉。

所谓企业文化，多数学者将它解释为：企业在长期的运转和发展过程中形成的经营思想、价值观念、行为规范、思维方式等的综合体。它伴随着企业的成立而产生，随着企业的发展不断变化。企业文化是企业的意识形态，是其取之不尽，用之不竭的精神源泉。

企业文化是企业形象和品牌的根基和立足点，企业视觉识别系统是企业形象的具体视觉化表现。也就是说，企业视觉识别系统的核心内容是通过具象的标识、图形和文字等内容展示企业文化的系统工程。它将繁杂、晦涩的企业信息，高度概括成简洁易懂的识别符号，通过外在的形象，在短时间内反映企业内在的本质，以独特的构思、新颖的形象，丰富的文化内涵给大众留下完整、美好、难忘的印象。因此，企业文化和视觉识别系统是互为表里，相辅相成的有机整体。

从两者的内涵来看，企业文化是企业形象和品牌的根基和立足点，企业视觉识别系统是企业形象的具体视觉化表现。也就是说，企业视觉识别系统的核心内容是通过具象的标识、图形和文字等内容展示企业文化的系统工程。它将繁杂、晦涩的企业信息，高度概括成简洁易懂的识别符号，通过外在的形象，在短时间内反映企业内在的本质，以独特的构思、新颖的形象，丰富的文化内涵给大众留下完整、美好、难忘的印象。因此，企业文化和视觉识别系统是互为表里，相辅相成的有机整体。

2.2.4 企业文化建设需要企业视觉识别系统的支持

企业文化是企业的灵魂。它需要企业根据自身的文化修养、价值观念、经营理念和企业内外环境进行科学分析，逐步形成成熟的企业文化。

企业文化作为一种意识形态，一方面通过产品质量、管理模式、规章制度等向物质形态转化；另一方面通过企业识别系统反复灌输、广泛宣传。企业视觉识别系统的导入不但使企业文化传播具有鲜明的时代特色，还能不断提升和强化企业综合实力，是企业文化建设的重要途径和企业文化传播及扩散的有效手段。因此，企业充分继承固有的优秀传统，总结提炼适应新时代要求的文化要素，通过静态的、具体的传播方式，将企业的精神、思想等文化特质形成一个统一概念，以视觉形式加以外化，准确地传达给大众，使社会公众一目了然地掌握企业的信息，产生认同感，达到识别的目的。

企业视觉识别系统作为一种文化传播的手段，具有文化的导向性和辐射性。为什么有人只选择可口可乐而不喝其他牌子的饮料？为什么有人偏爱摩托罗拉手机？视觉心理学家指出90%以上的信息接收来源于视觉和听觉。因此，虽然品牌产品的功能未必就好，但视觉识别毫无疑问可以在消费者心目中增加产品的价值。这就是视觉识别在潜移默化中使参与者接受共有的价值观，引导价值取向和行为取向的作用。

视觉识别系统通过不同的渠道产生社会影响，树立企业形象，扩大企业知名度，取得良好的社会效应。比如，世界顶级豪华汽车品牌"BMW"，无论从音意俱佳的中文名字"宝马"还是从它蓝白螺旋桨标志，无不蕴涵着"BMW"的品牌精神和汽车品位。"BMW"公司最早以生产飞机发动机起步，飞机螺旋桨高速旋转在蓝色白云的背景上划出扇形弧线，概括出蓝白相间四片扇叶的"BMW"标志。译名"宝马"独具匠心，"马"乃载物工具，车的概念显见其中；一个"宝"字让人不禁对马产生的美好想象，因为"宝马香车"古已有之。"BMW"栩栩如生的视觉品牌形象令人耳目一新，几十年来"BMW"公司不断演进、变革，蓝白螺旋桨的主题却始终如一，成为其企业精神不可分割的一部分，显示了其品牌文化的迷人魅力，也获得了巨大的商业成功。另外，视觉识别能加速文化的渗透，提高企业凝聚力和感召力。就像炎黄子孙无论在何时何地看到五星红旗，都会想到自己的祖国，都会有一种自豪感和归属感一样。因为五星红旗所传达的是中国传统文化，传达的是祖国对人民的召唤。同样，优秀的企业视觉识别系统能够形成特定的文化圈，使圈内外围绕中心共识形成一种凝聚力和感召力。

2.2.5 企业视觉识别系统的导入需要企业文化的不断升华

企业形象是企业身份的客观体现。不论在哪个行业领域，有影响力的企业形象其内在的企业文化和外在的视觉表现总是互为映衬、相得益彰。企业自我评价与社会公众认知相吻合，这种一致性使企业的经营诉求更容易得到消费者的认同，进而提升企业的影响力。因此，企业在最初建立形象策划和视觉识别系统时，只能简单塑造企业主观所希望具备的形象特征。随着企业的不断壮大和发展，新的形象体系必须不断从全局考虑，整体策划使企业形象完整合理。也就是说企业视觉识别系统的建设是一项长期工程，它是在企业综合实力不断积累和提升，企业文化的不断升华和提高基础上不断优化的。

海尔企业文化的核心是创新。它是海尔20年发展历程中，产生和逐渐形成特色的文化体系。"创新"伴随着海尔从无到有、从小到大、从大到强、从中国走向世界，海尔文化本身也在不断创新、发展。随着海尔的不断壮大，企业的新标志也应运而生，与原来的标志相比，新标志延续了海尔多年发展形成的品牌文化，并且强调了时代感。通过简洁、自然、和谐、时尚的设计，赋予海尔企业标识新的内涵，使其成为海尔发展新阶段的精神承载。整个字体标志在动感中有平衡，寓意"变中有稳"，充分体现和延续了海尔企业文化。

由此可见，企业视觉识别系统的不断优化和改进，需要企业持之以恒、循序渐进的借鉴和吸收优秀企业文化，不断强化新的精神内涵，在不断完善自我的过程中实现企业形象的改观，同时赋予企业形象新的文化内涵，实现两者新的和谐统一。

2.2.6 Illustrator 设计基础

Illustrator 是美国 Adobe 公司出品的重量级矢量绘图软件，是出版、多媒体和网络图像的工业标准插画软件。Adobe 公司始于1982年，目前是广告、印刷、出版和 Web 领域首屈一指的图形设计、出版和成像的软件设计公司，总部在美国加州圣何塞。

Illustrator 将矢量插图、版面设计、位图编辑、图形编辑及绘图工具等多种元素合为一体，广泛地应用于广告平面设计、CI 策划、网页设计、插图创作、产品包装设计、商标设计等多个领域。具不完全统计全球有97%的设计师在使用 Illustrator 软件进行艺术设计。

1. Illustrator 发展史

Adobe 公司在 1987 年推出了 Illustrator 1.1 版本。随后一年，又在 Windows 平台上推出了 2.0 版本。Illustrator 真正起步应该说是在 1988 年。

Adobe Illustrator 6.0	1996 年
Adobe Illustrator 7.0	1997 年
Adobe Illustrator 8.0	1998 年
Adobe Illustrator 9	2000 年
Adobe Illustrator 10	2001 年
Adobe Illustrator 11	2002 年
Adobe Illustrator CS2	2003 年
Adobe Illustrator CS3	2007 年
Adobe Illustrator CS4	2008 年
Adobe Illustrator CS5	2010 年 增加了新的功能
Adobe Illustrator CS6	2012 年 全新的图像描摹
Adobe Illustrator CC	2013 年 增加了云的支持

2. 矢量格式与位图格式的区别及特点

1）矢量图

矢量图又称为向量图，矢量图形中的图形元素（点和线段）称为对象，每个对象都是一个单独的个体，它具有大小、方向、轮廓、颜色和屏幕位置等属性。

特点：矢量图形能重现清晰的轮廓，线条非常光滑、且具有良好的缩放性，可任意将这些图形缩小、放大、扭曲变形、改变颜色，而不用担心图像会产生锯齿，失量图所占空间及小，易于修改。

缺点：图形不真实生动，颜色不丰富。无法像照片一样真实地再现这个世界的景色。

常用的矢量绘图软件：Illustrator、CorelDRAW、FreeHand、AutoCAD、Flash 等。

Illustrator 制作完成的矢量图用 Photoshop 可以直接打开，而且背景是透明的。

2）位图

位图又称为点阵图、像素图或栅格图，图像是由一个个方形的像素（栅格）点排列组成，与图像的分辨率有关，单位面积内像素越多分辨率就越高，图像的效果就越好。位图的单位是像素（Pixel）。

特点：位图图像善于重现颜色的细微层次，能够制作出色彩和亮度变化丰富的图像，可逼真地再现这个世界。

缺点：文件庞大，不能随意缩放；打印和输出的精度是有限的。

3. Illustrator 界面组成

（1）标题栏：Bridge 浏览器,它功能非常强大可以浏览到普通浏览器预览不了的格式，对图片的管理分类做得很到位。

（2）菜单栏：有文件、编辑、对象、文字、选择、视图、效果、窗口、帮助九个菜单。

（3）控制栏：主要完成当前状态下的从属参数显示及编辑等。

（4）工具箱：主要完成 Illustrator 文档内容设计所使用工具集。

（5）控制调板：可以控制各种调板的显示与隐藏。

注意：按【Tab】键可以控制工具箱、控制栏及控制调板的显示或隐藏，按【Shift+Tab】组合键可以显示与隐藏工具箱。

更改屏幕模式：按【F】键可更换屏幕模式。

（6）草稿区：图形不被打印的区域。

（7）状态栏：显示当前选择及文档状态信息。

（8）标尺：帮助设计者准确定位和度量插图窗口或画板中的对象。

（9）坐标原点：在刻度上右击可以选择相应的单位；按【Shift】键可以将辅助线对齐到刻度；按【Alt】键可以切换水平或垂直辅助线；删除辅助线，首先要解除锁定，再使用选择工具按【Del】键删除。

4. 视图控制和对象着色

1）视图控制

利用缩放工具（Z）、抓手工具（P）进行视图控制。

① 缩放工具：控制图像的显示百分比

单击可放大图像，按住【Alt】键的同时单击可缩小图像，双击缩放工具可 100%显示图像。

注意：通过导航器调板也可控制图像的显示百分比，在导航器中按【Ctrl】键拖拉可以放大图像任何区域。

② 抓手工具：用来平移图像。

在使用其他工具时按【Space】键可临时切换为抓手工具，双击抓手工具可全页显示。

2）对象着色

① 双击"填充色"块，改变填充色。

② 双击"轮廓色"块，改变轮廓色。

③ 利用吸管工具可以吸取已有对象的填充色及轮廓色。

④ 按【X】键，切换填充色和轮廓色的当前位置，用颜色调板设置当前颜色。

⑤ 按【Shift+X】组合键交换填充色和轮廓色。

⑥ 按【D】键，恢复到系统默认填充和轮廓色（填充为白，轮廓为黑）。

注意：按【Ctrl+Z】组合键可撤销多次，【Ctrl+Shift+Z】组合键可以恢复操作。

3）AI 系统优化的设置

优化常规选项：选择"编辑"|"首选项"|"常规"命令，或按【Ctrl+K】组合键，弹出"首选项"对话框。

① 键盘增量：在该文本框中输入数值，可用于控制每次按方向键时被选对象在图形窗口中移动的距离。

② 约束角度：用于设置绘制的图形在未进行旋转操作时，与水平方向有一定夹角。

③ 圆角半径：用于定义工具箱中圆角矩形工具所绘制出的矩形的圆角半径值。

④ 使用自动添加/删除：取消选中复选框，即取消钢笔工具所具有的自动改变为添加锚点工具或删除锚点工具的特点，也就是说钢笔工具在绘制图形时不能随意添加或删除锚点。

⑤ 双击以隔离：默认情况下，这个选项会在双击对象后隔离它以便进行编辑。关闭该选项时，仍可以隔离一个选区，但是必须从图层调板的调板菜单中选择"进入隔离模式"，或者单击控制调板上的"隔离选中的对象"图标。

⑥ 使用精确光标：激活"使用精确光标"时，所有光标都被"X"图标所取代，它能清晰地定位正在单击的点。按【CapsLock】键即可切换至这个设置。

⑦ 使用日式裁剪标记：选中该复选框，在选择"滤镜"｜"创建"｜"裁剪标记"命令为图像添加裁剪标记时，将建立日式的裁切标记。

⑧ 显示工具提示：选中该复选框，在 Illustrator CS4 中，当前光标在某工具上停留一秒钟后，该工具的右下角将自动显示该工具的名称。

⑨ 变换图案拼贴：选中该复选框，在变换填充图形时，可以使用填充图案与图形同时变换反之填充图样将不随图形的变换而变换。

⑩ 消除锯齿图像：选中该复选框，在绘制矢量图时，可以得到更为光滑的边缘。这个设置只影响图像如何显示在屏幕上，而不影响图像的打印。

⑪ 缩放描边和效果：选中该复选框，在缩放图形时，图形的外轮廓将与图形进行等比缩放。

⑫ 选择相同色调百分比：选中复选框后，可以选择填充色或描边颜色相同的对象。使用这个特性时，所有填充了该颜色不同色调百分比的对象也都会被选中。

⑬ 使用预览边界：选中该复选框，当在图形编辑窗口中选择图形时，图形的边缘界就会显示出来，若要变换图形，只需拖动图形周围的变换控制框即可。

5. AI 文档操作

选择"文件"｜"新建"命令，或按【Ctrl+N】组合键，弹出"新建文档"对话框。

（1）打印：根据打印目的，为提高工作效率，打印模式进行了优化。其颜色模式被设为 CMYK，栅格效果选项被设为 300ppi。

（2）Web：网页文档的优化则是将网页图形的颜色模式设为 RGB，栅格效果为 72ppi，单位为像素。

（3）移动设备：优化移动设备配置文件的目的是开发显示在手机和其他掌上设备上的信息。其颜色模式被设为 RGB，栅格效果为 72ppi，单位为像素。

（4）视频和胶片：视频和胶片配置文件，能够创建应用在视频和胶片程序中的文件，其中还包含一个用来设置 Illustrator 透明网格的选项。这样一来，预览 Alpha 设置就容易多了。该文件的颜色模式被设为 RGB，栅格效果为 72ppi，单位为像素。

（5）画板数量：该设置用于指定文档中包含多少个画板。单个 Illustrator 文档可能包含多达 100 个画板。该设置右侧的箭头图标可用于控制画板如何出现在文档中。

（6）出血：必要时，该设置用于指定一个扩展区域，使图稿超越画板边界。出血设置被应用于单个文档的所有画板（单个 Illustrator 文档中的两个画板不可能出现不同出血设置）。

（7）颜色模式：Illustrator 支持两种颜色模式，CMYK 和 RGB。前者做出来的图像可以用来打印后者设置可以控制分辨率。

（8）栅格效果：在应用柔和和投影、发光和 PS 滤镜（例如高斯模糊）这样的特效时栅格效果设置可以控制分辨率。

（9）透明网格：该设置只有在选择视频和电影 新建文档配置文件时才能使用。网格就是出现在画板上的棋盘图案，它可以帮助用户更好地辨认文档中对象的不透明度。

（10）预览模式：该设置用于设置初始预览选项。用户可以保留它的默认设置（是 Illustrator 中的常规预览设置），也可以使用像素（可以更好地呈现网页和视频图像）或叠印（可以更好地呈现打印图形和专色）。

6. 选择工具、对象管理及绘图工具的使用

1）选取工具（V）

选取和移动整个图形对象、路径或文字块，具有缩放、旋转、复制功能。

（1）缩放：按住【Shift】键，等比例缩放；按【Alt+Shift】组合键，由中心向内或向外等比例缩放。

（2）旋转：按住【Shift】键，以 45° 倍数的角度来旋转。

（3）移动：按住【Alt】键，复制对象。

（4）选取：按住【Shift】键，减选/加选对象。

注意：不管当前使用什么工具，按【Ctrl】键不放可激活选取工具；按【Ctrl+Tab】键，在选取工具和直接选取工具之间来回切换；按鼠标左键拖选选取对象，所框到的区域对象都将被选中。

2）直接选取工具（A）

（1）用来选取或移动锚点。

（2）拖选选取对象，所框到的对象上的节点和路径段被选中。

（3）选取时：按住【Shift】键，加选/减选节点。

（4）按住【Alt】键，单击对象选中所有锚点，再按住鼠标拖动可完成复制。

（5）按住【Ctrl】键可以在选取工具和直接选取工具之间进行切换。

3）组选取工具

（1）选取和移动成组对象中的子对象。

（2）单击一次即可选中子对象进行移动等操作，再单击一次选中整组对象。

4）对象管理

（1）锁定（Ctrl+2）与解锁（Ctrl+Alt+2）。

（2）隐藏（Ctrl+3）与显示（Ctrl+Alt+3）。

（3）群组（Ctrl+G）与解散（Ctrl+Shift+G）。

5）圆角矩形及椭圆工具的绘制

矩形、圆角矩形和椭圆形工具的绘制方法如下：

（1）按住【Shift】键，绘制一个长宽相等正基本形状。

（2）按住【Alt】键，以鼠标单击的点为中心点开始绘制基本形状。

（3）按住【Shift+Alt】组合键以鼠标起点为中心向外绘制正基本形状。

（4）按【Space】键，暂时"冻结"正在绘制的基本形状，此时可拖动对象到绘图区任意位置以重新定位，松开后就可继续绘制。

（5）绘制时按"～"键，以绘制对象的起点为中心复制对象。

（6）绘制圆角矩形时可以按住"向上"方向键增大圆角"向下"方向键减少圆角半径"向左"可去除圆角"向右"设置为最大圆角半径。

（7）若要绘制准确大小的形状，选中工具后在工作区域任一位置单击出现对话框可设置尺寸。

（8）按【Ctrl+A】组合键可以全选页面上的所有对象，按【Ctrl+Alt+A】组合键取消所有对象的选择。

6）图形的编辑

（1）选择工具：选取整个对象。

（2）直接选择工具：选中节点、群组中的单个对象。

按住【Ctrl】键可以在选取工具和直接选取工具之间进行切换。

（3）组选择工具：选取群组中的单个对象。

2.3　任务实施

任 务 内 容	实 施 环 境
直升飞机运输公司制作标志（LOGO）设计	Illustrator CS6

（1）创建一些粗糙的设计稿。这是一个类似直升机上旋转机翼的图案，图 2-1 所示为机翼表现。

（2）运用了一个长了小鸟翅膀的直升飞机（在寻找设计 LOGO 的思路而没有真正开始设计），图 2-2 所示为直升飞机示意图。

图 2-1　机翼表现　　　　　　　　　　图 2-2　直升飞机示意图

（3）将公司名称与直升机图案相结合，图 2-3 所示为结合示意图。

图 2-3　结合示意图

（4）经过前面的思路后再与客户沟通，客户觉得喜欢使用蜂鸟作为直升飞机的形象，所以将开始实现客户的想法，图 2-4 所示为直升飞机示意图。

（5）在研究蜂鸟的过程中，发现很多其他的直升飞机公司也在使用蜂鸟这个形象，图 2-5 所示为蜂鸟简笔画。

图 2-4　直升飞机示意图　　　　　　　　　　　图 2-5　蜂鸟简笔画

（6）为了不与其他公司的 LOGO 雷同，让蜂鸟这个形象与众不同。这个版本图案感觉有点像个盘旋的蜂鸟姿态，图 2-6 所示为直升飞机示意图。

（7）跟着前面一步的思路，将蜂鸟与直升机盘旋的形象相结合，如图 2-7 所示。

图 2-6　直升飞机示意图　　　　　　　　　　　图 2-7　结合示意图

（8）决定使用盘旋的蜂鸟形象后，开始收集一些有用的图片，如图 2-8 所示。

图 2-8　蜂鸟形象图

（9）研究是十分重要的过程，因为这样可以避免一些错误思路，同时也要经常与客户进行沟通，图 2-9 所示为蜂鸟形象调整。

41

（10）如果已经理清你的思路并且取得了客户的认同，那么现在就开始进行具体的LOGO设计，运用 Adobe Illustrator 软件进行设计，首先设计最基本的轮廓，如图 2-10 所示。

图 2-9　蜂鸟形象调整　　　　　　　　　　　图 2-10　基本轮廓

（11）创建了一些鸟的羽毛，如图 2-11 所示。

（12）将的鸟的身体与羽毛进行结合，如图 2-12 所示。

图 2-11　羽毛表现　　　　　　　　　　　图 2-12　结合表现 A

（13）将鸟与旋转相结合，如图 2-13 所示。

（14）用椭圆代替刀刃状的形象更好一点，如图 2-14 所示。

图 2-13　结合表现 B　　　　　　　　　　　图 2-14　椭圆修正

（15）加入图形作为旋转的特征，如图 2-15 所示。

（16）将上面的图形进行调整然后与蜂鸟相结合，如图 2-16 所示。

图 2-15　旋转元素

图 2-16　结合表现 C

（17）调整图片的位置,然后为其上色,用红色和黑色 2 种颜色区分鸟的头部与身体,如图 2-17 所示。

（18）将旋转的图形也用 2 种颜色表达,如图 2-18 所示。

图 2-17　结合修正 A

图 2-18　结合修正 B

（19）对 LOGO 进行一定的修饰,让其感觉更细腻,如图 2-19 所示。

（20）尝试用淡的颜色代替旋转图形的黑色部分,如图 2-20 所示。

图 2-19　结合修正 C

图 2-20　结合修正 D

（21）为图形加上些灰色的形状效果,让其有运动的感觉,如图 2-21 所示。

（22）进行最终修改后,效果如图 2-22 所示。

图 2-21 添加灰色

图 2-22 最终效果

（23）第一版 LOGO 设计完成，如图 2-23 所示。

图 2-23 设计完成稿

任务③

➡ 插画设计与实现

今天通行于国外市场的商业插画包括出版物插图、卡通吉祥物、影视与游戏美术设计和广告插画四种形式。实际在中国，插画已经遍布于平面和电子媒体、商业场馆、公众机构、商品包装、影视演艺海报、企业广告甚至 T 恤、日记本、贺年片等实际应用，插画设计在平面设计领域的应用越来越广泛，是平面设计中不可或缺的重要组成部分。

3.1　任务描述

本任务以绿树插画的设计为蓝本阐述插画的设计，图 3-1 所示绿树插画，主要内容为 Illustrator CS6 的软件应用，重点学习插画的设计理念、原则，插画对质感的表现、插画的绘制工具表现技法等。从而使读者了解插画的理念、插画的设计过程及相关的软件使用技术。设计的过程中更多的借鉴绘画艺术的表现技法，展示出更加独特的艺术魅力，使其更具表现力，图 3-2 所示为精品插画表现。

图 3-1　绿树插画

图 3-2　精品插画表现

3.2　相关知识

插画作为一种艺术形式，已普遍用于现代设计领域的各个方面，英汉大辞典中"illustration"一词有说明、例证、解说、图解、插画等含义，是以具体话的形象把意念和感情视觉化，比较明确地表达了插图更为宽泛的内涵，已成为表达某种意义、说明某种事物、叙述某种过程、描写某种意境的有效手段和艺术形式。

视觉化的图像已成为城市的重要景观，它不仅鲜明的体现在各种艺术形态中，成为传递信息和人际交流的重要媒体形式，而且广泛地呈现在社会生活的各个方面。

3.2.1　插画相对于传统图片的优点及应用范畴

插画不同于传统图片，插画在实际应用中相对于图片来讲主要有以下优点：

（1）对实体进行拟人化的表现，即把本身不具有人物性格特征实物表现得具有人物性格特征。

（2）插画可以表现一些现实中并不存在的情况，扩大意向表现范围。

（3）通过精准的插画来实现照片达不到的写实效果。

在生活中，到处都可见插图的影子，丰富着人们的生活，发挥着不可忽略的作用。设计插图可以分为书籍插图、商业设计插图、特殊范畴的插图三个大的范畴。

1. 书籍插图

书籍插图是为书籍的封面、版面、正文而设计的，从属于书籍。

1）儿童读物插图

一般使用夸张、想象、拟人、游戏、幽默等手法来进行设计。

2）科学技术类书籍插图

主要的功能在于图解文字的内容，让人们对特定的内容留下一个清晰的视觉印象，增强文字语言的表达能力或表现难以用文字表述清晰的内容。

在表现手法上，经常使用：写实的形象、解剖的图形、说明性的图表等，以求准确无误地表达对象的外观形象、功能特质、内在结构，给读者留下可供识别记忆的完整印象。

2. 商业设计插图

商业设计插图包括各种广告媒体中的插图，商品包装中的插图，生活用品上的插图，企业和品牌宣传册中的插图，各种影视媒体中的插图，各种挂历年历中的插图，各种贺卡中的插图，各种公关用品中的插图。

主要是以传递商业信息为主要目的的，以塑造良好的企业形象和品牌形象，引导消费，促进商业流通，推动经济发展为宗旨，有很强的目的性和从属性。

3. 特殊范畴的插图

这类设计插图介于文化与商业之间，既有文化性又有商业性，如影视插图、服装插图、文化广告插图、公益事业广告插图、体育插图等。

3.2.2　插画的特征

1. 插画的时代特性

在不同年代都有插图存在，历史相当的悠久，典型的有以下几种：

（1）《本草纲目》是我国明朝医学家李时珍耗费 30 余年时间写的一本医学名著，其中记载上万种医方，包含大量的精美插图。

（2）欧洲中世纪时代雕花彩色玻璃窗上的一些图画。

（3）《钢铁是怎样炼成的》是苏联作家奥斯特洛夫斯基所著的一部长篇小说，于 1933 年写成。

2. 插画的传统特性

插画是传统绘画的分支，其包括以下内容：

（1）题材选择，童话故事、神话传说。

（2）构图，插画的构图也要遵循传统绘画的一些基本的构图原则。

（3）色彩，主要表现一些色彩运用的原理及色彩搭配方面。

（4）绘画的一些手段，如素描绘图、彩色铅笔绘图、水彩水粉，等等，都是传统绘画的一些方式，所以说，插画是传统绘画的分支。

3. 插画的民族特性

不同国家间的风格都具有明显差异，一般会以本民族的人物形象为基础，插画所表现的内容也会以本民族的一些传统文化为主。在中国，人物形象以及他们的服饰装扮上都可以看到一些民族的传统特色，体现的是我们自己的文化特色。

3.2.3 插画质感的表现

插画不是纯艺术，很多时候要为商业服务，因此，表现技法应尽量与商品的材料质感相统一，也就是形式与内容的统一，实事求是地刻画物体的实际视觉特征。所谓质感的表现，就是刻画物体的视觉特征。在日常生活中，人们所见的商品物体的材质性质大体可以分为四类：

（1）透光而不反光：织物面料等，也有特例，比如丝绸面料就会有一点反光但只是特例。

（2）透光并且反光：玻璃器皿等。

（3）不透光但反光：金属、镜子等。

（4）不透光也不反光：木板、砖石等。

插画是传统绘画的分支，一些传统绘画工具的表现技法同样适用于插画，下面就从插画的绘制工具表现技法为出发点来对插画进行阐述。

1. 铅笔插画

铅笔插画特点是单纯、朴素。插图发展史上有很多优秀的作品都是使用铅笔进行创作的，而很多使用其他工具和材料创作的插图也往往用铅笔进行辅助和配合，比如用铅笔打草稿。

彩色铅笔既具有普通铅笔所具有的特性，又具有丰富的色彩表现力所以得到广泛喜爱。

2. 钢笔插画

钢笔插画主要是以线条为主，相对于铅笔的效果它可能刻画得不会那么细腻，创作者可以根据需要选择不同的笔头，达到不同的画面效果，可粗可细，富于变化。由于墨水的附着力强，不易退色，画稿清晰，便于印刷，所以这类工具在插图创作中曾被广泛使用。

3. 炭粉笔插画

炭粉笔原本是民间的一种传统画法，就是将炭条压成粉后作画，发展到后来，也包括有色粉（比如粉笔磨成粉），色粉呈颗粒状的，使用它绘制的画面一般比较柔和，但不适合进行太过细腻的细节刻画，所以画面常常以纯朴、自然见长。

4. 蜡笔和油画棒插画

蜡笔和油画棒有油性腊存在的一种画笔，所创作出来的画面效果一般比较粗犷，有时也可以创作出细腻的效果，画面会充满童趣、色彩浓郁、笔触清晰可见并富有肌理。画法也由于存在有蜡的成分，可以运用蜡防水特点进行某些特殊效果的处理。

5. 水彩插画

水彩插画是用水调和透明颜料作画的一种绘画方法，它是一种艺术性较高的画种，水彩颜料的特征是鲜明、透明、纯净，可以多层渲染，加上毛笔的丰富变化，可以使画面的层次非常丰富细腻，所以说水彩是一种表现力极强的、非常理想的插画种类。

6. 水粉插画

水粉插画是使用水调合粉质颜料绘制而成的一种画，水粉其实是属于水彩的一种，比水彩浓度大，就是比较干，给人感觉是不透明的，比较厚实，色彩比较丰富，色彩的饱和度较高。可以在画面上产生艳丽、明亮、浑厚等艺术效果。 水粉画经典《心潮逐浪高》，如图3-3所示。

图3-3　唐雪根　金潮 A 系列之二 194.5cm×134.5cm 2007 年

7. 马克笔插图

马克笔（又称麦克笔）插画是从国外传来的，一般分油性和水性两种，近年来比较流行，通常用来快速表达设计构思，以及设计效果图之用。有单头和双头之分，头有粗有细，能迅速地表达绘图效果，是当前最主要的绘图工具之一。

8. 版画

版画（Print）是视觉艺术的一个门类，一般是以刀或化学药品等在木、石、玻璃、胶合板、铜、锌这些金属等版面上雕刻后印刷出来的图画。通过画面，大家可以看到清晰的雕刻线条和痕迹。

9. 黑白画写实表现插画

所谓黑白画写实表现，就是以黑白块面来处理形象，它的表现主要是对于形象的主观感受，抓住其主要的特征，从而把具体的形象概括成具有不同形状的，黑色和白色的块面，组织成新的形象，就成了黑白画写实表现。这种黑白画写实简洁有力,是一种比较具有表现力的风格。

10. 皱纸（折纸）插画

先将画纸团皱，使纸产生不规则的纹路，然后将纸展开后于上作画，由于纸皱过后就会产生高低不平的纹路，因此作画时就会产生各种不同的形象，类似于纹理的东西，使画面富有另类的魅力。

3.2.4　精美插画赏析

1. MooUrl（见图 3-4）

图 3-4　MooUrl 网站插画

2. EllisLab（见图 3-5）

图 3-5　EllisLab 网站插画

3. Wishlistr（见图 3-6）

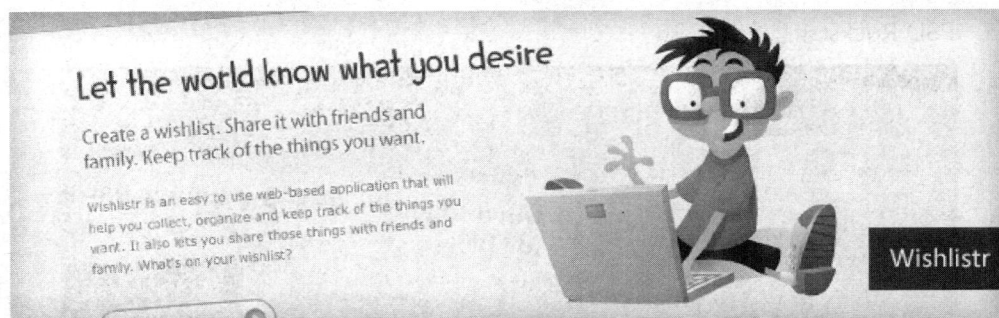

图 3-6　Wishlistr 网站插画

4. NetNova（见图 3-7）

图 3-7　NetNova 网站插画

5. Stoodeo（见图 3-8）

图 3-8　Stoodeo 网站插画

6. The Great Bearded Reef（见图 3-9）

图 3-9　The Great Bearded Reef 网站插画

7. PSD Rockstar（见图 3-10）

图 3-10　PSD Rockstar 网站插画

8. Global Zoo（见图 3-11）

图 3-11　Global Zoo 网站插画

9. Blog What?Design（见图 3-12）

图 3-12　Blog What?Design 网站插画

10. sr28（见图 3-13）

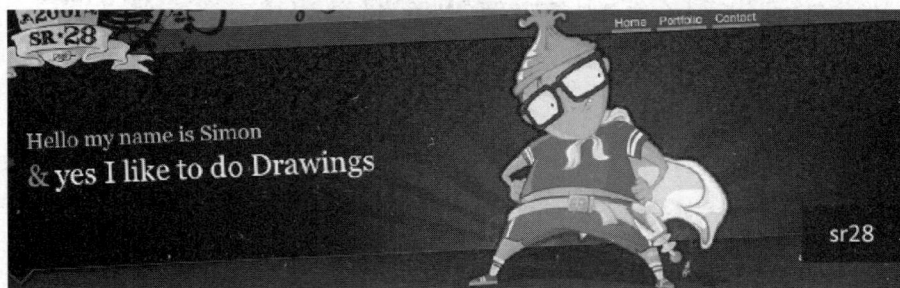

图 3-13　sr28 网站插画

11. 白菜（见图 3-14）

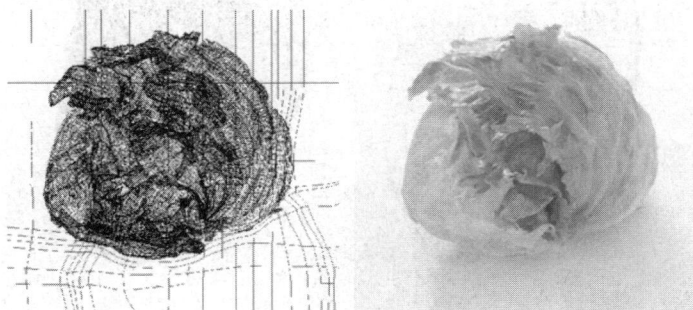

图 3-14　白菜插画

12. **狗**（见图 3-15）

图 3-15　斑点狗插画

13. **老爷车**（见图 3-16）

图 3-16　老爷车插画

14. **皮鞋**（见图 3-17）

图 3-17　皮鞋插画

15. **金属器件**（见图 3-18）

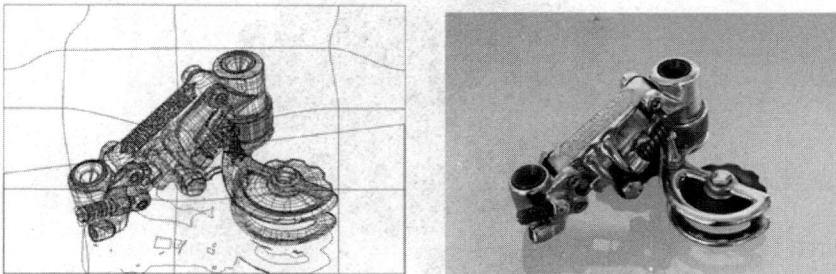

图 3-18 金属器件插画

在现代设计领域中，插画设计可以说是最具有表现意味的，它与绘画艺术有着亲近的血缘关系。插画艺术的许多表现技法都是借鉴了绘画艺术的表现技法。插画艺术与绘画艺术的联姻使得前者无论是在表现技法多样性的探求，或是在设计主题表现的深度和广度方面，都有着长足的进展。从某种意义上讲，绘画艺术成了基础学科，插画成了应用学科。纵观插画发展的历史，其应用范围在不断扩大。特别是在信息高速发达的今天，人们的日常生活中充满了各式各样的商业信息，插画设计已成为现实社会不可替代的艺术形式。

插画是运用图案表现的形象，本着审美与实用相统一的原则，尽量使线条、形态清晰明快，制作方便。

绘画插图多少带有作者主观意识，它具有自由表现的个性，无论是幻想的、夸张的、幽默的、情绪化的还是象征化的情绪，都能自由表现处理，作为一个插画师必须完成笑话广告创意的主题，对事物有较深刻的理解才能创作出优秀的插画作品。自古绘画插图都是有画家兼任，随着设计领域的扩大，插画技巧日益专门化，如今插画工作早已由专门插画家来担任。

插图画家经常为图形设计师绘制插图或直接为报纸、杂志等媒体配画。他们一般都是职业插画画家或自由艺术家，像摄影师一样具有各自的表现题材和绘画风格。对新形势、新工具的职业敏感和渴望，使他们中的很多人开始采用电脑图形设计工具创作插图。这种新的摄影技术完全改变了摄影的光学成像的创作概念，而以数字图形处理为核心，又称"不用暗房的摄影"。它模糊了摄影师、插图画家及图形设计师之间的界限，现今只要有才能，完全可以在同一台电脑上完成这三种工作。

3.3 任务实施

任 务 内 容	实 施 环 境
设计绿树插画	Illustrator CC

用 Illustrator 绘制树，主要是考验软件掌握熟练程度，从中领会插画的设计思路及手法，设计完成作品如图 3-19 所示。

图 3-19　绿树插画

（1）首先创建自定义的笔刷。

　　选择钢笔工具并画出叶子的形状。填充形状和路径，并调整到深绿色，如图 3-20 所示。

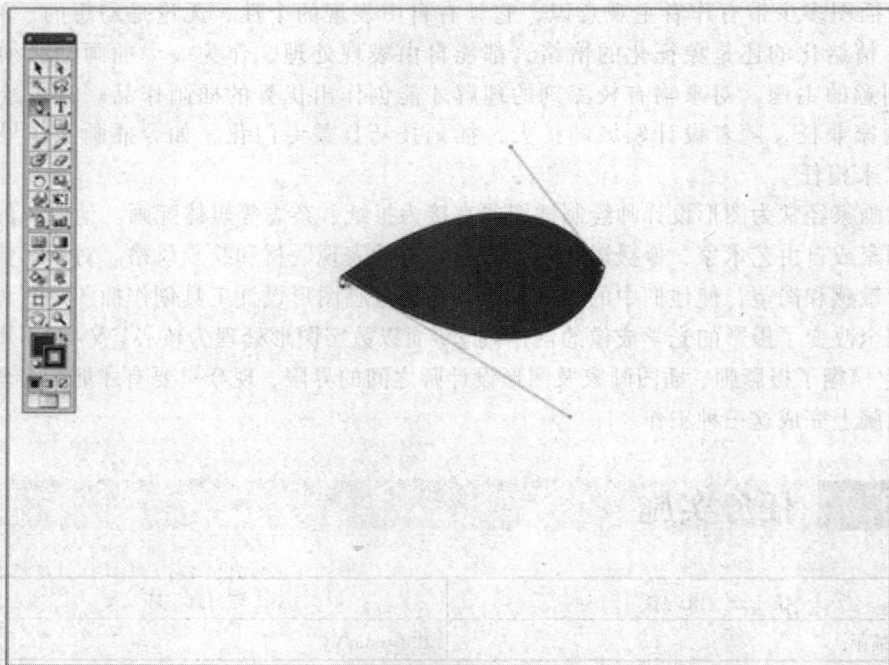

图 3-20　树叶 A

（2）用钢笔工具创建一个弯曲的线条，用同一种着色描出，穿过整个树叶，如图 3-21 所示。

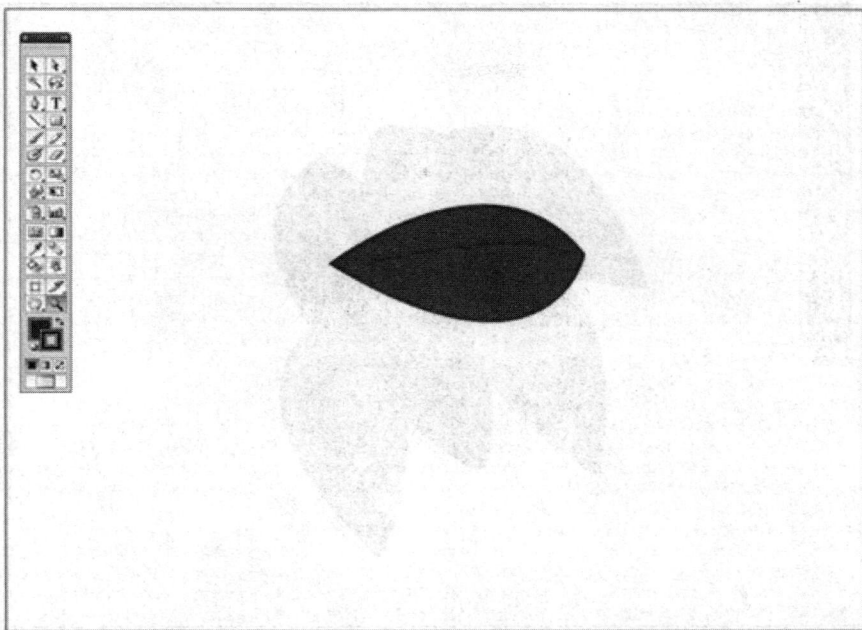

图 3-21　树叶 B

（3）制作两片树叶，并改变填充颜色为暗绿和亮绿色，按【Ctrl + G】组合键进行群组，现在对群组后的树叶进行复制，如图 3-22 所示。

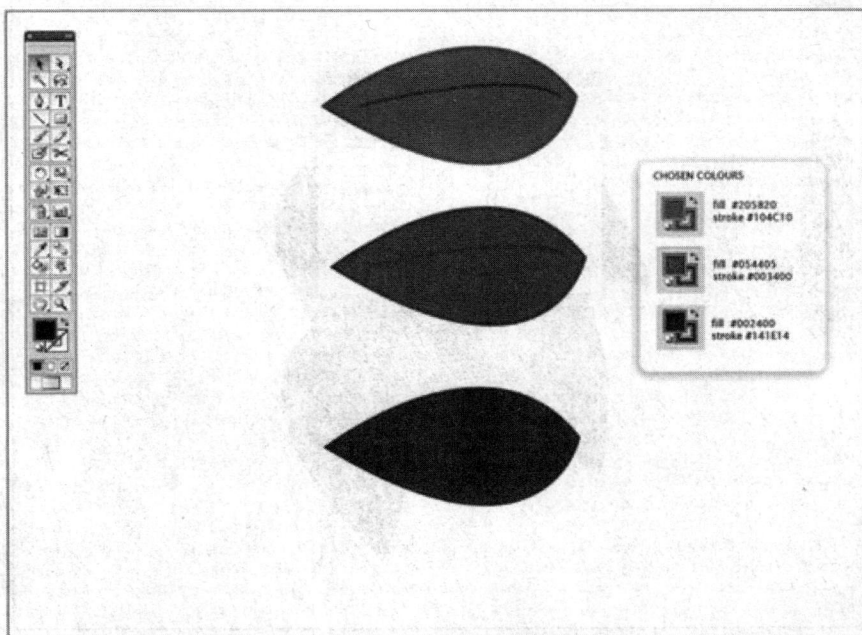

图 3-22　树叶 C

（4）把树叶向下旋转倾斜，将它们重叠在一起，并使其在同一方向，如图 3-23 所示。

图 3-23　树叶 D

（5）双击比例缩放工具。确保"Scale Strokes&Effects"选项被选中，单击 OK 按钮，如图 3-24 所示。

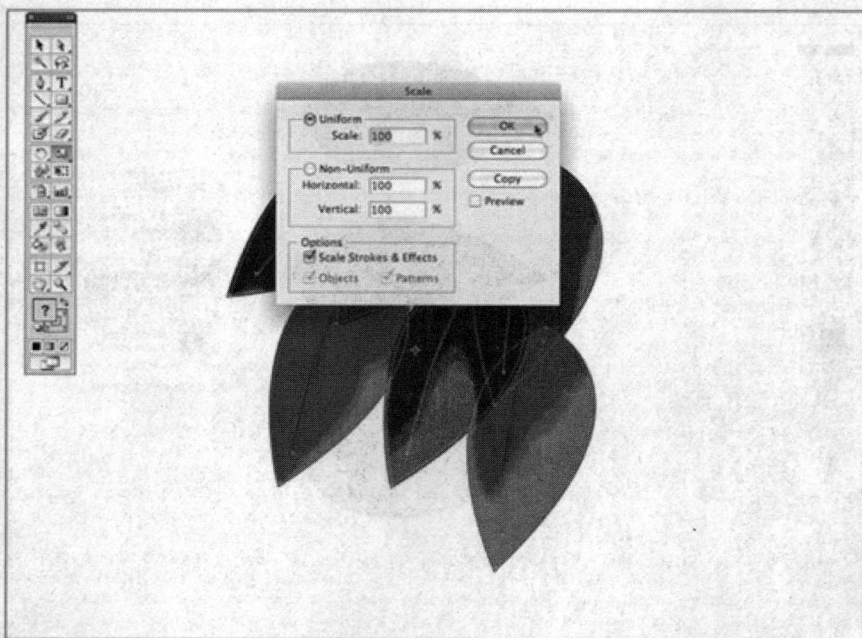

图 3-24　树叶 E

（6）选择所有叶子，并按【Ctrl+G】组合键群组，如图 3-25 所示。

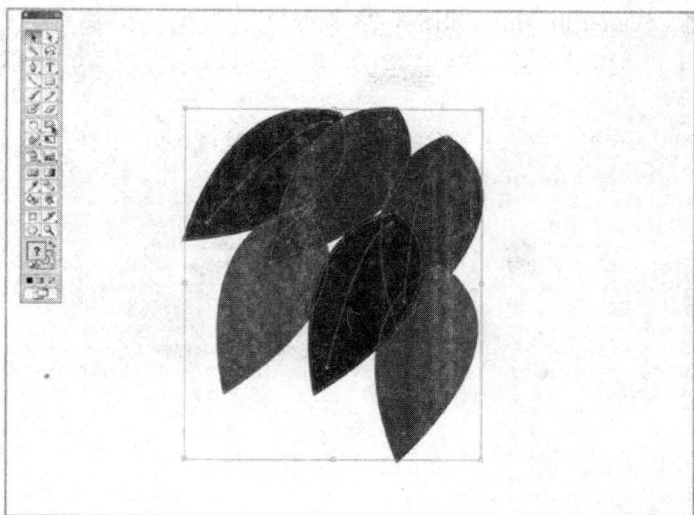

图 3-25　树叶 F

（7）仍然选择叶子，设置宽度为 45px，确保约束宽度和高度比例选项被激活，如图 3-26 所示。

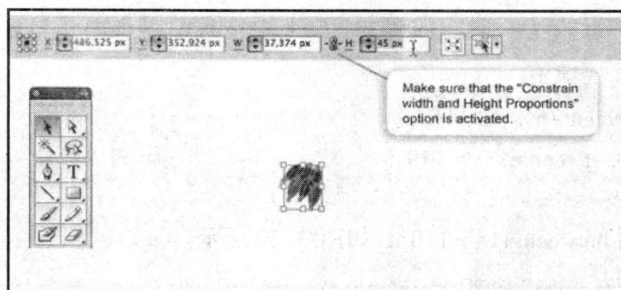

图 3-26　树叶 G

（8）设置并描边为 1pt，选择叶子，打开笔刷窗口，在顶右边的窗口有一个面朝下的小三角，单击它，选择笔刷，按图 3-27 设置笔刷。

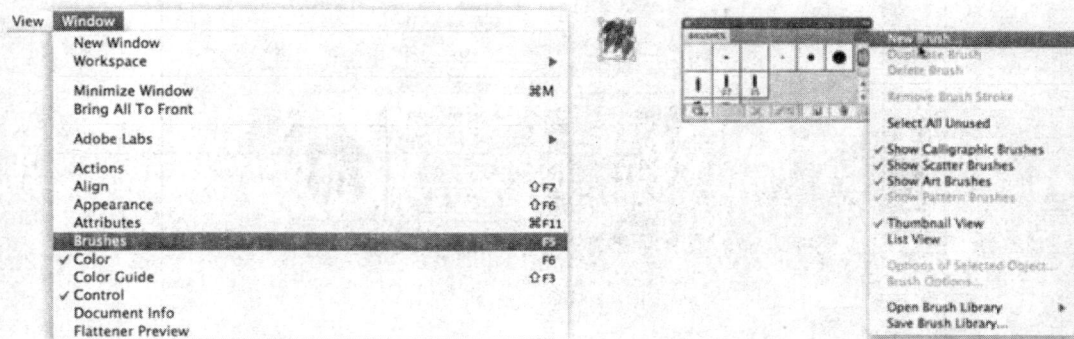

图 3-27　定义笔刷 A

（9）选择散刷（Scatter Brush），如图 3-28 所示。

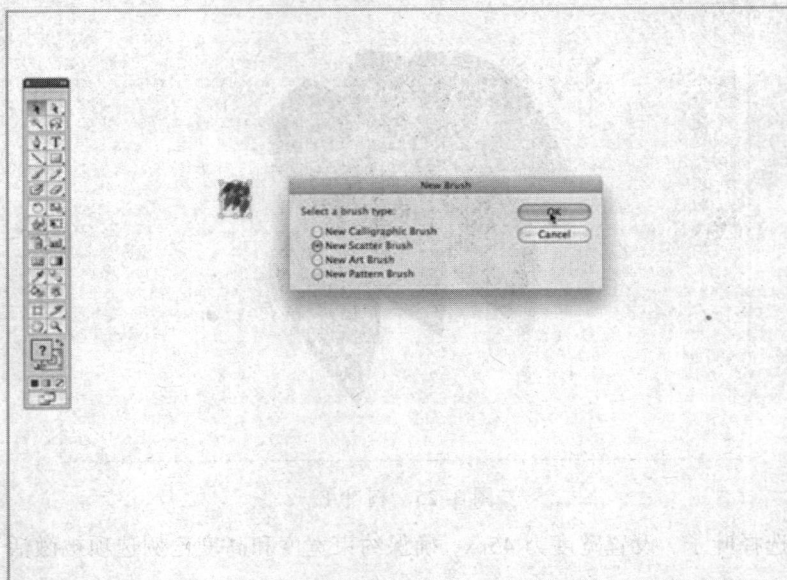

图 3-28　定义笔刷 B

（10）选择（散刷选项）：

Size: Random between 76%～134%

Spacing: Random between 65%～119%

Scatter: Fixed－6%

Rotation: Random between 41°～110°，如图 3-29 所示。

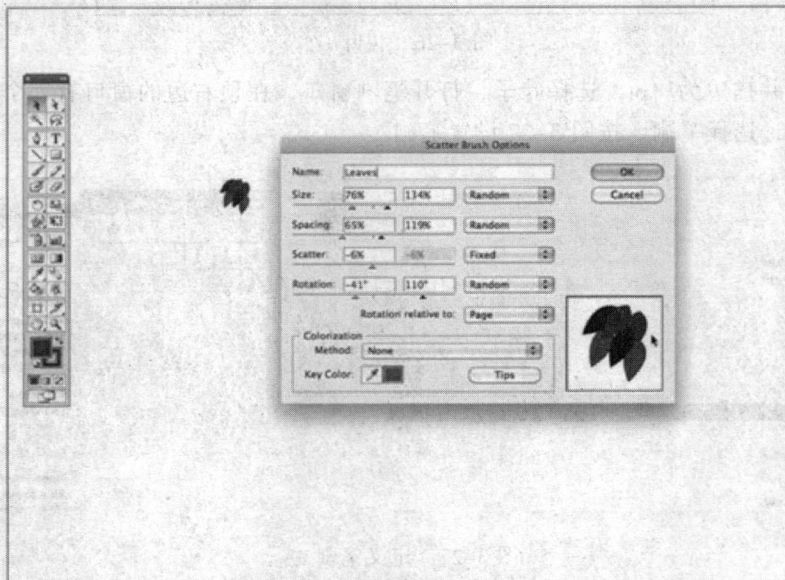

图 3-29　定义笔刷 C

（11）接下来绘制树，新建一层，命名为"背景图片"，如图 3-30 所示。定义背景需要的是一棵用于绘制时借鉴参考的树，选择想用的图片来描绘这个树干痕迹。

（12）在"背景图片"层置入这张树的图片，如图 3-31 所示，并锁定该层。

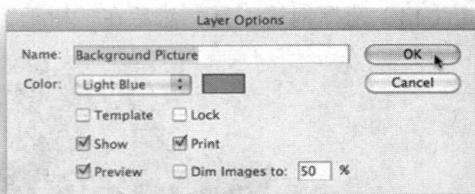

图 3-30　定义背景

图 3-31　树干

（13）创建一个新层，并取名为"树干"，如图 3-32 所示，创建树干层。

图 3-32　创建树干层

（14）选择钢笔工具，然后在"树干"层开始描绘轮廓，如图 3-33 所示。

图 3-33　绘制树干

（15）隐藏"背景图片"层，用暗褐色填充形状，并设置描边为零，图 3-34 所示为填充树干效果。

图 3-34　填充树干效果

（16）要创造出一些树干上的阴影，如图 3-35 绘制阴影 A。(选择笔刷工具(B)和一个圆刷漆厚线里面的躯干的纲要的形状。用暗褐色填充它,给它 45%的透明度。在左边的树干重复同样的操作。随着轮廓的外线在树干的里侧用一个圆笔刷画出一条粗线。

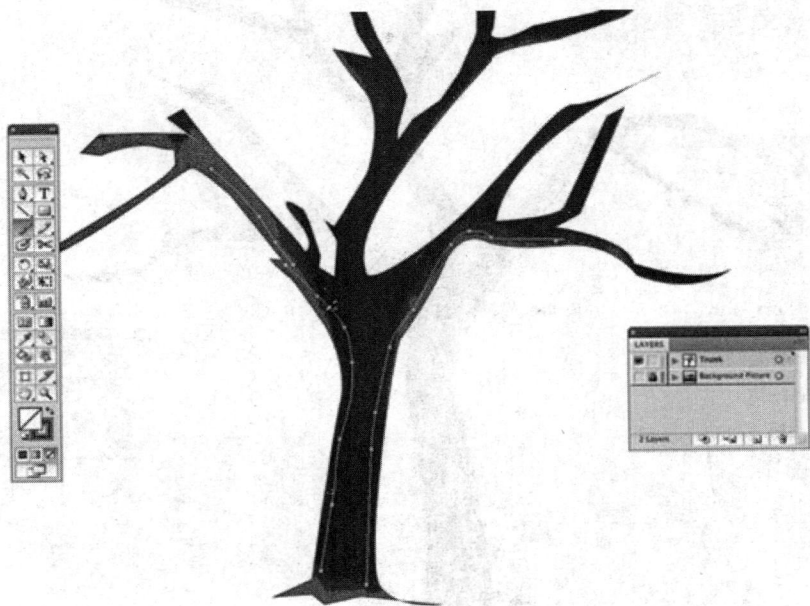

图 3-35　绘制阴影 A

（17）用 30%的透明度在树干的中心选择高亮的褐色置入一条线，如图 3-36 所示。

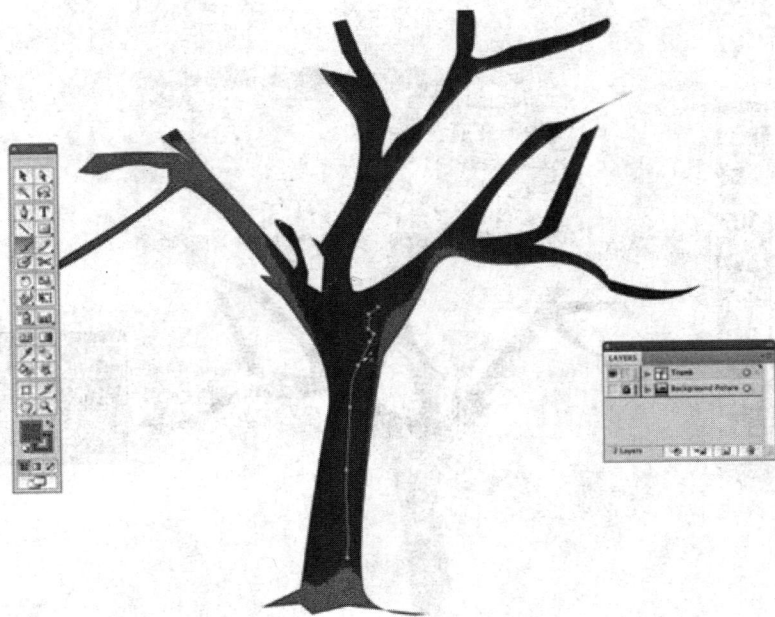

图 3-36　绘制阴影 B

（18）选择所有的树干部分并群组（按【Ctrl+G】键）它们，如图 3-37 所示，然后锁定这个层。

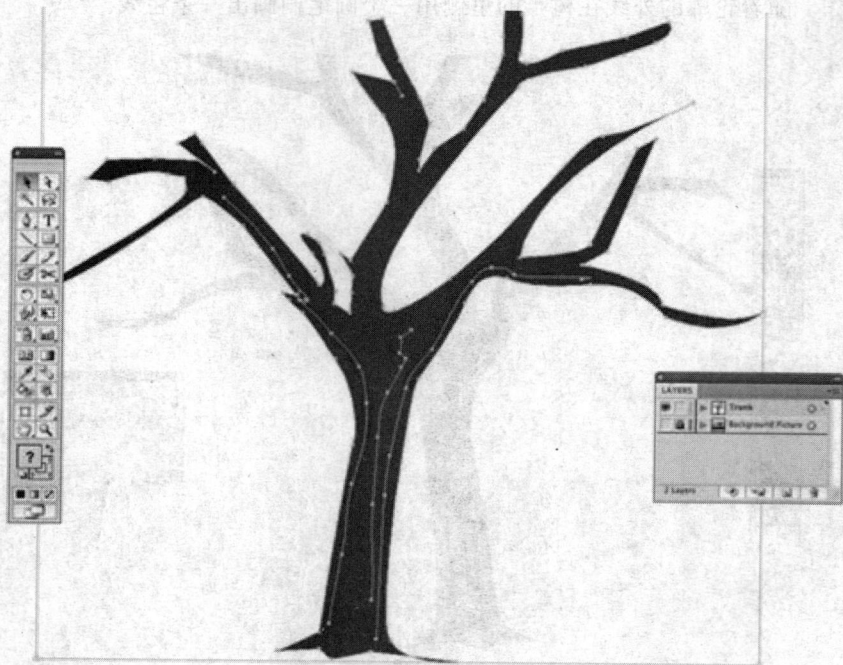

图 3-37　绘制阴影 C

（19）在完成这棵树之前，打算使用创建笔刷填充树叶，首先创建树叶图层，如图 3-38 所示。

图 3-38　创建树叶图层

（20）采用笔刷工具，选择新叶子的笔刷刷托盘，确保填充设置为空，绘制一条置入了树的外线之后利用笔刷按路径添加树叶，如图 3-39 所示。

图 3-39　外围添加树叶

（21）仍然选择笔刷工具，在刚刚绘制的外线里的空白处开始绘制，留下三两个洞，使这棵树更逼真，并且用额外增加的叶子润饰边缘，进行整体树叶填充，如图 3-40 所示。

图 3-40　添加整体树叶

（22）用渐变网格工具来创建一些叶子的阴影和灯光，创建一个层，并命名为"灯光"，锁定这个图层，如图 3-41 所示添加阴影与灯光。

图 3-41　添加阴影与灯光

（23）填充形状与颜色为一般绿色，设定笔画为零，如图 3-42 所示。

图 3-42　阴影与灯光的填充设置

（24）仍然选择物体，选择渐变网格工具，检查预览框，设定 Rows 为 4，Columns 为 4，Appearance of Flat，Highlight 为 100%，然后单击 OK。

如果得到一个错误信息，读下面的提示，如图 3-43 所示。

（25）再着色渐变网格，选择一些基于你的喜好想要的颜色，例如，将选择树的左边有一些阳光，右边有一些倒影的效果的颜色。这个渐变网格已经在你的形状里创建了 16 个选区，用直选工具单击第一个形状的中部，用那个区域选择，选择一个不太明亮的黄颜色，如图 3-44～图 3-47 所示添加光照。

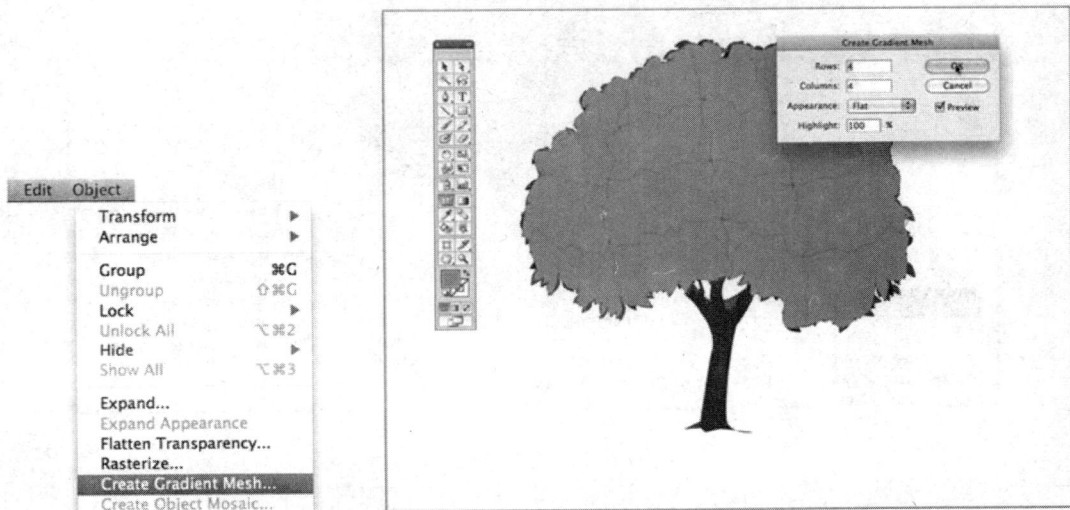

图 3-43　添加渐变网格

图 3-44　添加光照 A

图 3-45　添加光照 B

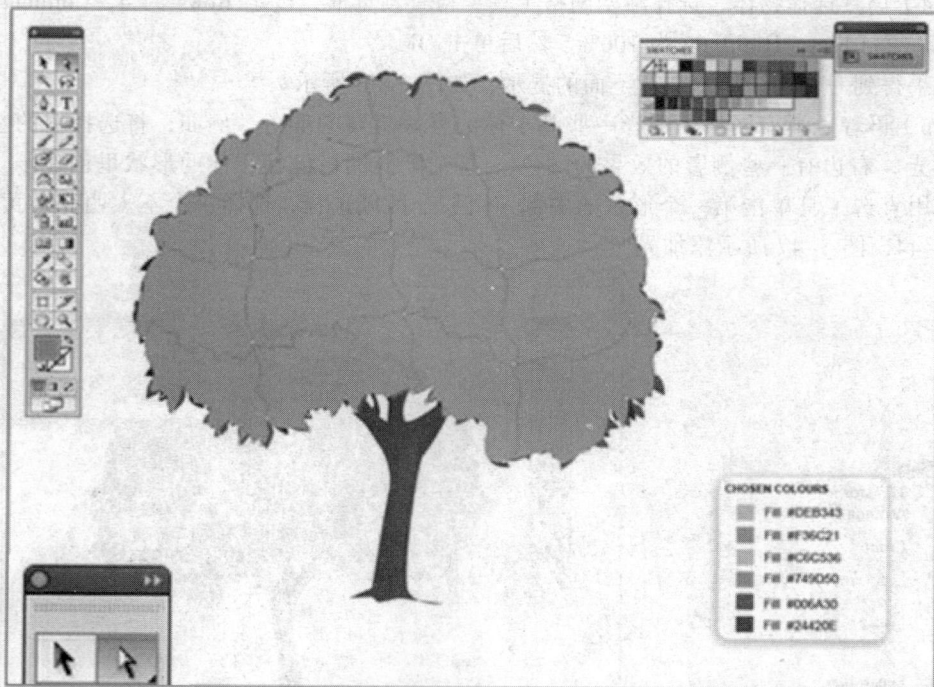

图 3-46 添加光照 C

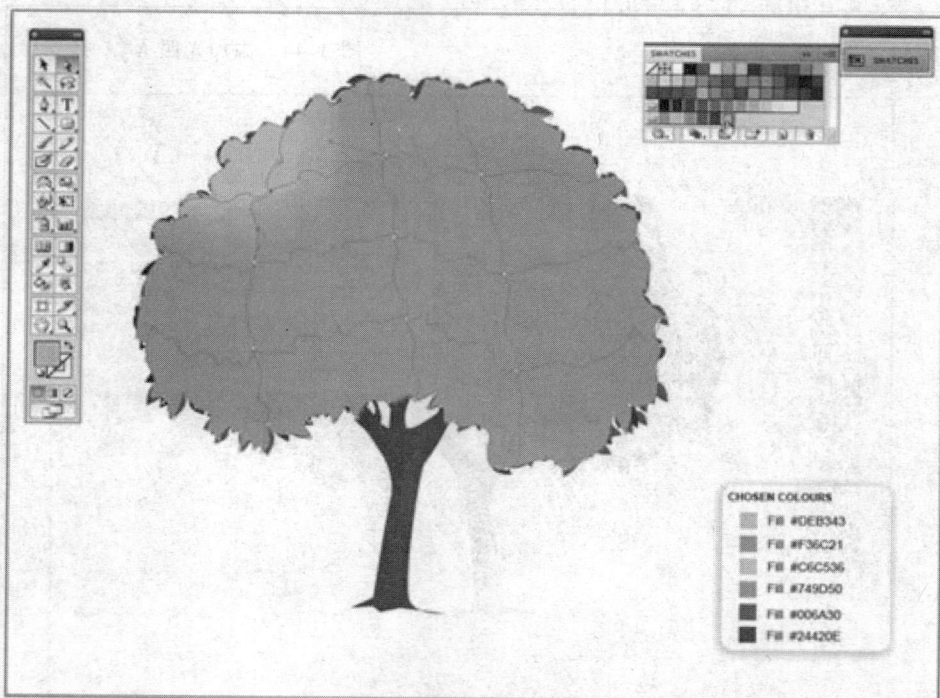

图 3-47 添加光照 D

（26）选择渐变网格其他的区域，重复上面的步骤，并且给每一个区域适当的颜色。选择在网格右边置入黄绿相间的高亮阴影，在网格底部的左边置入深绿色，如图 3-48～图 3-62 所示添加光照 E。

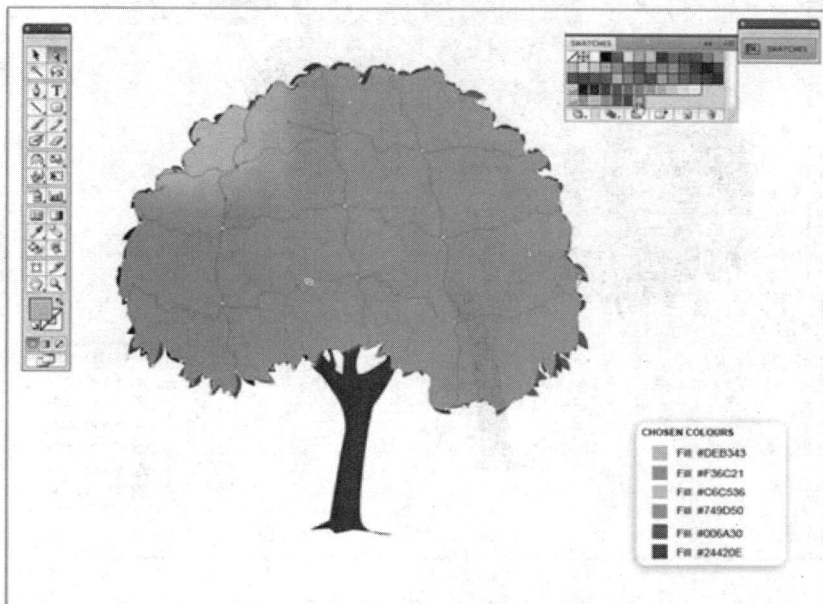

图 3-48　添加光照 E

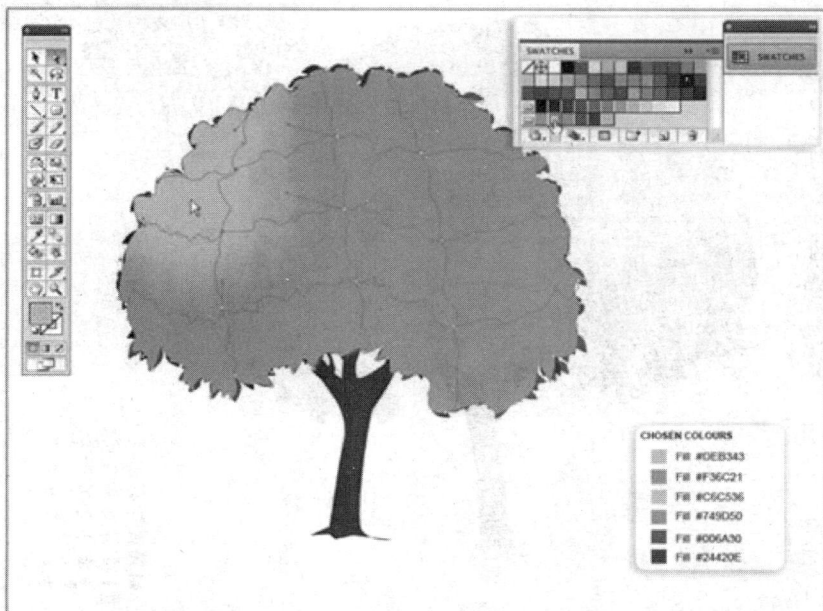

图 3-49　添加光照 F

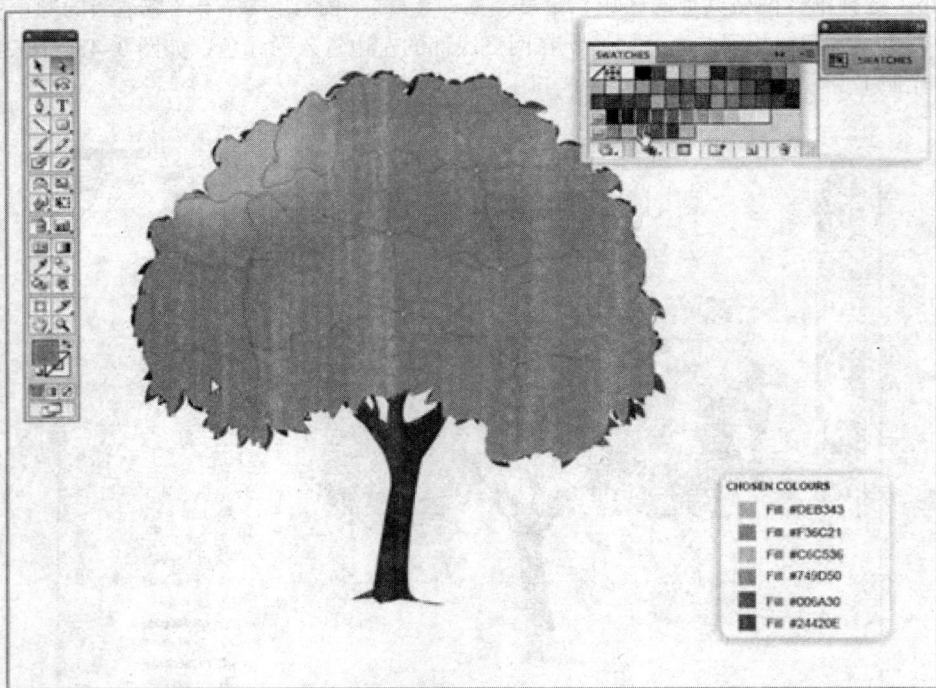

图 3-50　添加光照 G

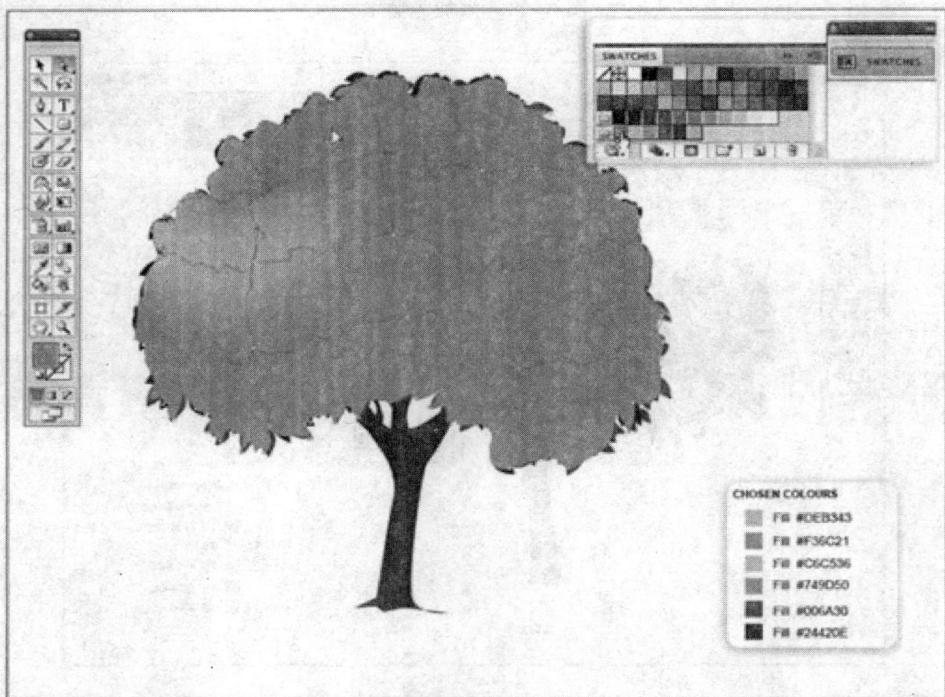

图 3-51　添加光照 H

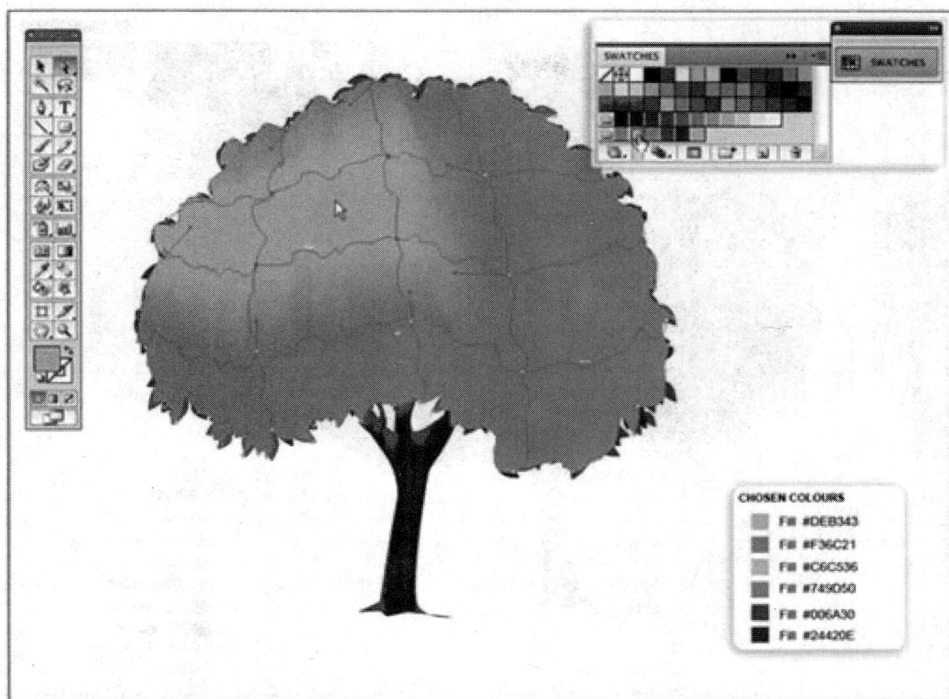

图 3-52 添加光照 I

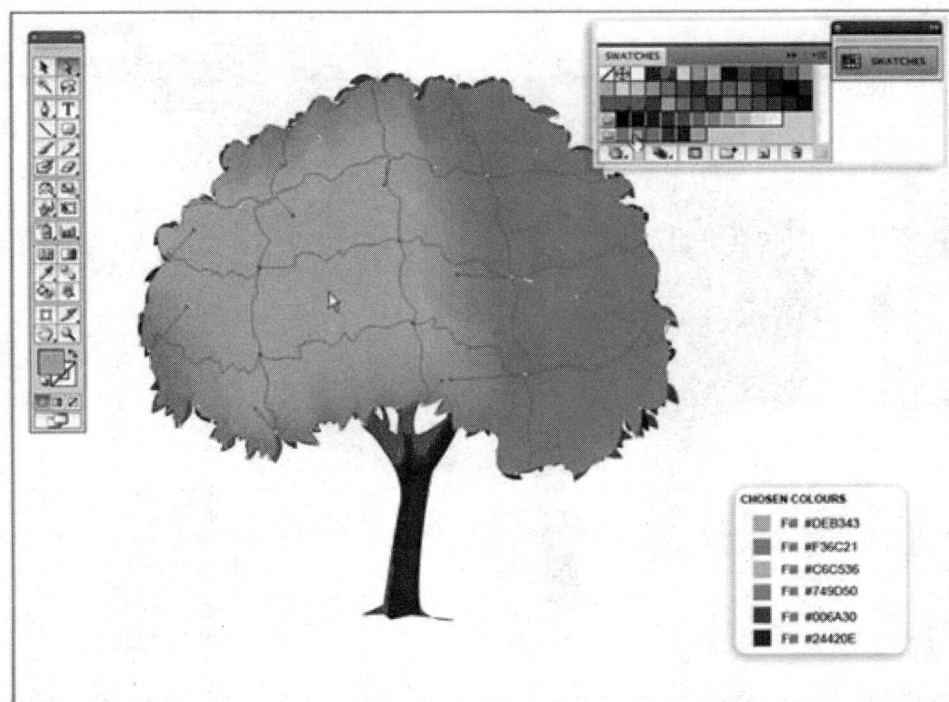

图 3-53 添加光照 J

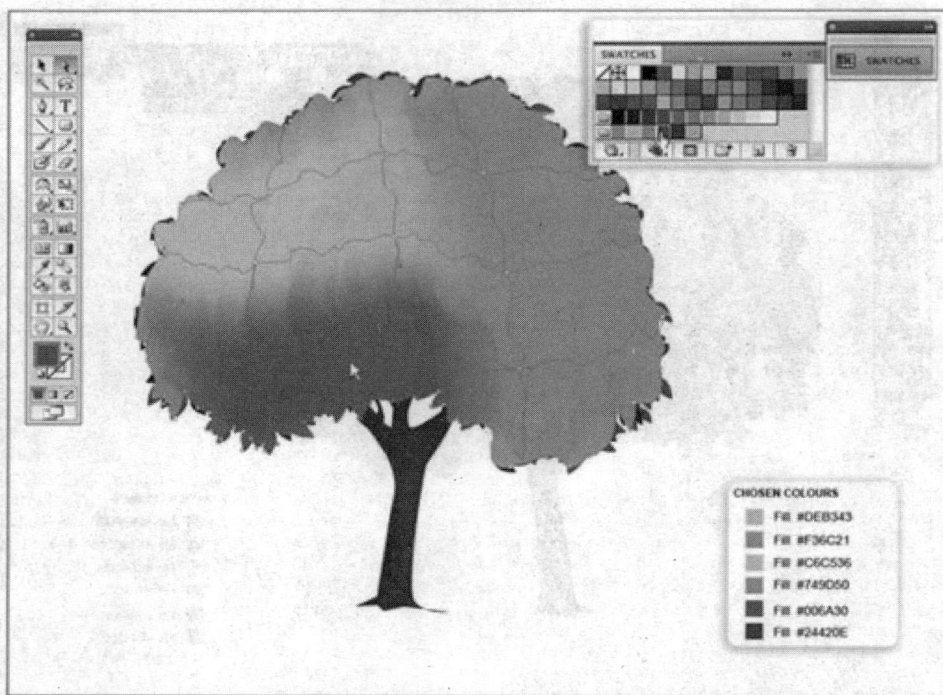

图 3-54　添加光照 K

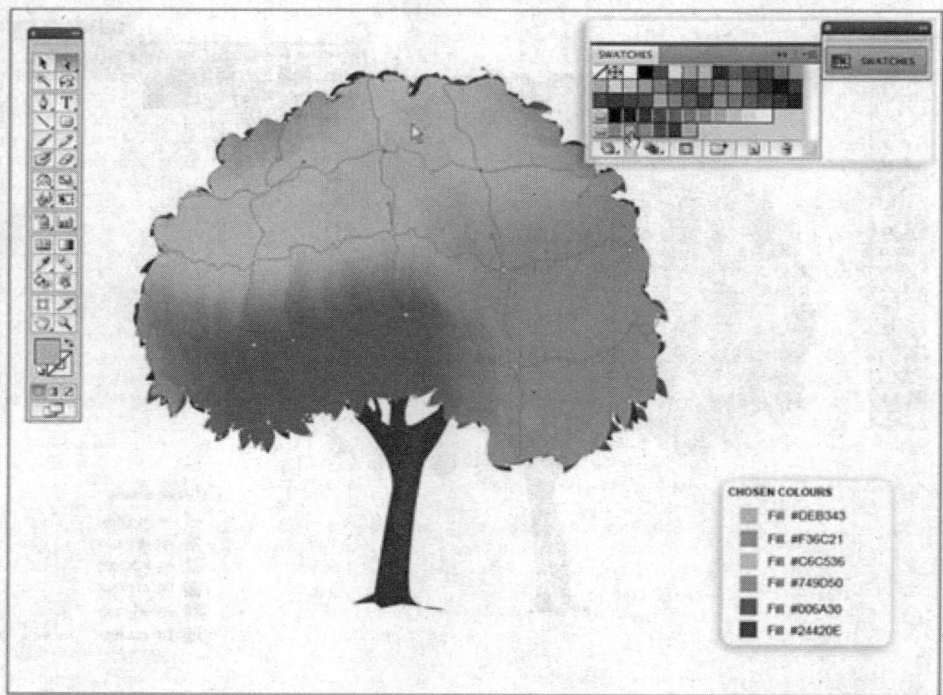

图 3-55　添加光照 L

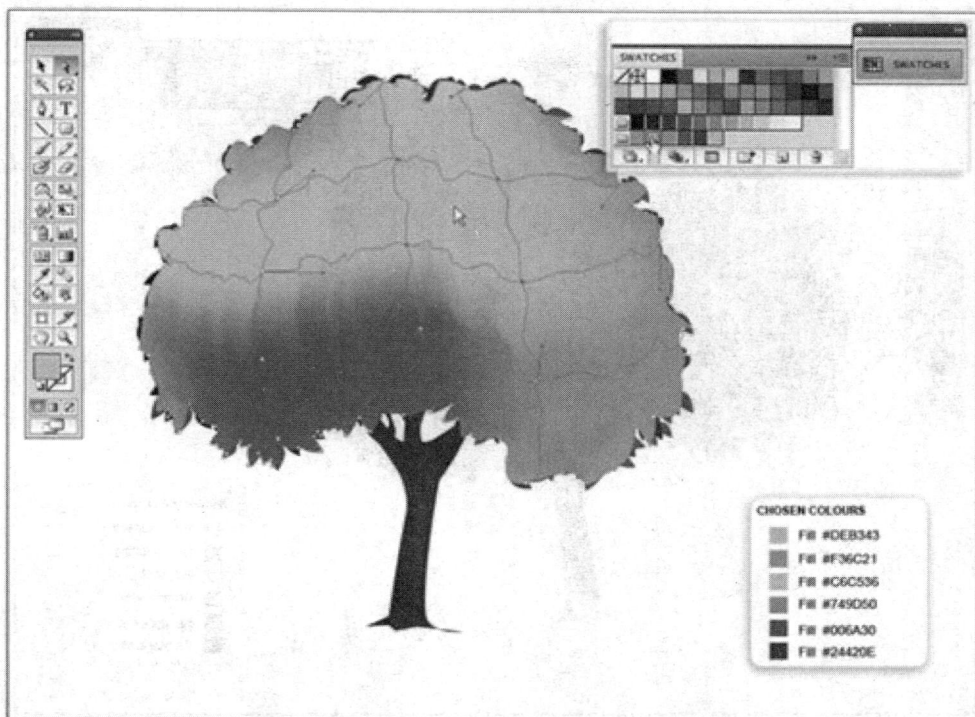

图 3-56　添加光照 M

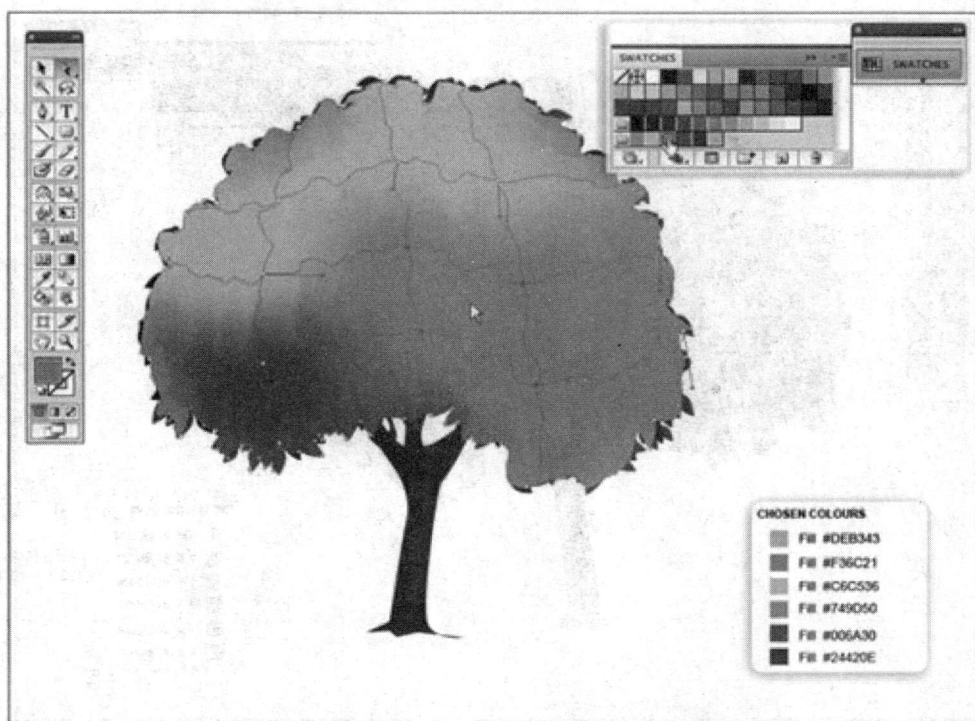

图 3-57　添加光照 N

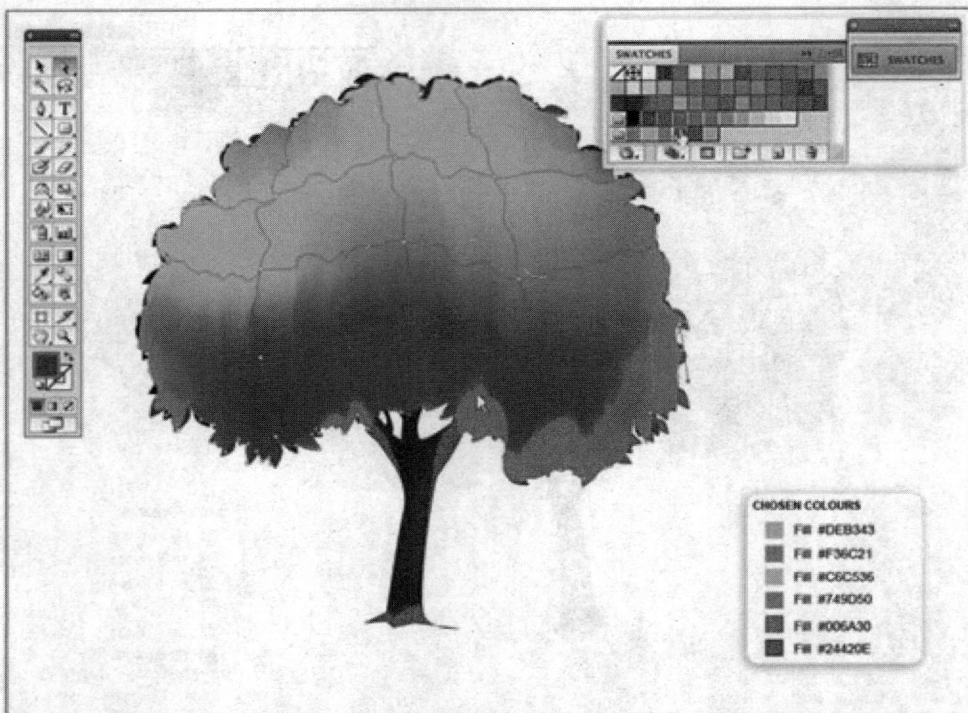

图 3-58　添加光照 O

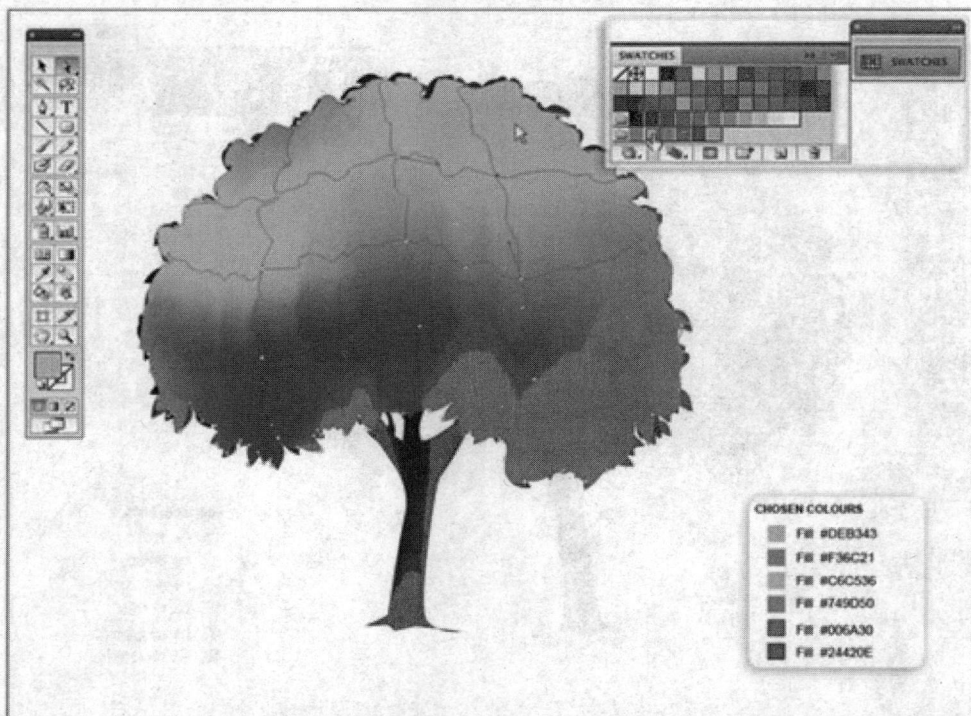

图 3-59　添加光照 P

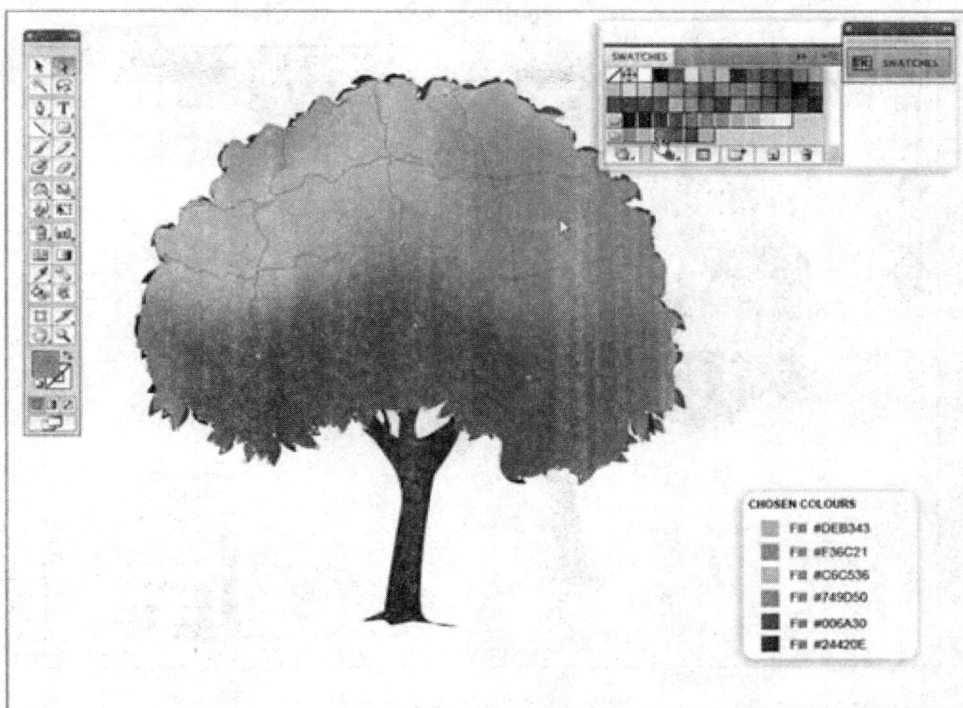

图 3-60　添加光照 Q

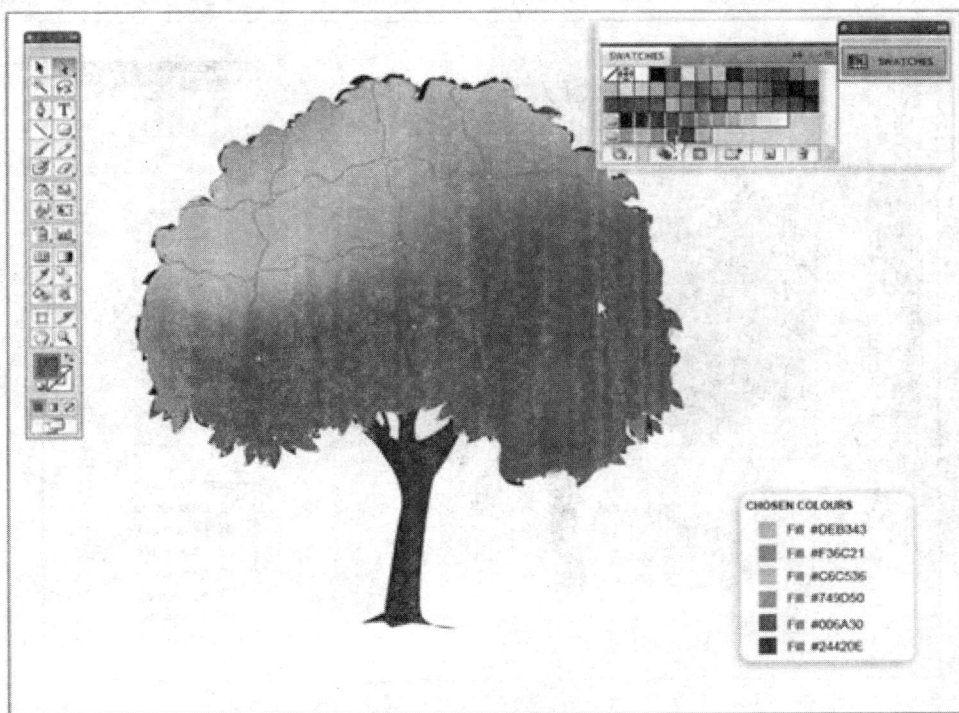

图 3-61　添加光照 R

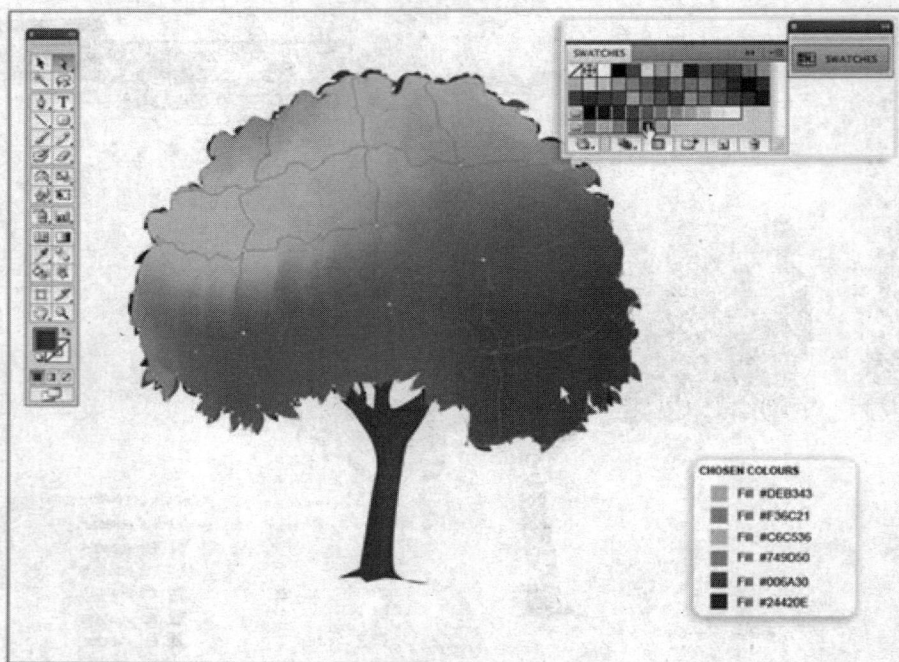

图 3-62　添加光照 S

（27）用选择工具选择渐变网格的外形，如图 3-63 所示。

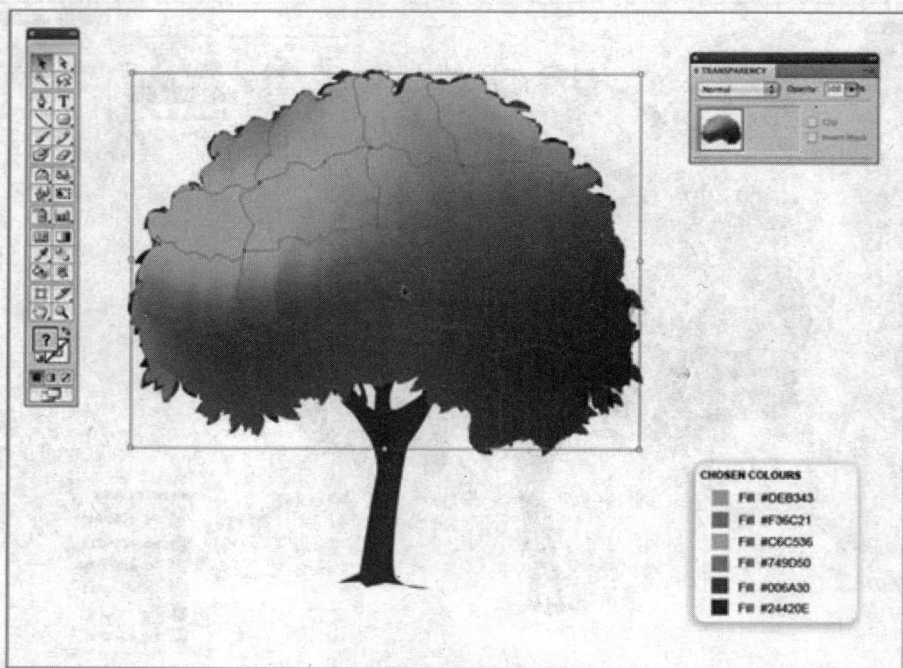

图 3-63　应用变形

（28）打开 Opacity Window（选择 Window|Transparency（透明度）命令窗口模式，选择"柔和光"选项，不透明度设定为 71%，如图 3-64 所示。

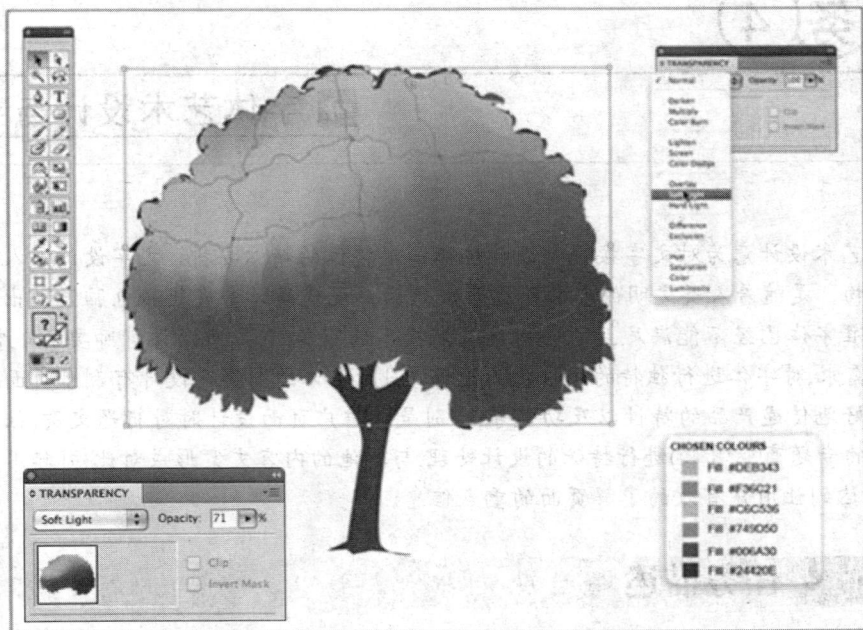

图 3-64　透明度调整

最终完成效果如图 3-65 所示。

图 3-65　绿树插画

任务 ④

➡ 字体艺术设计与实现

　　字体艺术设计意为对文字按视觉设计规律加以整体的精心安排，文字设计是人类生产与实践的产物，是随着人类文明的发展而逐步成熟的。现代设计中直接从电脑里调出来的千遍一律的标准字体已经不能满足互联网用户日渐提高的审美需求，所以设计师要打破常规，能根据不同的需求，对字体进行独特的个性化的设计。同时字体的图形化设计有利于页面氛围的营造以及更好地传递产品的特性以及功能等，特别是在推广页面设计时对标题文案(往往概括了整个活动的专题商业需求)进行特殊的设计处理，与其他的内容文案形成对比，引起用户的知觉兴趣，从而达到让用户有效的了解页面的重点信息。

4.1　　任务描述

　　本任务以字体艺术设计为出发点进行字体艺术设计的方法及实践探究，依据字体艺术设计的原则、表现形式、版式样式进行"Fa La La La Lifetime"的字体艺术设计，注重文字设计的流程，设计过程中完美体现设计的艺术性，通过对文字设计的学习，让读者熟练掌握文字设计的方法，理解文字设计的思考重点。通过分析各应用领域的图形文字，让读者进一步了解文字图形在现实应用中的状态，使思维和创作能力趋于成熟。

4.2　　相关知识

4.2.1　字体艺术设计的原则

　　文字是人类在长期的生产生活过程中创造出来的代表一定意义的识读符号。人们通过文字从外界获知信息并进行交流。不管是拼音文字还是音义文字或象形文字都是一定信息的象征，通过阅读可以获知其代表的意义，并且不同的文字具有其特定的构字规律和结构特征。文字进一步的图形化是现代文字设计的趋势，图形文字之所以给人带来视觉新意是由文字原有形态的破与守来完成的，在设计的过程中一般遵循以下原则及要求。

4.2.2　文字的适合性

　　信息传播是文字设计的一大功能，也是最基本的功能。文字设计重要的一点在于要服从表述主题的要求，要与其内容吻合一致，不能相互脱离，更不能相互冲突，破坏了文字的诉求效果。尤其在商品广告的文字设计上，更应该注意任何一条标题，一个字体标志，一个商品品牌都是有其自身内涵的，将它正确无误地传达给消费者，是文字设计的目的，否则将失去了它的功能。抽象的笔画通过设计后所形成的文字形式，往往具有明确的倾向，这一文字的形式感应与传达内容是一致的。如生产女性用品的企业，其广告的文字必须具有柔美秀丽的风采，手工艺品广告文字则多采用不同感觉的手写文字、书法等，以体现手工艺品的艺术风格和情趣。根据文字字体的特性和使用类型，文字的设计风格大约可以分为下列几种：

（1）秀丽柔美。字体优美清新，线条流畅，给人以华丽柔美之感。此种类型的字体，适用于女用化妆品、饰品、日常生活用品、服务业等主题。

（2）稳重挺拔。字体造型规整，富于力度，给人以简洁爽朗的现代感，有较强的视觉冲击力，这种个性的字体，适合于机械科技等主题。

（3）活泼有趣。字体造型生动活泼，有鲜明的节奏韵律感，色彩丰富明快，给人以生机盎然的感受。这种个性的字体适用于儿童用品、运动休闲、时尚产品等主题。

（4）苍劲古朴。字体朴素无华，饱含古时之风韵，能带给人们一种怀旧感觉。这种个性的字体适用于传统产品，民间艺术品等主题。

4.2.3 文字的可识性

文字的主要功能是在视觉传达中向消费大众传达信息，而要达到此目的必须考虑文字的整体诉求效果，给人以清晰的视觉印象。无论字形多么地富于美感，如果失去了文字的可识性，这一设计无疑是失败的。试问一个使人费解、无法辨认的文字设计，能够起到传达信息的作用吗？回答是否定的。文字至今约定俗成，形成共识，是因为它形态的固化，因此在设计时要避免繁杂零乱，减去不必要的装饰变化，使人易认、易懂，不能忘记了文字设计的根本目的是为了更好、更有效地传达信息，表达内容和构想意念。字体的字形和结构也必须清晰，不能随意变动字形结构、增减笔画使人难以辨认。如果在设计中不去遵守这一准则，单纯追求视觉效果，必定失去文字的基本功能。所以在进行文字设计时，不管如何发挥，都应以易于识别为宗旨，这也是对字形做较大的变化常常应用于少字数的原因。

4.2.4 文字的视觉美感

文字在视觉传达中，作为画面的形象要素之一，具有传达感情的功能，因而它必须具有视觉上的美感，能够给人以美的感受。人们对于作用其视觉感官的事物以美丑来衡量，已经成为有意识或无意识的标准。满足人们的审美需求和提高美的品位是每一个设计师的责任。在文字设计中，美不仅仅体现在局部，而是对笔形、结构以及整个设计的把握。文字是由横、竖、点和圆弧等线条组合成的形态，在结构的安排和线条的搭配上，怎样协调笔画与笔画、字与字之间的关系，强调节奏与韵律，创造出更富表现力和感染力的设计，把内容准确、鲜明地传达给观众，是文字设计的重要课题。优秀的字体设计能让人过目不忘，既起着传递信息的功效，又能达到视觉审美的目的。相反，字形设计丑陋粗俗、组合零乱的文字，使人看后心里感到不愉快，视觉上也难以产生美感。

4.2.5 文字设计的个性

根据广告主题的要求，极力突出文字设计的个性色彩，创造与众不同的独具特色的字体，给人以别开生面的视觉感受，将有利于企业和产品良好形象的建立。在设计时要避免与已有的一些设计作品的字体相同或相似，更不能有意摹仿或抄袭。在设计特定字体时，一定要从字的形态特征与组合编排上进行探求，不断修改，反复琢磨，这样才能创造富有个性的文字，使其外部形态和设计格调都能唤起人们的审美愉悦感受。

4.2.6 字体艺术设计的要求

1. 整体风格的统一

在进行设计时必须对字体作出统一的形态规范，这是字体设计最重要的准则。文字在组合时，只有在字的外部形态上具有了鲜明的统一感，才能在视觉传达上保证字体的可认性和注目度，从而清晰准确地表达文字的含义。如在字体设计时对笔画的装饰变化必须以统一的变化来处理，不能在一组字中每个字的笔画变化都不同、各自为政，否则必将破坏文字的整体美感，让人感觉杂乱无章，不成体系，这样就难以收到良好的传达效果。

2. 笔画的统一

字体笔画的粗细要有一定的规格和比例，在进行文字设计时，同一字内和不同字间的相同笔画的粗细、形式应该统一，不能使字体因变化过多而丧失了整体的均齐感，使人在视觉上感到不舒服。

字体笔画的粗细是构成字体整齐均衡的一个重要因素，也是使字体在统一与变化中产生美感的必要条件，初学文字设计的人只有认真掌握这条准则，才能从根本上保证文字设计取得成功。

字体笔画的粗细一致与字体大小的一致一样，不是绝对的，因为其中尚有一个视觉修正问题。例如，汉字中的全包围结构的字，就不能绝对四边顶格，否则会感到它比周围其他的字大，若往里适当地收一下，在视觉上就会与周围的字感到一样大小了。一组字中，横笔画多的字，要作必要的笔画粗细的调整才会均齐美观，与其他字统一。

3. 方向的统一

方向的统一在字体设计中有两层含义。一是指字体自身的斜笔画处理，每个字的斜笔画都要处理成统一的斜度，不论是向左或向右斜的笔画都要以一定的倾斜度来统一，以加强其统一的整体感。二是为了造成一组字体的动感，往往将一组字体统一有方向性的斜置处理。在作这种设计时，首先要使一组字中的每一个字都按同一方向倾斜，以形成流畅的线条；其次是对每个字中的副笔画处理时，也要尽可能地使其斜度一致，这样才能在变化中保持统一的因素，增强其整体的统一感。而不致于因变化不统一，显得零乱而松散，缺乏均齐统一的美感，难以产生良好的视觉吸引力。

4. 空间的统一

字体的统一不能仅看到其形式、笔画粗细、斜度的一致，统一产生的美感往往还需要字体笔画空隙的均衡来决定，也就是要对笔画中的空间作均衡的分配，才能造成字体的统一感。文字有简繁，笔画有多少之分，但均需注意一组字字距空间的大小视觉上的统一，不能以绝对空间相等来处理。笔画少的字内部空间大，在设计时应注意要适当缩小，才能与其他笔画多的字达到统一。空间的统一是保持字体紧凑、有力、形态美观的重要因素。

4.2.7 文字设计的制作过程

1. 设计定位

正确的设计定位是设计好字体的第一步，它来自对其相关资料的收集与分析。当准备设计某一字体时，应当先考虑到字体应传递何种信息内容，给消费者以何种印象，设计定位是为了传递信息还是增加趣味，或者两者兼有；在何处展示和使用，寻找适当的设计载体、合适的形态、大小和恰当的表现手段；设计切入点，创造的表现方式是否正确，是否表达清楚；表现内容是严肃的还是幽默的；信息是否有先后次序；是否需要编辑等。

2. 创意草图

一旦有了主题和创意的一些想法，先用草图记录下来，考虑一下使用何种色彩、形态、肌理；表现某个特定时期的某种风格，会令人想起某个特殊的事件或者感受。通过这种方法，可以对创意所需要的形式进行判断。随后需要收集相关的视觉素材作为参考，以使设计更有可信度。好的摄影、设计杂志和有关的书籍都是有用的素材，那种将形象进行孤立的处理的做法都会产生平庸的作品。进行多种视觉尝试是非常有用的。放开思路，以视觉方式进行思考，不要过多地考虑细节，色彩在一开始的思考中就应该放进构思中，而不能到最后才考虑。设计开始时可以使用记号笔、色粉笔和水粉笔等工具。

3. 方案深入

创作的过程中，首创意未必能成为最满意的设计，如果对最终的结果不满意，可以先设计第二或者第三方案。每一种方案的设计都必须深入下去，频繁地更换想法只能导致失败和灰心。没有一种方案是万无一失的，但是这种工作方法为你打下了一个很好的基础。最终的设计作品必须反映设计的本质。如果你的设计作品只是整个设计的一部分，必须考虑它在不同媒体上使用的可能性。然后将设计作品影印下来，或在设计软件中虚拟演绎，用专业的眼光审视一下。有时对软件的运用还可能达到一种意想不到的设计效果。

4. 提炼综合

对设计中较理想的部分，再进行进一步的修改。应针对设计的每一部分逐个进行提炼和发展，以提炼出最佳方案。

5. 修改完成

最后的设计方案通过设计软件进行加工，全面考虑形态、大小、粗细、色彩、纹样、肌理以及整体的编排，以达到预期的效果。

4.3 任务实施

任 务 内 容	实 施 环 境
字体设计	Illustrator CS6 或 Photoshop CS6

圣诞节字体设计，如图 4-1 所示。

首先了解客户的喜好，明确了设计方向。然后就勾出大概的字样，如图 4-2 所示。

图 4-1　圣诞节字体

图 4-2　字体勾画

　　一旦有了方向，就开始不断调整，直到觉得可以拿去扫描为止，如图 4-3 所示。这个方向就是节日的感觉，让人觉得这文字就像歌声一样婉转动人。

图 4-3　字体扫描

扫描好了，就开始画矢量了，也就是钢笔勾，如图4-4所示。钢笔勾一般有用点勾和用几何形状两种，比如a和s可以用椭圆形工具画个椭圆作参考。（最好这样，不然做出来曲线不圆润。还有就是钢笔勾最好不要用断点的方式，因为这样做出来的图形不能放大。）

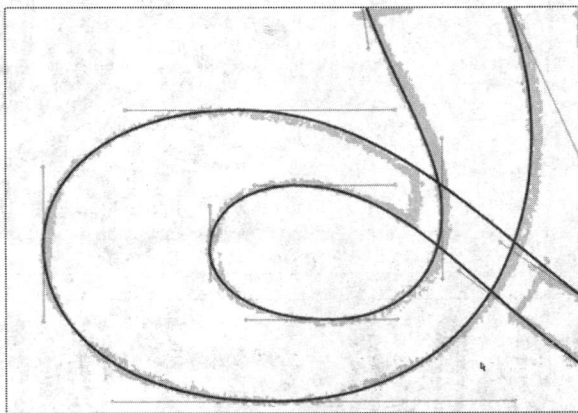

图4-4 字体画矢量

在用钢笔工具也就是贝塞尔曲线时，在哪放点是很重要的，如图4-5所示。一般把外形看作一个钟，比如这个"L"的拐角处，上面是12点，下面是6点。（点的位置是重要的，如果外形总是不满意，可以调整点的位置。）

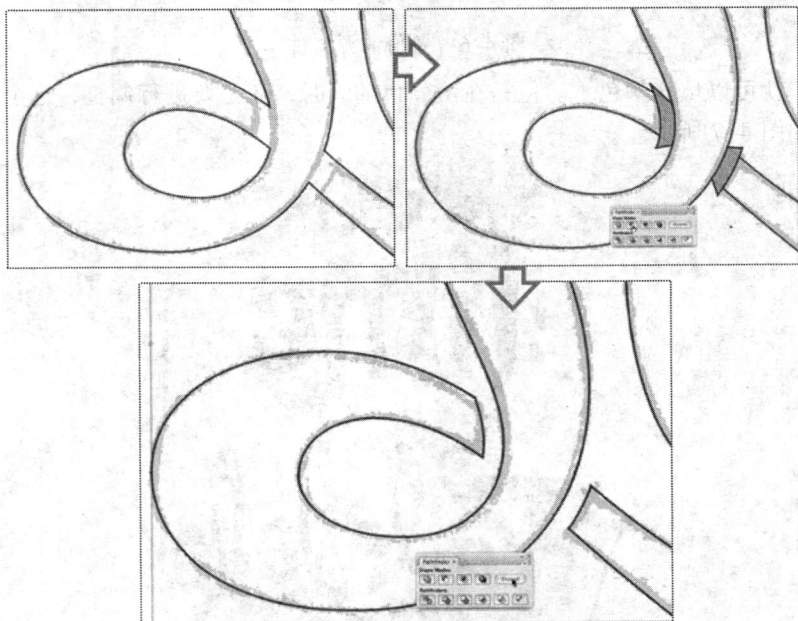

图4-5 点的位置确定

把路径复合后，发现"L"交叉的地方没有了交叉的感觉。所以就需要调整一下，让它有交叉重叠的感觉。

最好多复制一个没有断开的"L"，以免设计断点的感觉不好，后面要修改，如图4-6所示。（一定要记住备份最初的源文件，一个出色的设计师眼睛是敏锐的，放大图形看细节，缩小图形则看感觉。）

图 4-6　备份的源文件

有了形，就可以填充颜色了。但是在填颜色的同时，还是要进行调整，这个调整可能是很细微的，如图 4-7 所示。

图 4-7　颜色填充

不要觉得图很小就不调整，不管客户是否注意到，都要力求把图形做到完美。在本例中，为把 M 的弧度变得更漂亮，加了几个结点。最终设计作品如图 4-8 所示。

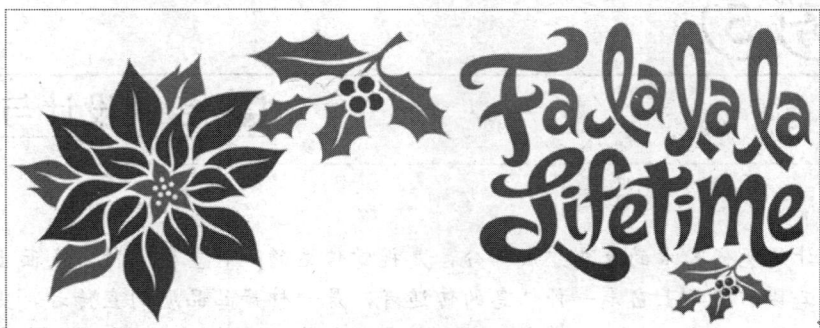

图 4-8 圣诞节字体效果图

任务 ⑤

→ 包装设计与实现

　　包装设计是现代艺术的重要组成部分，是视觉传达的一种重要手段。表面上它是用来保护产品的工具，实际上它是一种信息的传递者，是一种产品品质的宣传者，更是一种文化的载体。无论在理论上，还是在实践中，都应把包装设计作为一种文化形态来对待，从而使得我们能够准确全面地去分析总结，进而将更好、更新颖、更美观、更实用的包装设计展现给消费者。

　　当代包装设计，无论是国内还是国外，都发展到了一个崭新的历史阶段。经济全球化的今天，包装与商品已融为一体。包装作为实现商品价值和使用价值的手段，在生产、流通、销售和消费领域中，发挥着极其重要的作用，是企业界、设计界不得不关注的重要课题。当代包装设计正是一门以文化为本位，以生活为基础，以现代为导向的设计学科。

5.1　　任务描述

　　本任务将从包装的要素、结构设计、表现形式等方面进行一一阐述，文中通过实体设计展示包装的具体设计理念、流程及方法。以包装盒设计为载体，在设计的过程中完成对包装的企业与发展、设计流程、包装的要素、包装的结构设计、包装的展现形式等方面进行讲解与设计，使读者在 CorelDRAW X7 的软件使用上、包装的设计上有一个明显的提高，任务注重设计理念于实现技术相结合，强调任务的实践性，最终使读者能够独立完成相应包装方案的设计与实施。

5.2　　相关知识

5.2.1　包装基础

1. 包装的概念

　　包装不仅在流通过程中起到保护产品，方便储运，促进销售的作用。同时，包装也是指按一定技术方法而采用的容器、材料及辅助物等的总体名称，如图 5-1 和图 5-2 所示。

图 5-1　实体包装 A

图 5-2　实体包装 B

2.　包装的功能

包装已成为产品的一个重要组成部分，具有重要的功能，具体功能可归纳为以下三种：

1）保护功能

保护功能是包装中最基本的功能。保护功能可以保护商品在运输过程中，不易造成质量和数量上的损失，如图 5-3 所示。

图 5-3　包装的保护功能 A

　　同时，包装也可以起到防止外界环境对包装物造成的危害的作用。例如，包装中的内衬和隔板的设计，就是为了防止在流通过程中，一些易受损害的物品受到震荡和挤压，如图 5-4 所示。

图 5-4　包装的保护功能 B

　　2）方便功能

　　包装可以起到方便的功能，科学的包装更利于使用。例如，一些食品包装，为了便于开封而添加的锯齿设计，如图 5-5 所示。

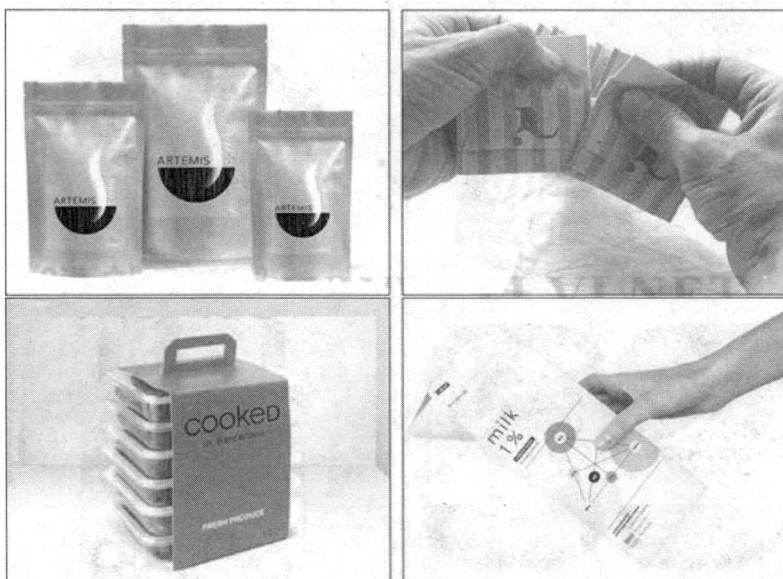

图 5-5　包装的便捷功能 A

好的包装还要考虑是否便于人们运输或有效的利用空间。例如，商品包装是否可以合理排列，方便拆分、组装等，如图 5-6 所示。

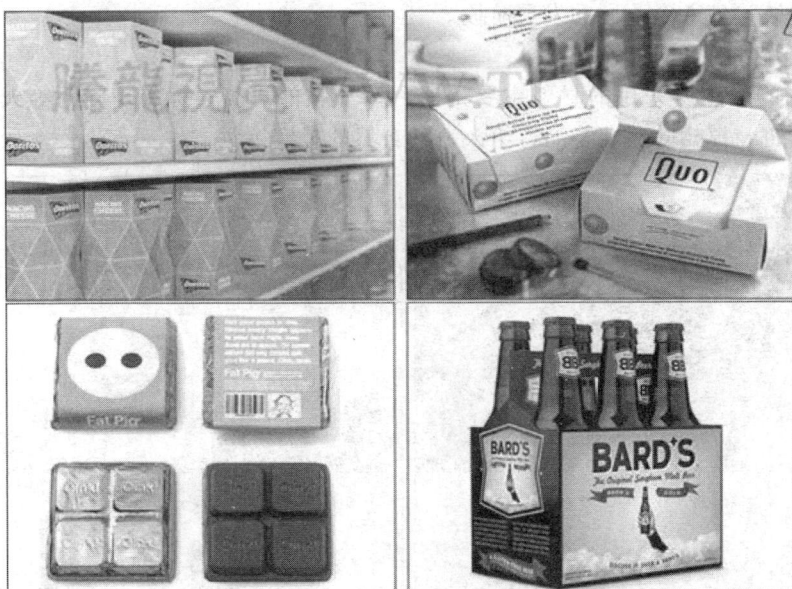

图 5-6　包装的便捷功能 B

3）提高商品整体形象的功能

包装提高了商品的整体形象，可以直接刺激消费者的购买欲望，使其产生购买行为；同时还起到了宣传的效应，促进销售，如图 5-7 所示。

图 5-7　包装的形象功能

3. 包装设计的起源和发展

包装随着生产力的提高、科学技术的进步和文化艺术的发展，经历了漫长的演变过程。下面归纳了包装设计 5 个不同的发展阶段。

1）原始包装时期

这一时期的包装所采用的材料主要是运用动植物的果壳、树叶或皮毛等天然材料。如图 5-8，运用竹、植物叶包装物品，给人一种自然的朴实感觉。

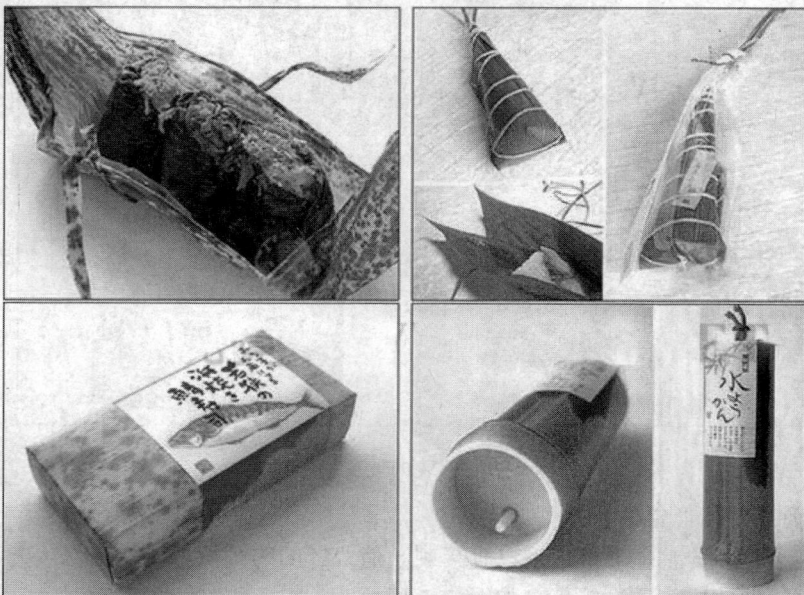

图 5-8　原始包装

提示：这一阶段的包装还称不上真正意义上的包装，但已经是包装的萌芽了。

2）古代包装时期

这一时期人们开始以手工制作摹仿自然物的形状，用植物的枝条编成篮、筐、席等包装器物。陶瓷也开始应用到包装领域，例如，中国传统酒包装，运用陶瓷做成的酒坛搭配大红的标贴，形成了一种特色，图5-9所示为仿古包装。

图 5-9　仿古包装

提示：这一时期的包装，已采用了透明、透气、防潮等技术。

3）近代包装时期

随着工业技术的发展，包装进入了一个新的发展阶段。包装材料出现了人造材料，如塑料、玻璃、钢铁等。这一时期的包装，更注重视觉美感，出现了丰富的设计表现形式，如图 5-10 所示。

图 5-10　近代包装

4）现代包装时期

包装材料和容器得到了进一步的发展。品牌以及企业识别系统的出现，使包装设计不再是传统意义上孤立的一个点，而是企业宣传促销计划中重要的组成部分。

这个时期出现了包装的系列化设计，在设计中既要保证视觉形象的统一性，同时又要保持一定的变化空间，如图 5-11 所示。

图 5-11　现代包装

5）后现代的包装设计

这一时期包装设计的特点，主要体现出以下两个方面。

一方面是设计的地域特色，主要表现一个民族设计文化的个性方面。日本包装设计就充分运用了民族符号和大量的书法，地域的特色很浓厚，如图 5-12 所示。

图 5-12　后现代包装 A

另一方面是设计的人性化，设计以人为主体，围绕着人们的思想、情绪、个性及对功能的需求重新审视、重新构造、重新定义使其更具有人性化意义。对于消费者来说，人性化包装显得更为"友好"、"亲切"，如图 5-13 所示。

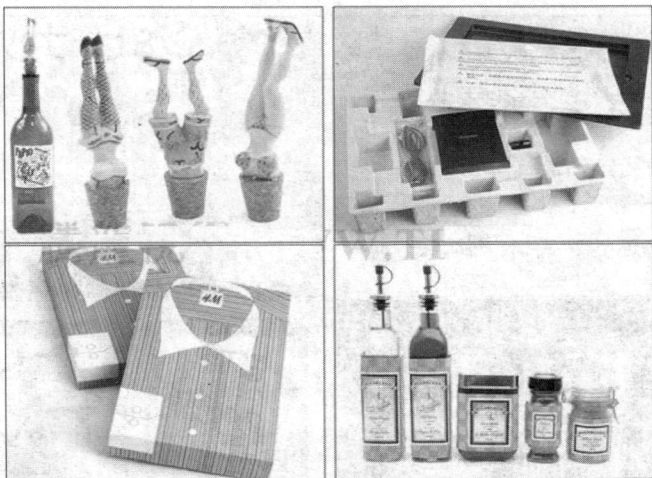

图 5-13　后现代包装 B

5.2.2　包装的应用

不同种类的商品，在应用包装时，所要注意的问题和采取的设计思路也不同。好的包装设计不仅可以吸引人们的注意力，还应使人们能迅速地识别出商品的种类，使商品信息更准确，更直接的传达。

1．食品包装设计

食品包装中，应注意文字和图形的表现。文字应简洁生动、易读易记；图形则一般采用食品自身的形象作为主体形象，使产品信息更加直观，如图 5-14 所示。

图 5-14　食品包装 A

不同年龄的消费群体对食品包装的要求也有所不同。例如，儿童食品包装，应考虑到儿童的心理，采用活泼新颖的字体，以及儿童所喜爱的形象，比如可爱的动物、卡通人物，如图 5-15 所示。

图 5-15　食品包装 B

食品包装还应充分地考虑到味觉的表现，从而引起消费者的食欲。例如，不同的色彩会给人不同的味觉感受。苦涩感的黑棕色；甜美感的红色；香味四溢的黄色；新鲜酸甜的绿色，如图 5-16 所示。

图 5-16　食品包装 C

除了颜色外，包装的造型和材料也具有影响味觉的作用。如蔬菜、海鲜等采用的透明、半透明的包装造型，给人留下新鲜的印象，如图 5-17 所示。

图 5-17 食品包装 D

2. 茶叶包装设计

茶叶包装对文化性的要求十分突出。中国悠久的文化成为了茶叶包装设计的创作源泉。如采用中国的绘画、诗词、书法等形式，表达出茶的韵味和脱俗意境，如图 5-18 所示。

图 5-18 茶叶包装 A

茶叶品种不同，其色泽、香气和滋味也不同。如绿茶清新鲜爽、红茶强烈纯正、花茶清香扑鼻、乌龙茶则浓郁清幽等。包装设计中，准确地把握这些特点，从而更好地体现产品特色，如图5-19所示。

图 5-19 茶叶包装 B

因产地而出名或地域特色很强的茶叶，设计时可以采用突出地方特色的手法，如图5-20所示。例如"云南普洱"产于云南，包装中采用云南当地风光作为视觉设计元素，表达出一种浓郁的地方特色。

图 5-20 茶叶包装 C

3. 酒包装设计

酒包装设计具有很强的地域性和文化性。如中国白酒采用中国瓷器作为包装材料，突出了中国特色，如图 5-21 所示。

图 5-21　酒类包装

一个好的酒包装，应该采用不同材料和艺术工艺，从而突出酒本身的气质、特色和档次，从而成功吸引消费者。

4. 化妆品包装设计

化妆品是紧跟时尚潮流的产品，所以包装设计应强调其时尚性和个性，如图 5-22 所示。

图 5-22　化妆品包装 A

提示：化妆品根据用途不同可分为美容用化妆品，如香水、彩妆、护肤霜等；清洁用化妆品，如肥皂、洗面奶、洗发水等。

化妆品包装设计往往受到品牌定位、销售卖点、销售人群等因素的影响。如同样是香水产品，针对女性则应以粉色的梦幻色调和柔和饱满的线条为主；而针对男性则应以黑灰色和棱角鲜明的结构为主，如图 5-23 所示。

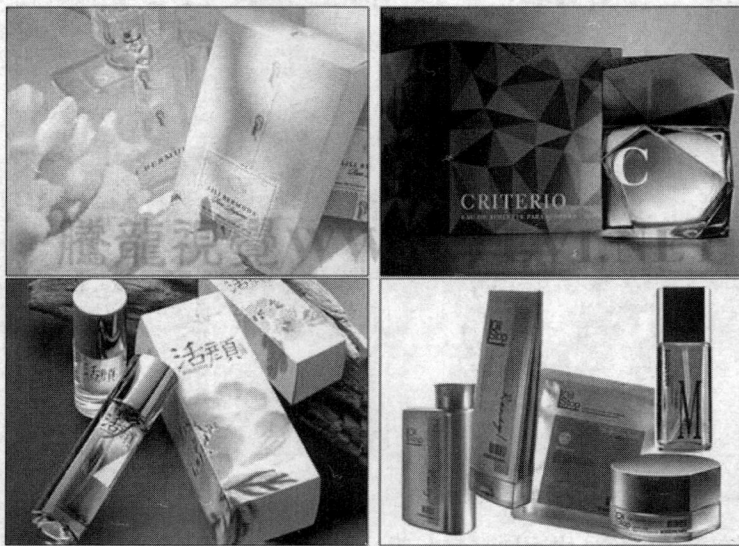

图 5-23　化妆品包装 B

在化妆品的包装设计中，无装饰设计风格十分突出。这种风格坚持简单优于复杂，实用优于美观的原则，包装不奢华、不花哨，只把单纯的文字符号作为主要的设计元素，如图 5-24 所示。

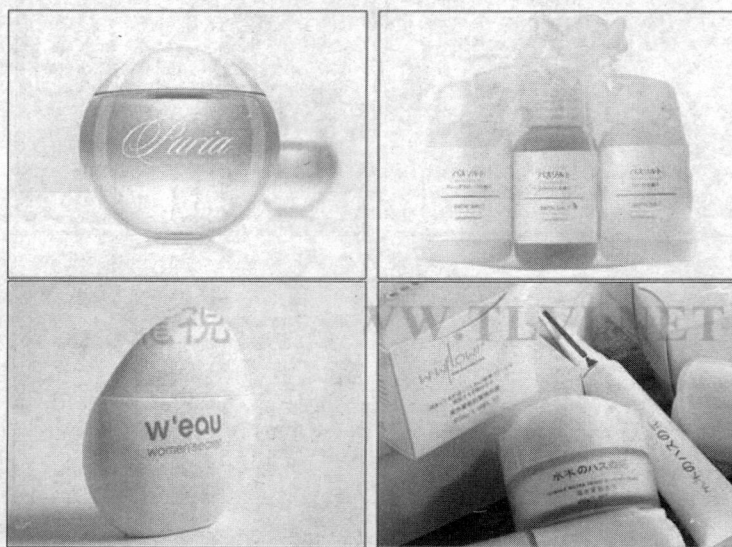

图 5-24　化妆品包装 C

5. 电子产品包装设计

电子产品属于技术密集型产品，不能承受外力冲击、怕潮湿、怕静电、怕高温等，所以在包装设计时，应特别注意这些问题，如图 5-25 所示。

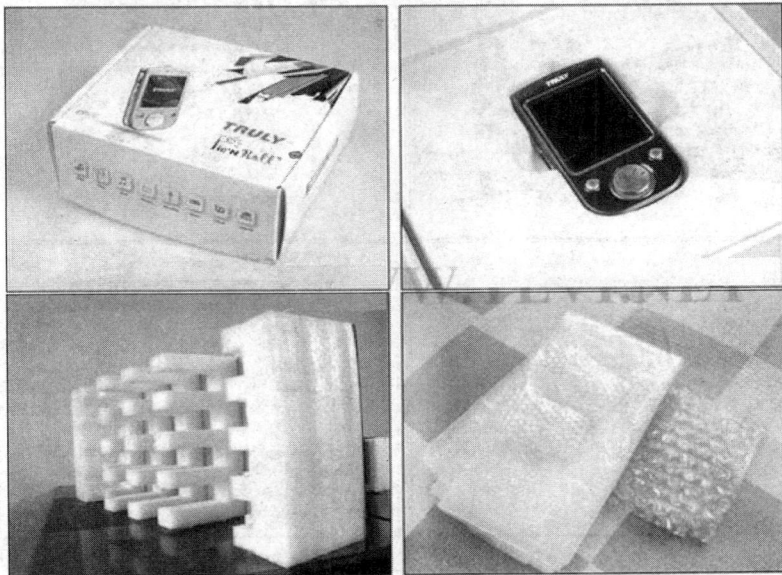

图 5-25　电子产品包装 A

提示：电子产品包装设计应考虑其缓冲设计和防静电设计。

在设计电子产品包装时，要体现出电子产品的科技感、时尚感和年轻感。文字、色彩和图形都应具有很强的现代感和视觉冲击力，如图 5-26 所示。

图 5-26　电子产品包装 B

电子产品包装的色彩常采用蓝绿色、黑色、灰色等色彩为基调，体现出男性气息和科技感，如图 5-27 所示。

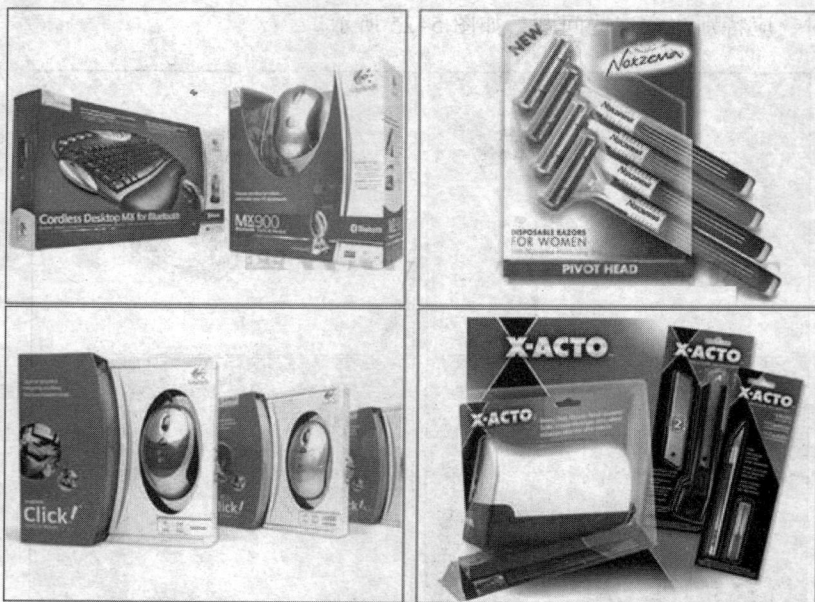

图 5-27　电子产品包装 C

6.　药品包装设计

医药产品具有药品和商品的双重属性，这就决定了药品包装设计的科学性原则。在包装设计时，要注意其防伪性、安全性和规范性，如图 5-28 所示。

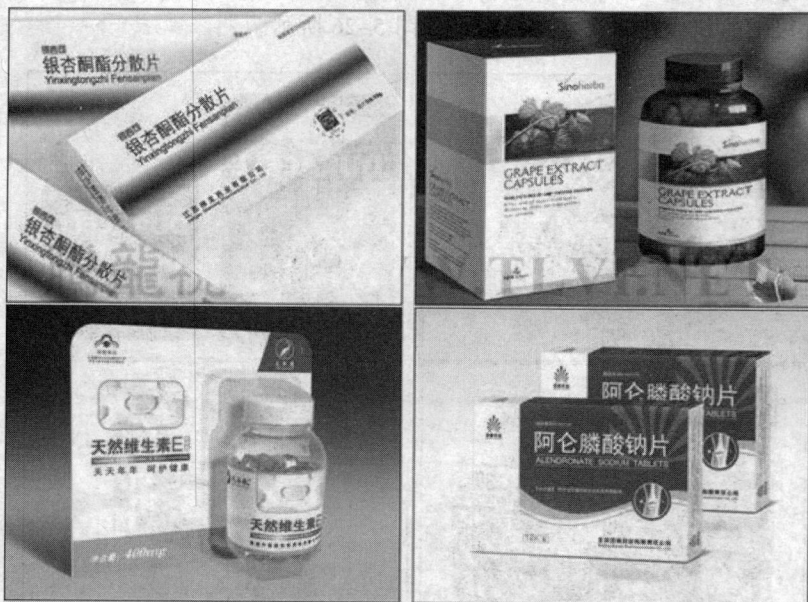

图 5-28　药品包装 A

同时，药品包装应根据药品本身药性特点进行设计，如图 5-29 所示。例如，治疗心血管的药品，应避免用红色，因为红色可增加心脏压力使脉搏跳动的节奏加快，造成血管伸缩，从而导致血压升高。

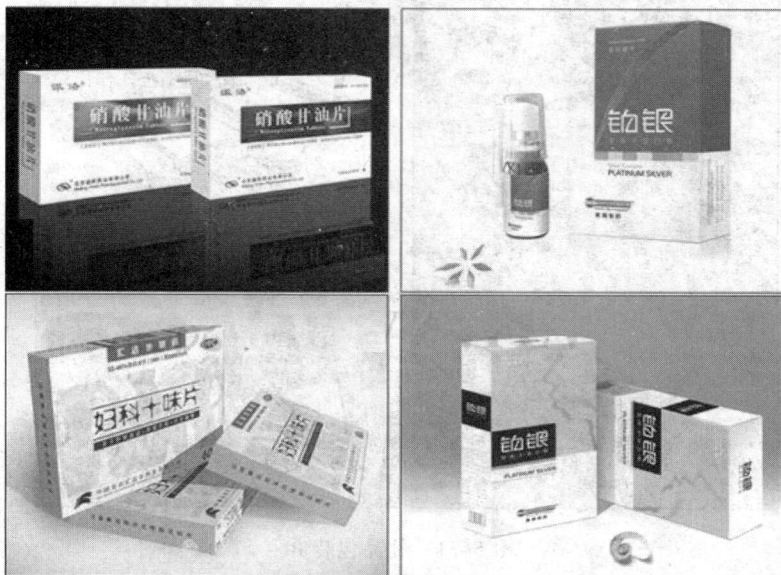

图 5-29　药品包装 B

7. 礼品包装设计

礼品是人们为了表示敬意、庆贺等感情而赠送的物品，所以礼品包装从材质、结构、装饰等方面显然比其他包装更为考究，如图 5-30 所示。

图 5-30　礼品包装 A

礼品包装设计不再一味地追求华丽、奢侈的过度包装，而是表现出了多种风格。从华贵典雅到简约明快；从浪漫温馨到素雅朴实等，如图 5-31 所示。

图 5-31　礼品包装 B

不同的民族、不同的环境造成了不同的文化观念，从而使礼品包装逐渐形成精彩纷呈、各具特色的文化风格和艺术样式，如图 5-32 所示。

图 5-32　礼品包装 C

5.2.3　包装的物质基础

包装材料是包装的物质基础。只有了解了各种包装材料的特性，才能选择与商品自身的特质相协调的包装材料，如图 5-33 所示。

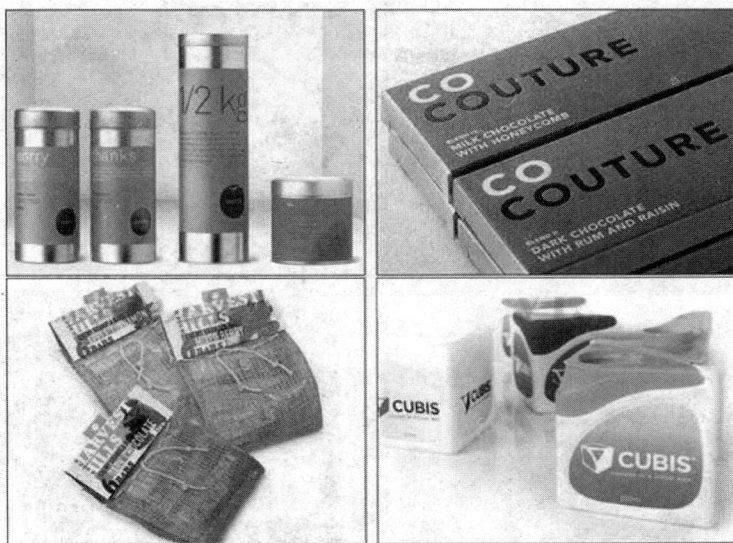

图 5-33　包装材料

按包装材料的材质不同可以将包装材料分为以下几种：

1. 木材包装材料

木材包装材料应用很广泛，这是因为木材具有分布广、材质轻且强度高、有一定弹性、能承受冲动和震动、容易加工等优点。图 5-34 所示为木材包装材料。

图 5-34　木材包装材料 A

但是，木材包装材料的组织结构不匀，易受环境的影响而变形，并且具有易腐朽、易燃、易蛀等缺点，如图 5-35 所示。

图 5-35 木材包装材料 B

提示：以上的缺点，经过适当处理是可以消除或减轻的。

2. 纸包装材料

纸包装材料中占据着第一用材的位置，这与纸所具有的独特优点是分不开的。纸不仅具有容易形成大批量生产，价格低廉的优点；而且可以回收利用，不对环境造成污染。图 5-36 所示为纸质包装材料。

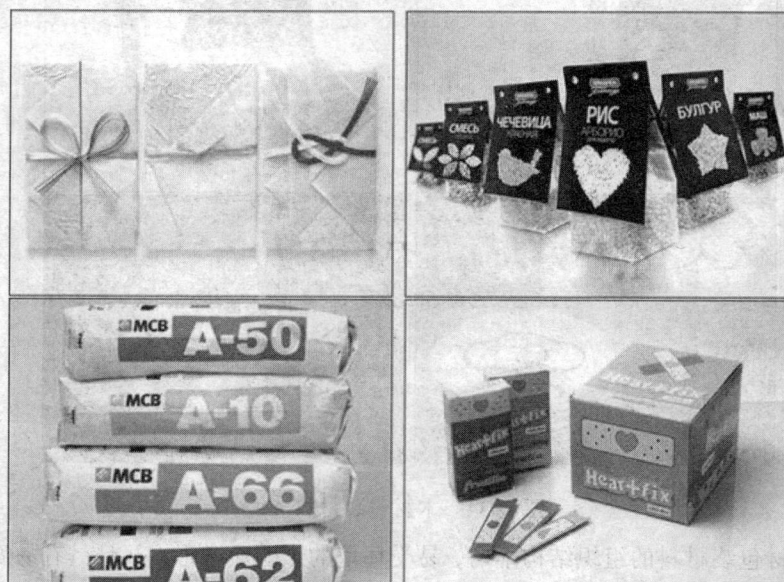

图 5-36 纸包装材料 A

纸具有一定弹力且折叠性能也很优异，具有良好的印刷性能，字迹、图案清晰牢固。因此，纸包装材料越来越受到人们的重视，如图 5-37 所示。

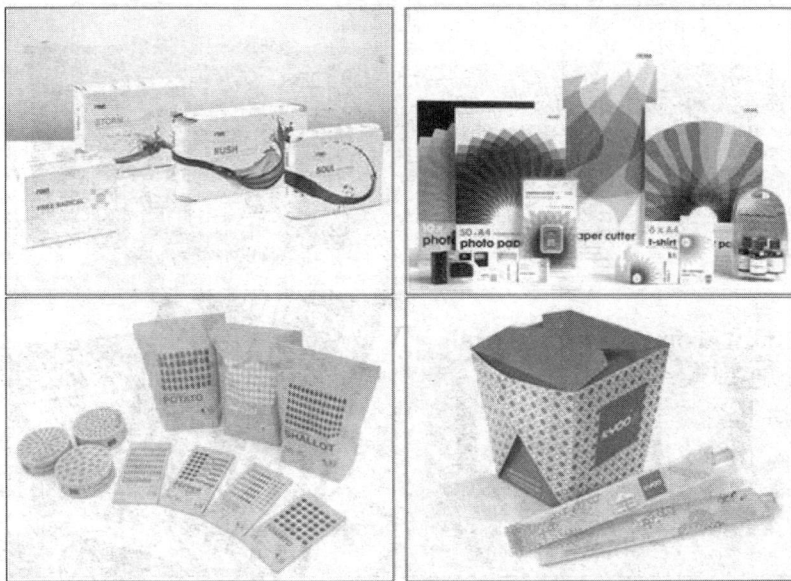

图 5-37　纸包装材料 B

纸包装材料可以根据不同的标准进行不同的分类。以纸张的不同特点可分为功能性防护包装纸和包装装潢用纸两类。

功能性防护包装纸如坚韧结实的牛皮纸、瓦楞纸，透明的玻璃纸、硫酸纸等，如图 5-38 所示。

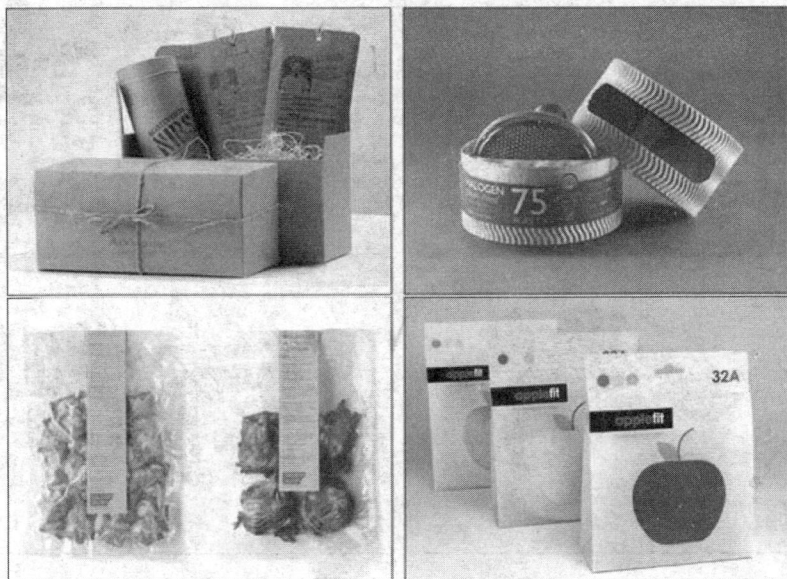

图 5-38　纸包装材料 C

包装装潢用纸是指适合印刷的纸。如铜版纸具有较高的平滑度和白度，广泛应用于商品包装中，例如高级糖果、食品、香烟等生活用品的包装，如图 5-39 所示。

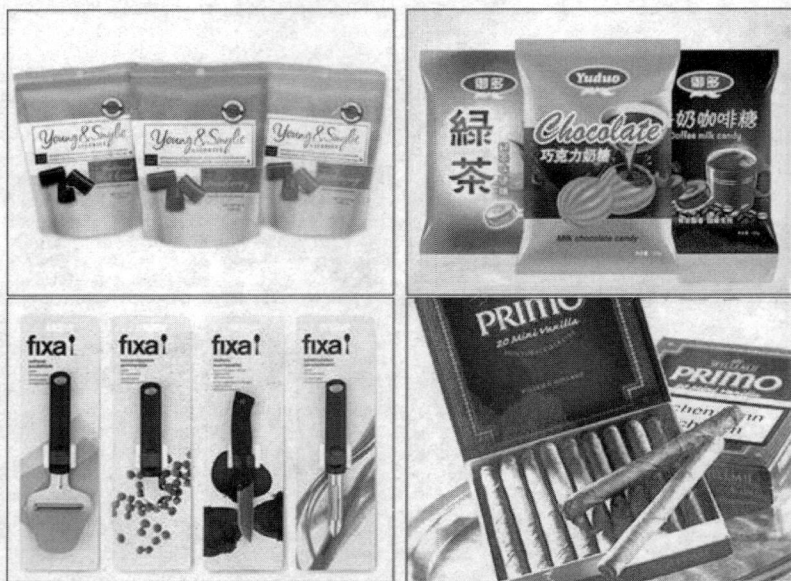

图 5-39　纸包装材料 D

除铜版纸以外，包装装潢纸还包括胶版纸和不干胶纸等，这里不做详细介绍。

3. 塑料包装材料

塑料包装是指各种以塑料为原料制成的包装总称，如图 5-40 所示。

图 5-40　塑料包装材料 A

塑料包装材料具有透明度好，重量轻，易成形，防水防潮性能好，可以保证包装物的卫生等优点，如图 5-41 所示。

图 5-41　塑料包装材料 B

但是，塑料包装材料容易带静电、透气性能差，回收成本高，废弃物处理困难，对环境容易造成污染，如图 5-42 所示。

图 5-42　塑料包装材料 C

注意：有的塑料材料还含有毒助剂，应用时应该采取必要措施降低或避免其造成的伤害。

4. 金属包装材料

金属包装是指以黑铁皮、白铁皮等钢材与钢板，以及铝箔、铝合金等制成的各种包装容器。如金属桶、金属盒、罐头听等，如图 5-43 所示。

图 5-43　金属包装材料 A

金属包装容器从暂时储存内装物品演变到今天的食品罐头、饮料容器等，逐渐成为长期保存内装物品的手段，如图 5-44 所示。

图 5-44　金属包装材料 B

金属包装材料具有强度高，便于储存、携带、运输等优点，同时还具有良好的阻气性、防潮性，适用于食品、饮料、药品、化学品等的包装，如图 5-45 所示。

图 5-45　金属包装材料 C

同时，金属材料具有特殊的金属光泽，易于印刷装饰，便于对商品的外表进行装潢设计，如图 5-46 所示。

图 5-46　金属包装材料 D

注意：金属材料的化学稳定性差，易生锈，甚至少量的金属材料还有可能影响食品的质量。

5. 玻璃包装材料

玻璃包装材料具有良好的化学稳定性，可以保证食物纯度和卫生，不透气、易于密封、造型灵活、有多彩晶莹的装饰效果等优点，所以得到了广泛的应用，如图 5-47 所示。

图 5-47　玻璃包装材料 A

注意：玻璃具有较低的耐冲击力，熔制玻璃能耗较高等缺点。

玻璃包装容器种类繁多，按不同的标准，分类情况也不同。按色泽可分为无色透明瓶、有色瓶和不透明的混浊玻璃瓶；按用途可分为食品包装瓶、饮料瓶、酒瓶等，如图 5-48 所示。

图 5-48　玻璃包装材料 B

6. 陶瓷包装材料

陶瓷包装是指各种以塑料为原料制成的包装总称。陶瓷按所用原料不同可以分为粗陶器、精陶器、瓷器、炻器，如图 5-49 所示。

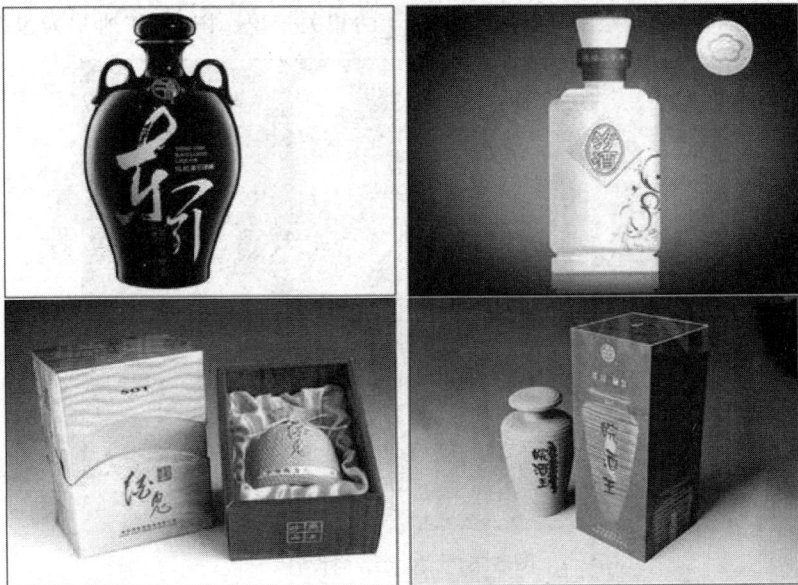

图 5-49　陶瓷包装材料 A

陶瓷包装材料具有硬度高，对高温、水和其他化学介质有抗腐蚀能力的性能。不同价位的商品包装对陶瓷的性能要求也不同，如图 5-50 所示。如高级饮用酒茅台，对陶瓷包装的要求就高。

图 5-50　陶瓷包装材料 B

5.2.4 包装结构设计

采用合理、科学的包装结构，以保证产品在运输和储存过程中完好无损。在众多包装材料中，纸与纸板作为包装材料不仅有着悠久的历史，而且占有相当大的比重。所以本内容以纸包装结构设计为例，为大家阐述包装结构设计的相关知识，图 5-51 所示为包装结构设计。

图 5-51 包装结构设计

根据用途和造型的不同，可以将纸包装结构概括为以下 4 个方面：纸盒包装结构、纸箱包装结构、纸袋包装结构和纸杯包装结构。

1. 纸盒包装结构

纸盒的包装结构可以分为折叠纸盒结构设计和粘贴纸盒结构设计。

1）折叠纸盒结构设计

折叠纸盒具有盛装效率高、方便销售和携带、可供欣赏、生产成本低、加上使用前能折叠堆放而节省包装仓储和运输费用等优点，所以在包装中得到广泛采用，如图 5-52 所示。

图 5-52 折叠纸盒包装设计

折叠纸盒可分为直型纸盒和托盘纸盒。直型纸盒是指盒身呈竖直状，适宜于酒、化妆品、药品等立式瓶的外包装，如图 5-53 所示。

图 5-53　折叠纸盒包装设计 A

托盘纸盒在超市用途最广，从食品到纺织品，再到杂货商品都可以使用，如图 5-54 所示。

图 5-54　折叠纸盒包装设计 B

提示：折叠纸盒一般不用黏合剂，而用纸板互相拴接和锁口的方法，使纸盒成型和封口。

2）粘贴纸盒结构设计

粘贴纸盒又称硬纸盒，它比一般的折叠盒有更好的强度和漂亮的外观，给人一种高级名贵之感，常用于高档商品和礼品的包装，如图 5-55 所示。

图 5-55　粘贴纸盒包装设计

粘贴纸盒的种类有很多，可以归纳为以下几种：

（1）摇盖式。这种结构的纸盒是指盖体和盒体结合在一起，盖体的一边固定而另一边摇动开启的折叠纸盒，如图 5-56 所示。

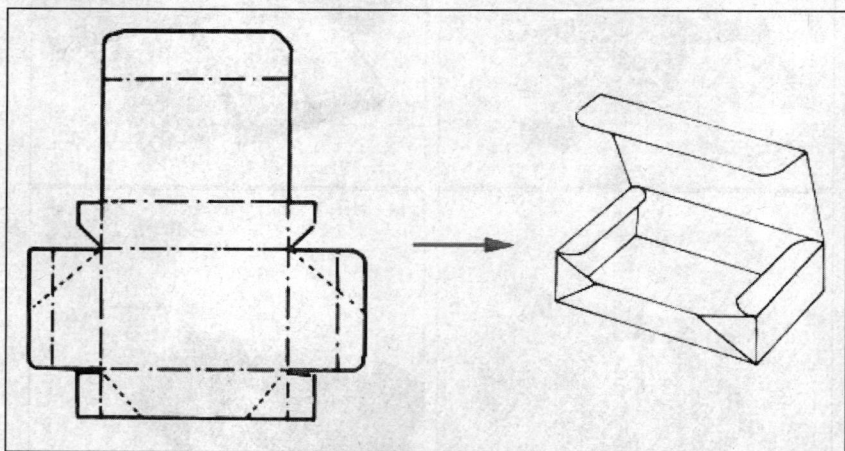

图 5-56　摇盖式纸盒包装设计结构

由于摇盖式纸盒结构简单，开启又比较方便，所以在纸盒包装设计中，经常用到这种结构，如图 5-57 所示。

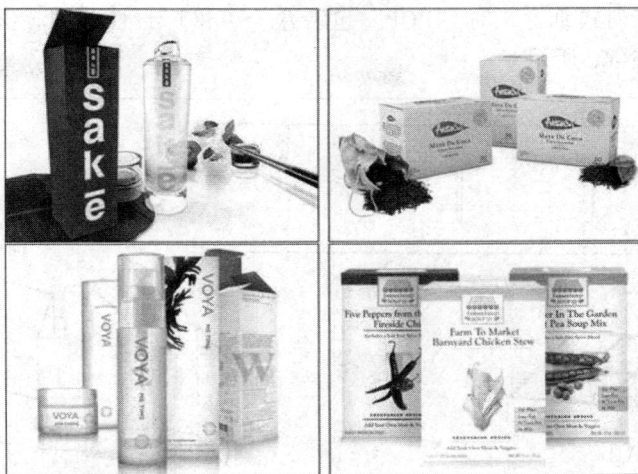

图 5-57　摇盖式纸盒包装设计形式

（2）开窗式。开窗式纸盒是在盒的可展销面上开窗口，形成透明状态，可以使消费者看见内装物品的一部分或全部，如图 5-58 所示。

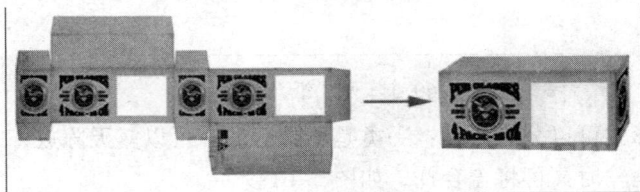

图 5-58　开窗式纸盒包装设计 A

开窗的大小或位置可以根据商品特点和画面设计来决定，使其达到科学、合理、美观等目的，如图 5-59 所示。

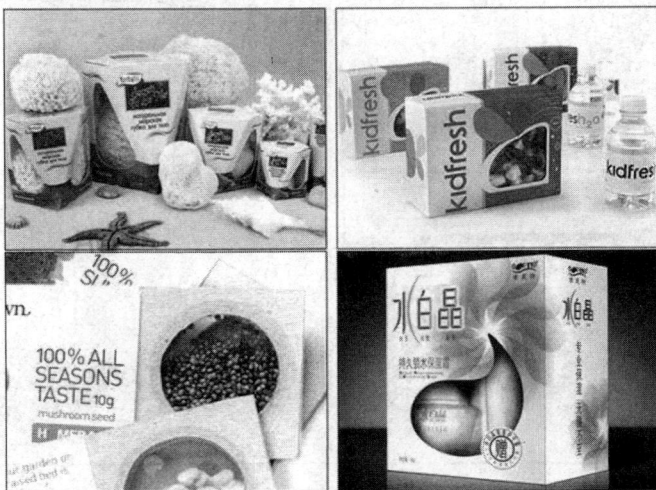

图 5-59　开窗式纸盒包装设计 B

（3）陈列式。陈列式纸盒又称"POP"包装盒，可供广告性陈列，又能充分显示出包装物的形态，如图 5-60 所示。

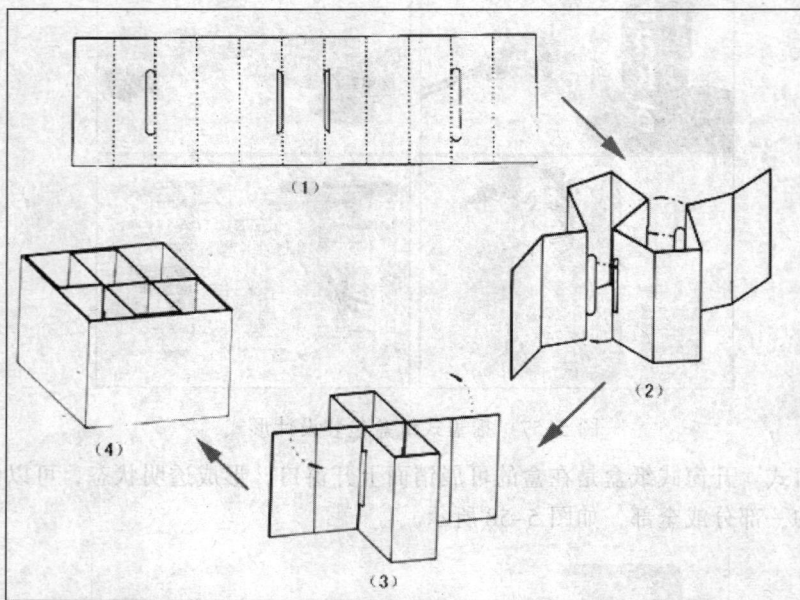

图 5-60 陈列式纸盒包装设计

陈列式包装的形式可以分为两类：一类是不带盖的，可以露天陈放；一类是带盖的，展销时可将盖打开，运输时又可将盖合拢，如图 5-61 所示。

图 5-61 陈列式纸盒包装设计表现形式

（4）提携式。提携式包装盒最大的特点是方便携带，也称为可携带性包装盒。这种造型结构都在盒体上装有提手，如图5-62所示。

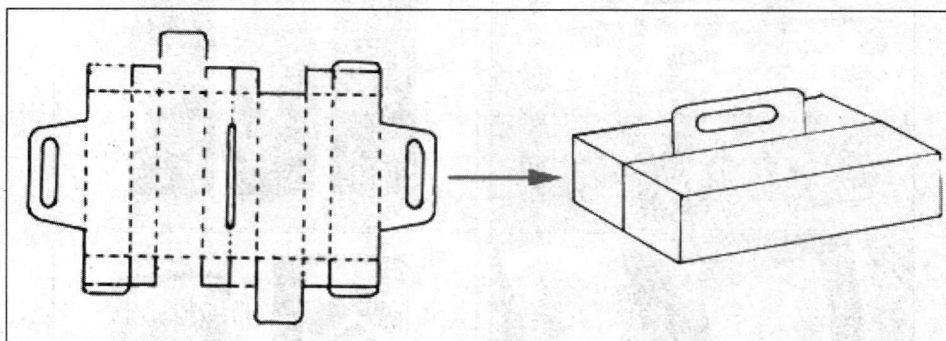

图 5-62　提携式纸盒包装设计

提手部分可以附加也可以利用盖和侧面的延长相互锁扣而成，如图5-63所示。

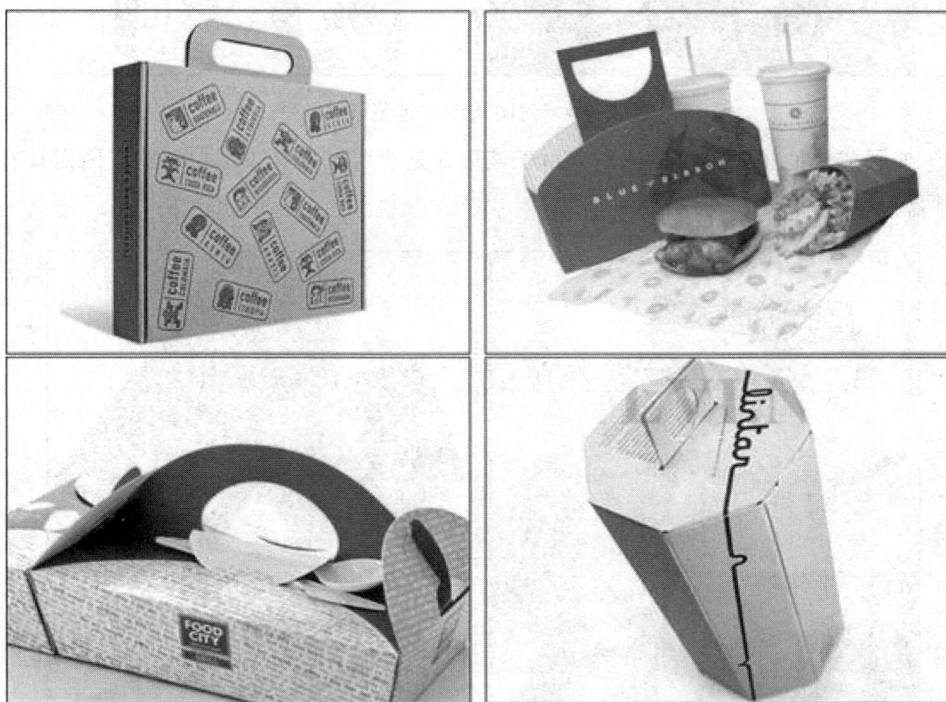

图 5-63　提携式纸盒包装设计表现

（5）封闭式。这种粘贴纸盒的特点是全封闭式，在防盗、方便使用上有很好的功能。封闭式纸盒主要采用沿开启线撕拉开启或吸管插入小孔等形式，多用于饮料等一次性包装，如图5-64所示。

图 5-64　封闭式纸盒包装设计

（6）抽屉式。抽屉式又叫抽拉式，由于该形式是双层结构又兼抽拉形式，因而具有牢固厚实、使用方便的特点，如图 5-65 所示。

图 5-65　抽屉式纸盒包装设计

（7）组合式。组合式包装盒是指相关的数种产品搭配在一起的配套包装，或若干相同产品包装在一起的多件组合包装，如图 5-66 所示。

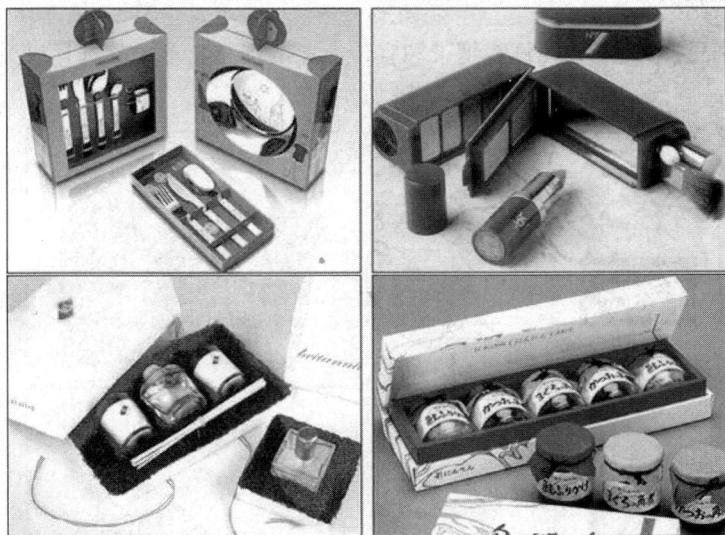

图 5-66 组合式纸盒包装设计

纸盒的包装结构形式除了以上几种以外，还有造型丰富的异体盒，盒盖和盒身不连接的套盖盒等，这里将不再一一介绍。

2. 纸箱包装结构

纸箱不同于纸盒，其包装主要应用于储备和运输的过程中。纸箱设计对于结构的标准化要求很严格，因为这直接影响货场上的整齐放置、货架上容积的有效利用，以及集装箱的合理运输。如图 5-67 所示为纸箱包装设计。

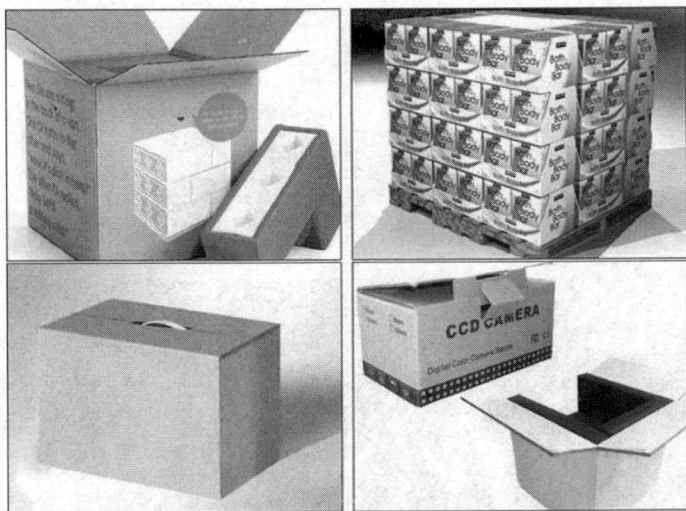

图 5-67 纸箱包装设计

注意：纸箱通用的结构类型有开槽式、半开槽式和裹包式。在运输过程中，应避免封口处开裂、鼓腰、结合部位破损等问题。

3. 纸袋包装结构

纸包装袋主要目的在于方便顾客携带和宣传企业的产品。形象的选择以突出品牌形象为目的，强调产品品牌的宣传效应，如图 5-68 所示。

图 5-68　纸袋包装设计

提示：包装袋设计在材料的选用上，一般采用成品较低的纸板和塑料制品为主。

4. 纸杯包装结构

纸杯是盛食品、饮料等的器皿，按照不同的标准可以将其分成不同的种类。一般可分为有盖和无盖纸杯，有把手纸杯和无把手纸杯等，如图 5-69 所示。

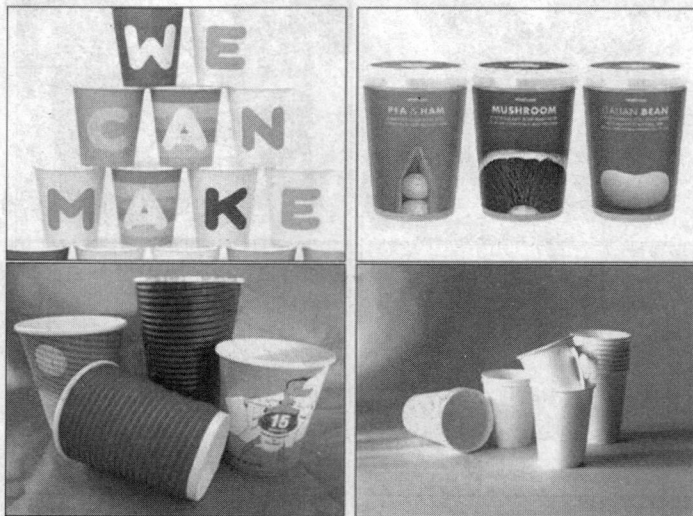

图 5-69　纸杯包装设计

5.2.5 包装设计三要素

为了使包装的装潢面设计的更加精美到位，这就需了解包装设计的三个视觉要素：文字、图形、色彩。

1. 文字

文字在包装设计中占据着非常重要的地位，起到了传达商品信息的作用，图 5-70 所示包装设计中的文字表现。

图 5-70　包装设计中的文字表现

包装设计中的文字种类包括以下三种：

1）品牌名称

品牌名称通常安排在包装的主要展示面上，一般采用具有标识性、装饰性强、突出醒目的字体，以增强视觉冲击力，如图 5-71 所示。

图 5-71　包装设计中的文字表现 A

2）资料、说明文字

资料、说明文字文字属于法令定性文字，应采用统一、规范的印刷字体，多分布在包装的背面或侧面。字体应清晰明了，使消费者产生信赖感，如图 5-72 所示。

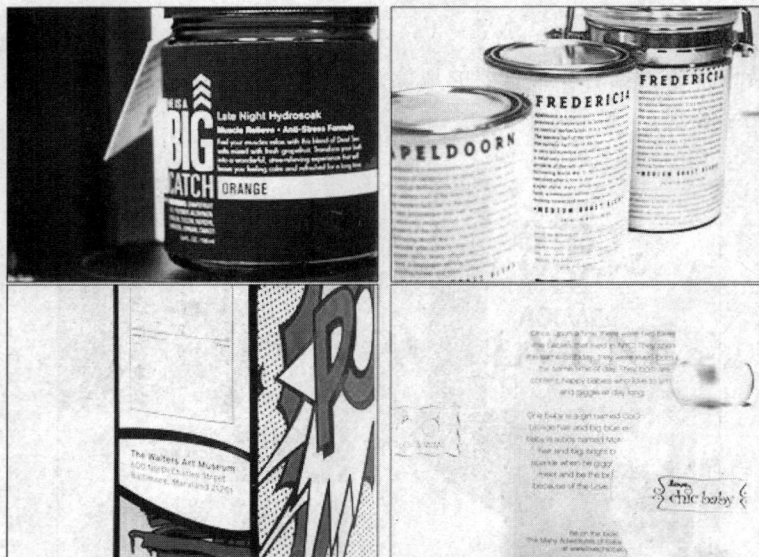

图 5-72　包装设计中的文字表现 B

3）广告文字

为加强促销力度，有时包装中会出现一些广告文字。这类文字是用作宣传商品内容或特点的推销性文字。一般采用灵活多样的字体，例如广告体、综艺体、手写体等，如图 5-73 所示。

图 5-73　包装设计中的文字表现 C

注意历史悠久的传统商品大多选用书法字体来传情达意等，如图 5-74 所示。

图 5-74　包装设计中的文字表现 D

2. **图形**

图形是一种重要的非文字视觉符号元素，具有直接明了传达信息的特点，在销售商品中扮演着重要的角色。图形具有直观性、丰富性和生动性的特点，在视觉上引起消费者的心理反应，进而引导消费者产生购买行为，如图 5-75 所示。

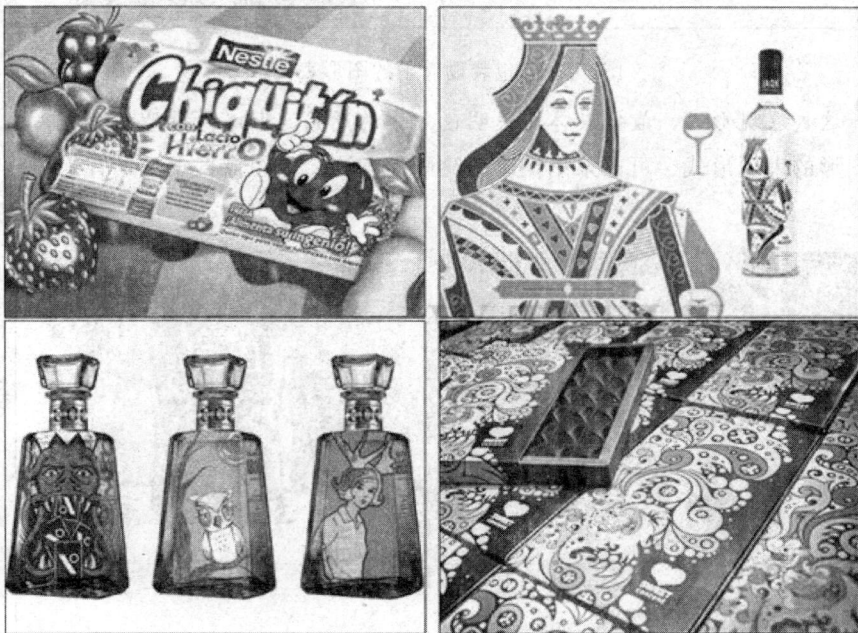

图 5-75　包装设计中的图形表现

图形的表现形式多种多样，但总的来讲可以分为以下两种：

1）具象图形的表现形式

具象图形的表现形式是指对自然物、人造物的形象，用写实性、描绘性的手法来表现，让人一目了然、一眼就能了解它表达了什么，如图 5-76 所示。

图 5-76　包装设计中的图形表现 A

提示：这种表现形式，最能具体地说明包装中的产品，可以强调产品的真实感。

具象图形的表现形式，可以采用摄影和绘画的方法，使图像直观且具有艺术感染力，如图 5-77 所示。

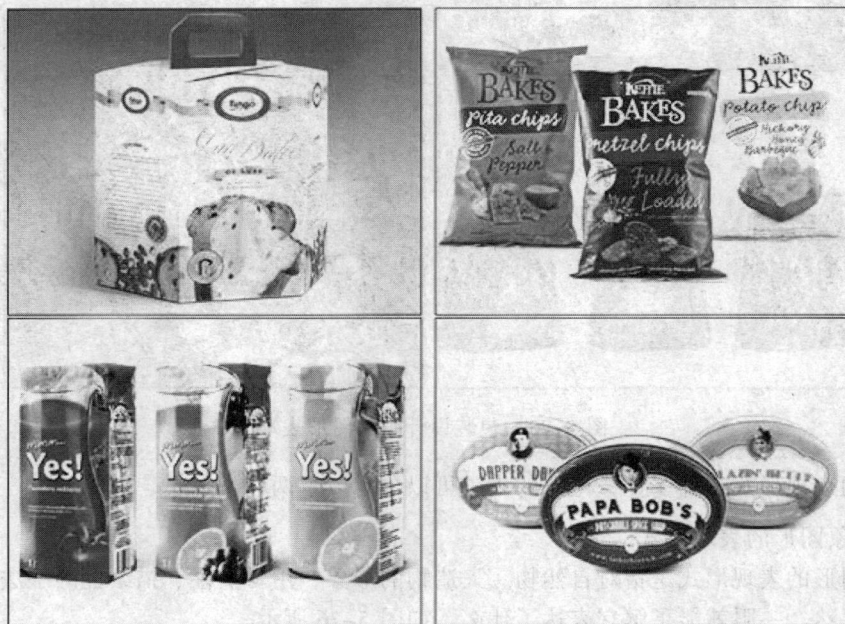

图 5-77　包装设计中的图形表现 B

2）抽象图形的表现形式

抽象图形指用点、线和面变化组成有间接感染力的图形，如图 5-78 所示。

图 5-78　包装设计中的图形表现 C

　　抽象图形的表现形式自由、丰富多彩。从手法上有人为抽象图形、偶发抽象图形、抽象
肌理、电脑辅助设计等。平庸的包装设计不可能在众多同类产品的市场中产生诱人的魅力，
要想吸引消费者关注的目光，就必须将图形设计的个性鲜明。

　　3. 色彩

　　包装设计中的色彩是影响视觉最活跃的因素，能起到促进销售、树立品牌形象等作用。
较之图形、文字等元素更具有视觉冲击力，如图 5-79 所示。

图 5-79　包装设计中的色彩表现 A

在确定包装设计的色彩时，首先，应确定包装中色彩的总体色调。不同的色调会给人不同的想象空间。例如，暖色调可以让人感到温暖，引起人们的食欲，常用于儿童产品、食品、化妆品包装等，如图 5-80 所示。

图 5-80　包装设计中的色彩表现 B

冷色调则表现出冷硬、清爽等感觉。常用于冷冻食品、卫生用品、药品包装等，如图 5-81 所示。

图 5-81　包装设计中的色彩表现 C

其次，应注意色彩的对比关系，增强包装设计中色彩的视认度，如图 5-82 所示。

图 5-82　包装设计中的色彩表现 D

最后，色彩要进行调和统一，使画面达到和谐而丰富的色彩效果，如图 5-83 所示。

图 5-83　包装设计中的色彩表现 E

5.2.6　包装的设计形式

1. 形式法则

包装设计中的形式是需要通过商品包装展示面的商标、图形、文字、色彩等元素组合排列构成的。好的包装设计形式，需要掌握相关的形式法则。形式法则有很多，下面以三个方面为例，详细阐述包装中应遵循的形式法则。

1）主体和陪衬

在画面设计中，通常把商品的形象或名称作为主体，其他元素作为陪衬。这样可以使画面主题突出、主次分明，使主要信息更易传达，如图 5-84 所示。

图 5-84　包装设计中主体与陪衬

2）对称和平衡

对称指左右等量又等形，平衡指左右等量而不等形。平衡的形式给人以活泼的感觉，对称则给人平稳庄重的感觉，如图 5-85 所示。

图 5-85　包装设计中对称与平衡

3）对比和协调

构图中如果没有对比，就会显得单调平淡；如果没有协调，画面中各个元素就会显得的格格不入。图 5-86 的第一张图中，采用红色和绿色进行对比，增强了视觉冲击力；同时用黄色和黑色进行协调，又使画面给人一种统一感。

图 5-86　包装设计中对比与和谐

提示：除了以上形式法则外，构图还应遵循结构严谨、韵律有变化、秩序完美等形式法则，如图 5-87 所示包装设计中的韵律。

图 5-87　包装设计中的韵律

2．排列方式

在遵守以上这些形式法则的基础上，包装设计中出现了多种形式，可以将这些形式归纳为以下几种。

1）垂直式

垂直式排列是各元素排列采用竖向形式，给人严肃、挺拔的视觉感受。该形式有很强的韵律感和方向性，适于长、高的产品外形，如图 5-88 所示。

图 5-88　垂直式排列

2）水平式

水平式排式是各元素排列采用横向形式，这种形式给人安静、稳定的视觉感受，如图 5-89 所示。

图 5-89　水平式排列

注意：这种形式易给人呆板的感觉，所以应在平稳中求变化。

3）倾斜式

倾斜式排列是各元素由下向上或由左到右，以统一的律动形成视觉画面。这种形式具有很强的方向感和速度感，如图 5-90 所示。

图 5-90　倾斜式排列

4）弧线式

弧线式的包装设计形式灵活多变，给人浪漫、流畅、舒展的视觉感受。该形式包括圆式、S 线式、旋转式等，如图 5-91 所示。

图 5-91　弧线式排列

5）散点式

散点式排列是各元素排列没有严格的格式，但却给人一种秩序感。这种包装设计形式自由、奔放、空间感强，如图 5-92 所示。

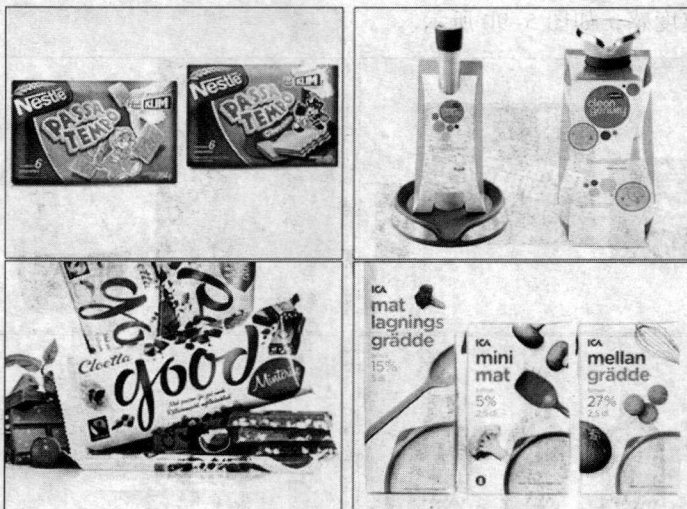

图 5-92　散点式排列

注意：这种形式如果处理不当，会给人凌乱的感觉。

6）中心式

中心式排列是主要表现的元素置于画面的中心位置，有视觉安定，形象突出的效果。但这种包装设计形式会给人一种机械呆板的视觉感受，如图 5-93 所示。

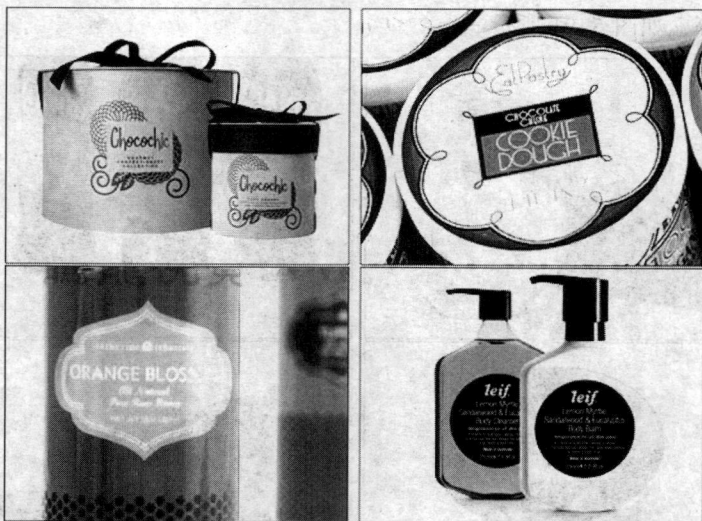

图 5-93　中心式排列

7）重叠式

重叠式排式是各元素多层次重叠，使画面丰富立体，有律动感，如图 5-94 所示。

图 5-94　重叠式排列

8）综合式

综合式的包装设计形式是指采用多种排列形式，给人灵活多样的印象，如图 5-95 所示。

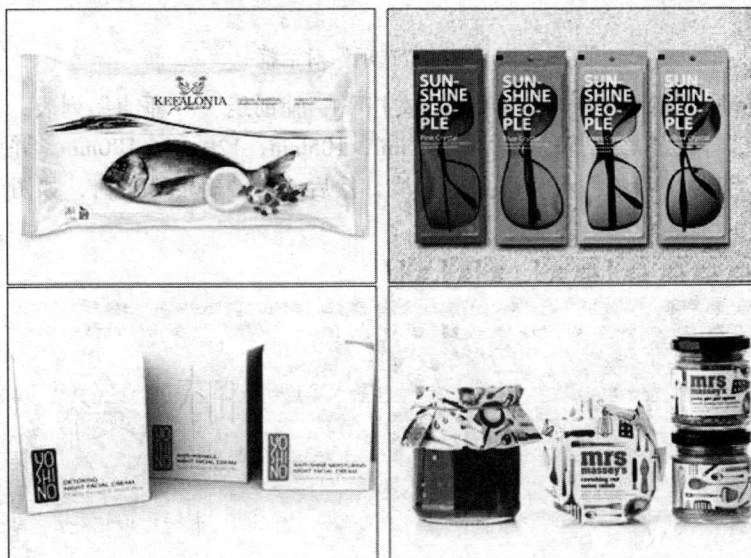

图 5-95　综合式排列

5.3　任务实施

任 务 内 容	实 施 环 境
包装盒设计	CorelDRAW X7 或 Illustrator

（1）执行"文件" | "新建"命令，新建一篇文档，单击属性栏中的"横向"按钮，设置页面方向为横向，并在参数框中设置页面大小为 210mm×100mm，执行"工具" | "选项"命令，弹出"选项"对话框，如图 5-96 所示。

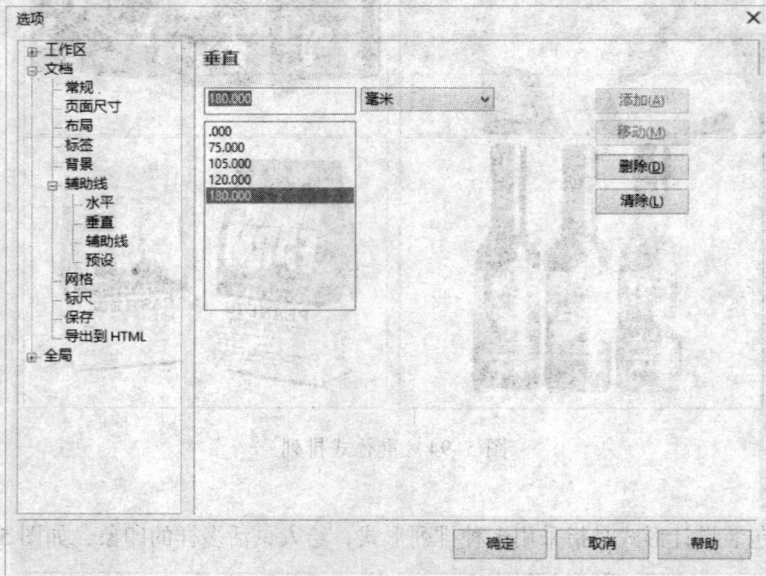

图 5-96 "选项"对话框

（2）在"选项"对话框中，依次展开"文档" | "辅助线" | "垂直"列表，在"选项"对话框右侧"垂直"调板中分别输入 0mm，75mm，105mm，120mm，180mm，并分别单击"添加"按钮，在垂直方向为绘图页面添加辅助线，然后单击"确定"按钮，如图 5-97 所示设置辅助线。

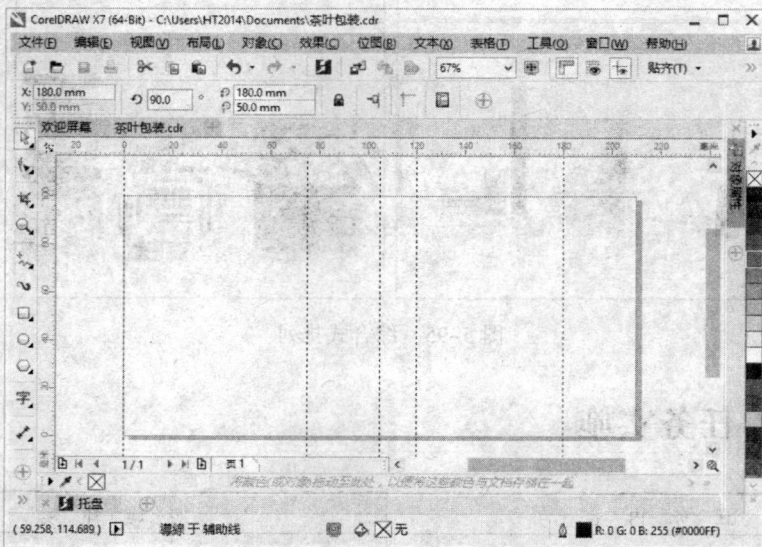

图 5-97 设置辅助线

（3）使用矩形工具绘制一个矩形，在属性栏中设置其大小为 75 mm×100 mm，将其放置于页面 5-98 中如图所示的位置，并保持矩形被选中。

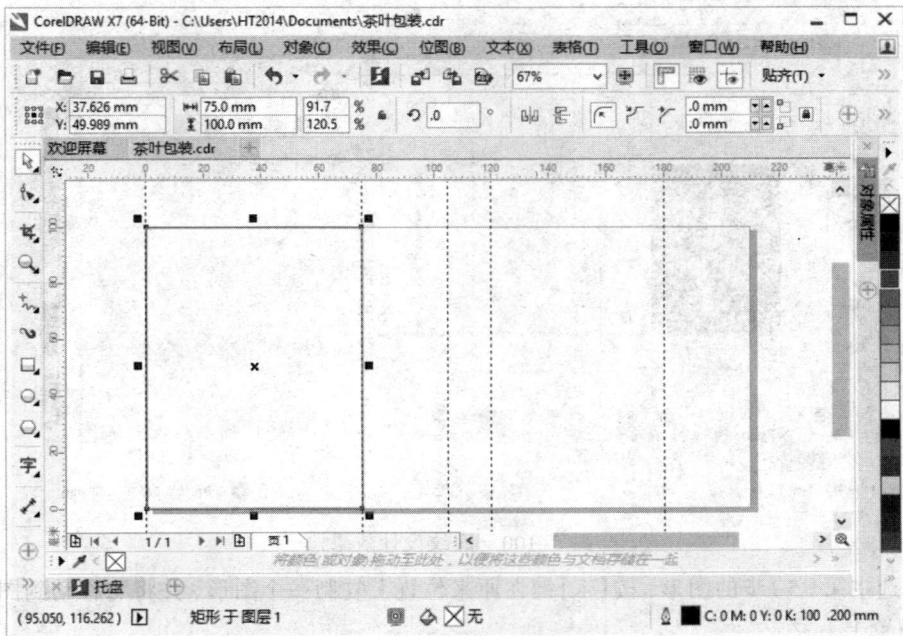

图 5-98　创建矩形

（4）在工具箱中单击"底纹填充"按钮，弹出"编辑填充"对话框，设置底纹库为"样本 7"，纹理样式为"羊毛"，设置色调为 CMYK（32，97，93，1），亮度为 CMYK(43，94，90，3)，如图 5-99 所示。

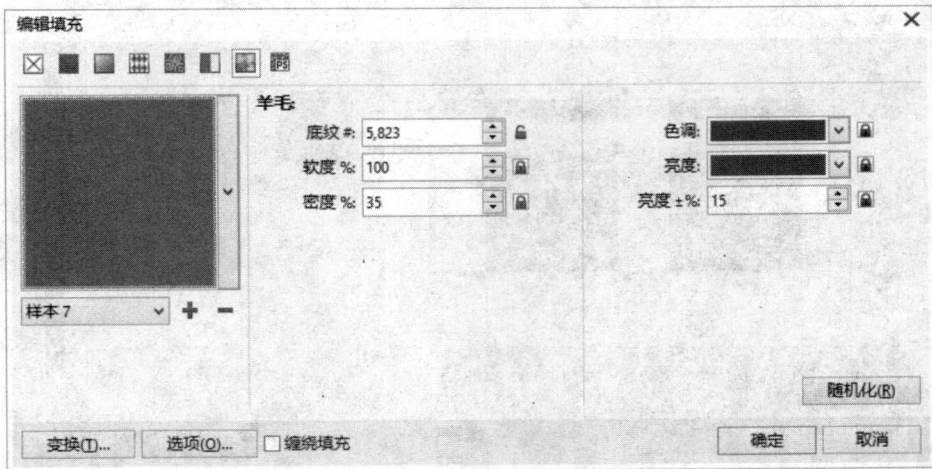

图 5-99　设定底纹

（5）参数设置完成后，单击"确定"按钮，效果如图 5-100 所示。

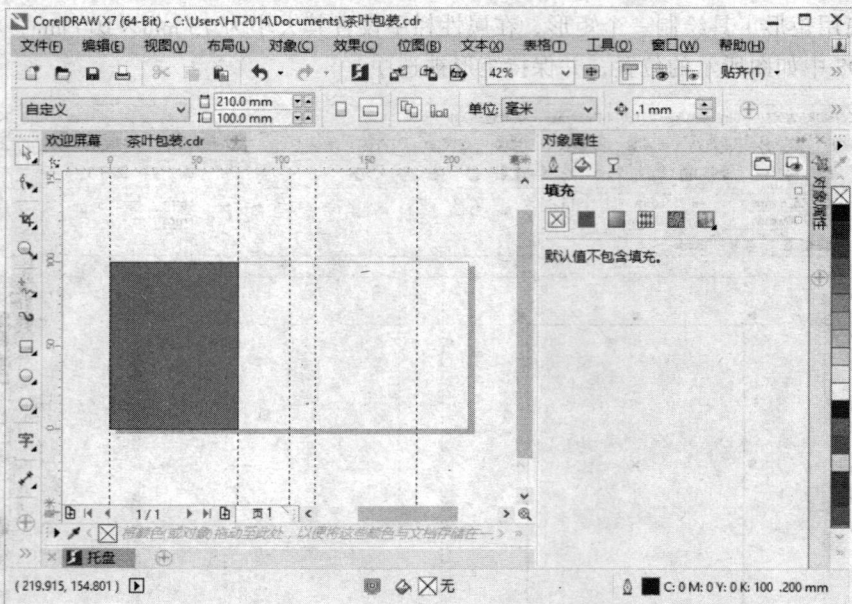

图 5-100　底纹设计效果

（6）选中第（5）步的图形，按【＋】键在原来位置上复制一个图形，并将它移动到图 5-101 所示的位置上。

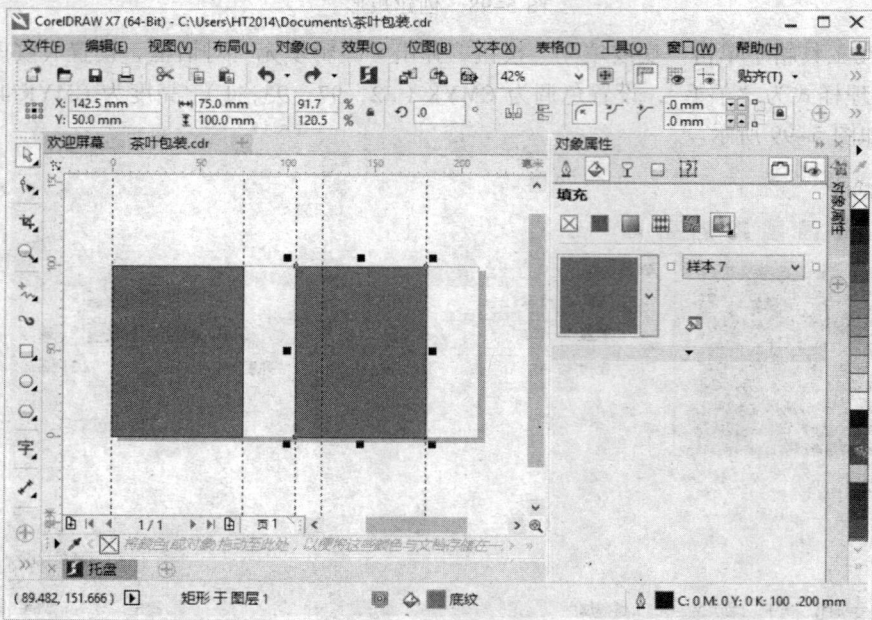

图 5-101　复制矩形

（7）继续使用矩形工具绘制两个同样大小的矩形，在属性栏中设置矩形大小为 30mm × 100mm，内部填充为 CMYK（50，90，100，0），轮廓线填充为 CMYK（30，75，100，0），并把它们放置到页面中的空白位置，效果如图 5-102 所示。

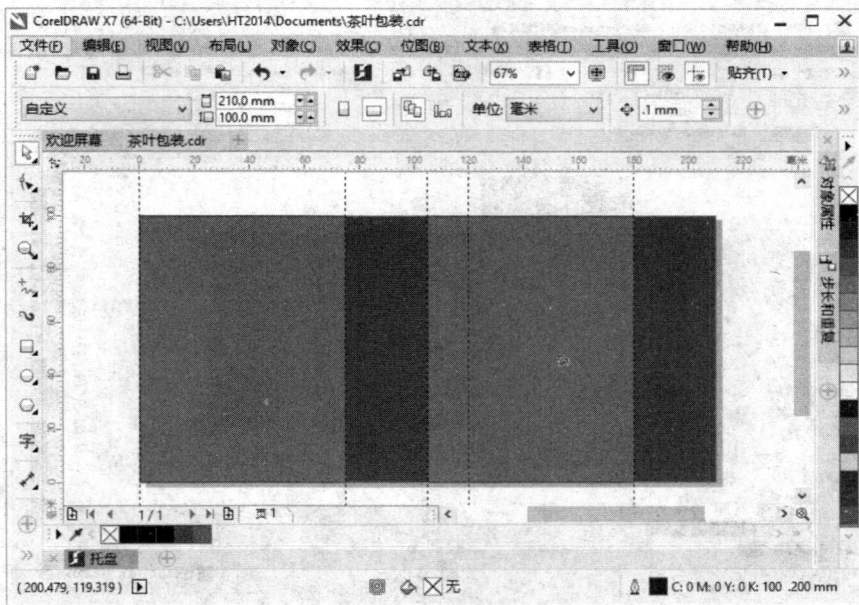

图 5-102　设置矩形

（8）选中第（7）中绘制的任意一个矩形，按【+】键在原来位置上复制一个图形，并将其移动至页面最左端辅助线的左边，如图 5-103 所示。

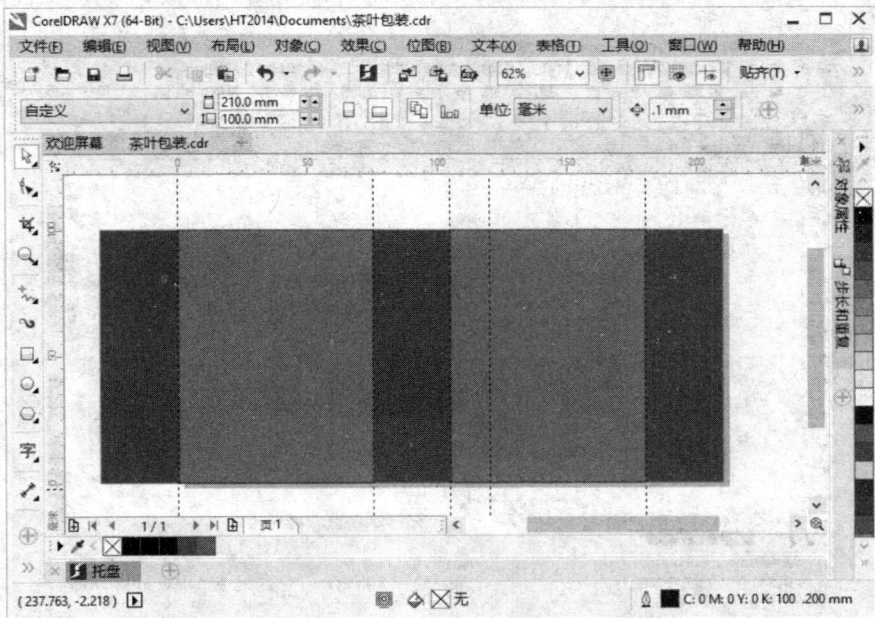

图 5-103　添加矩形 A

（9）继续使用矩形工具绘制两个同样大小的矩形，在属性栏中设置矩形大小为 75 mm × 30 mm，并使用与第（4）步相同的纹理填充方式填充矩形，将其放置在页面中最左端的两条辅助线之间，如图 5-104 所示。

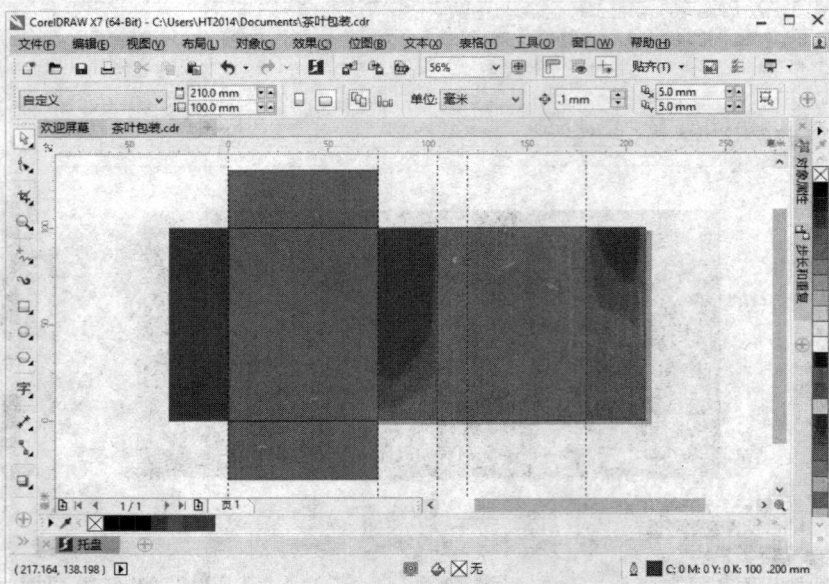

图 5-104　添加矩形 B

（10）选中第（9）步中绘制的两个同样大小的矩形，按【+】键复制矩形，选中复制的矩形后，单击调色盘中的白色色标，并将它们放置在上一步绘制的矩形的外侧，如图 5-105 所示。

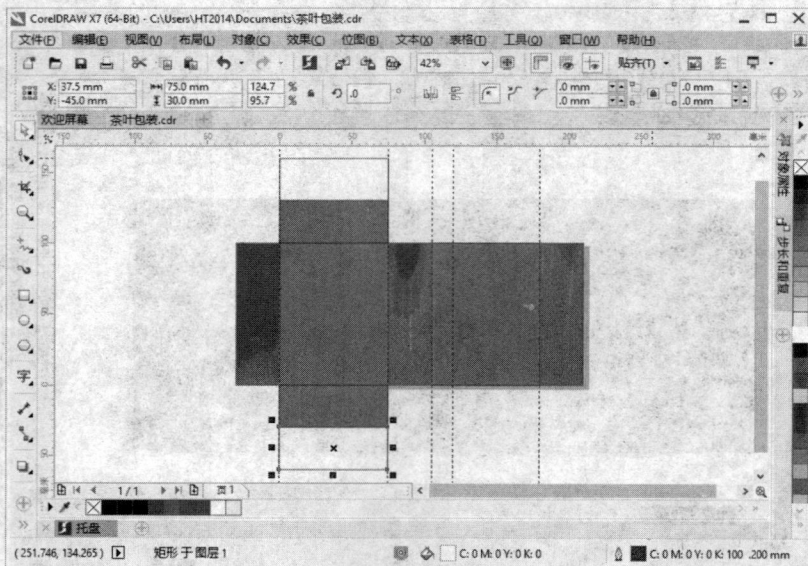

图 5-105　添加矩形 C

（11）使用同样的方法，选中第（8）步中的矩形，按【+】键进行复制，并单击调色盘中的白色色标，填充复制的矩形颜色为白色，并将其移动到全部图形对象的最左端，如图 5-106 所示。

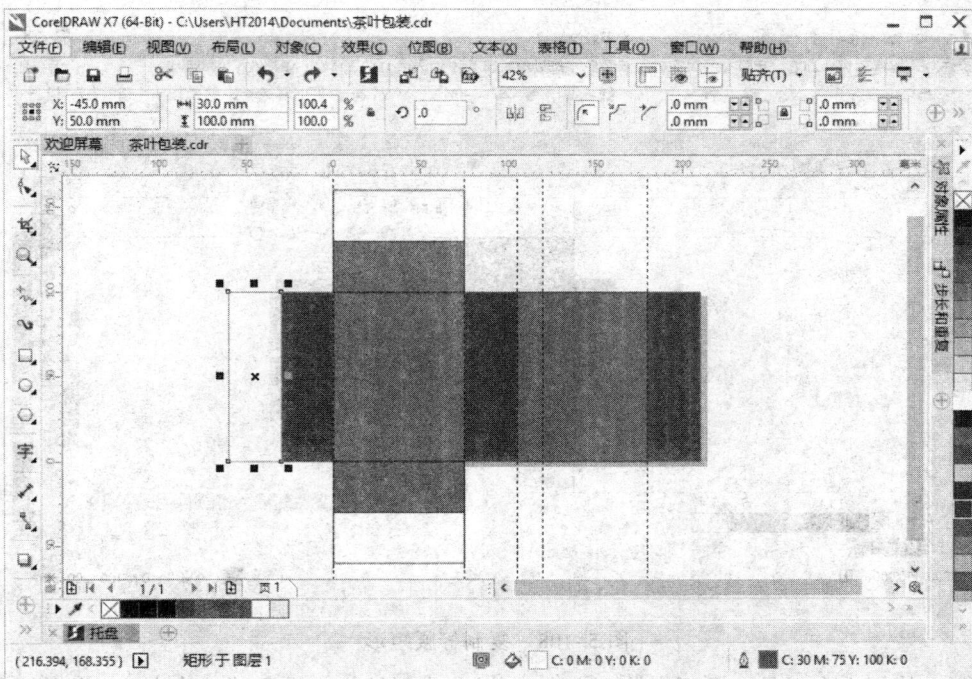

图 5-106　设置左侧矩形

（12）单击工具箱中的基本形状工具，再单击属性栏中的"基本形状"按钮，弹出下拉列表，选中"等腰梯形"图标，如图 5-107 所示。

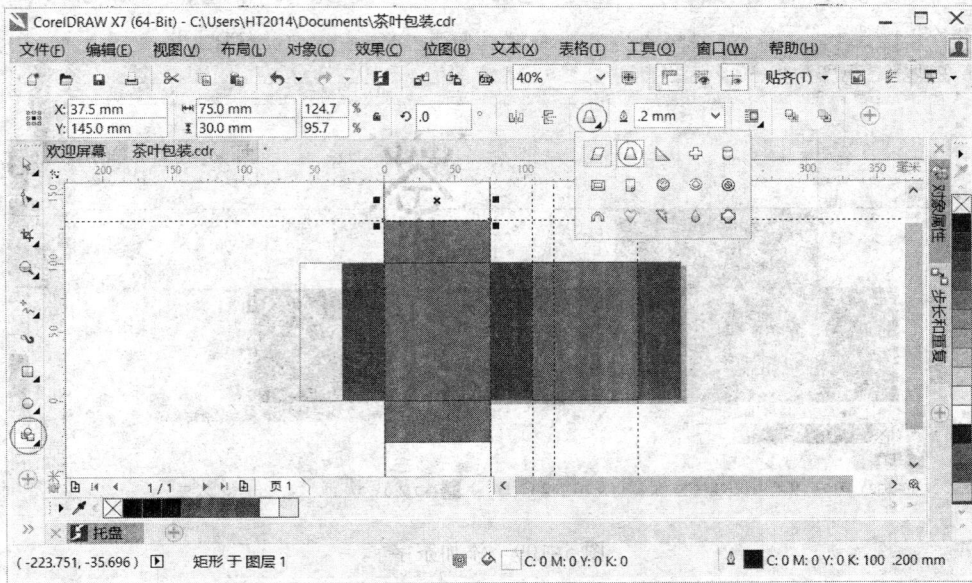

图 5-107　创建等腰矩形

（13）使用梯形形状工具在页面中绘制 4 个等腰梯形，并在属性栏中设置梯形大小为 30 mm × 30 mm，并放置在合适位置，如图 5-108 所示。

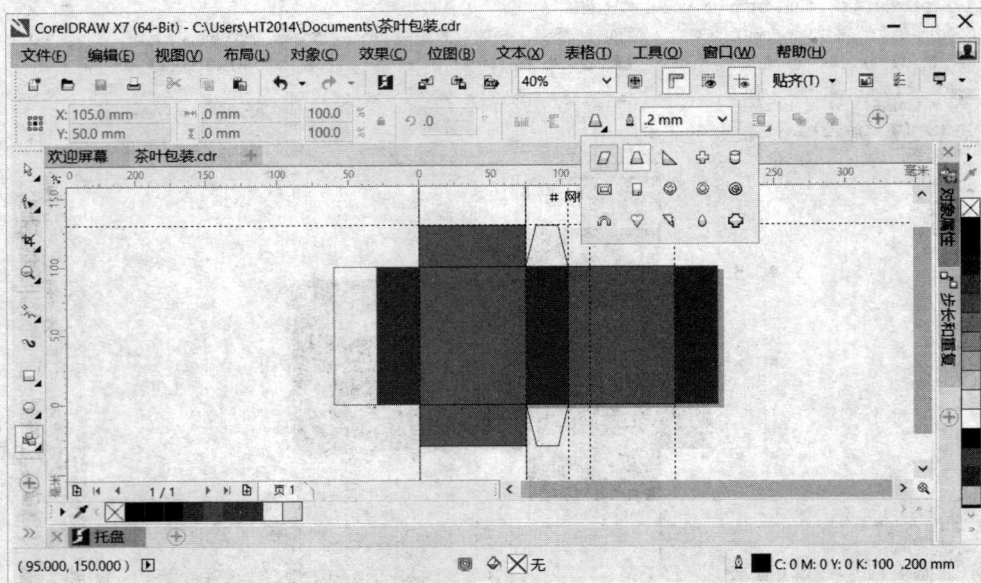

图 5-108　复制等腰矩形

（14）使用文本工具在页面中输入文字"茶"，在属性栏中设置其字体为"汉仪篆书繁"，字号为 144pt，单击调色盘中的粉红色表，填充字体颜色，如图 5-109 所示。

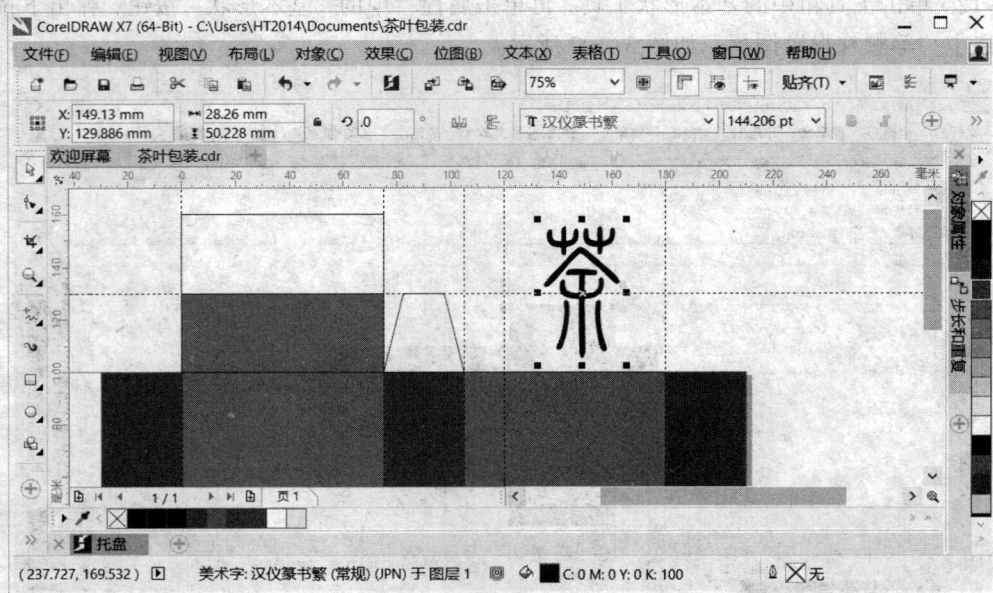

图 5-109　添加茶字

（15）选中第（14）步中输入的文字，在工具箱中选中交互式透明工具，再在属性栏中设置为"标准"透明方式。

（16）选中"标准"方式后，在属性栏中设置透明度为 50，如图 5–110 所示。

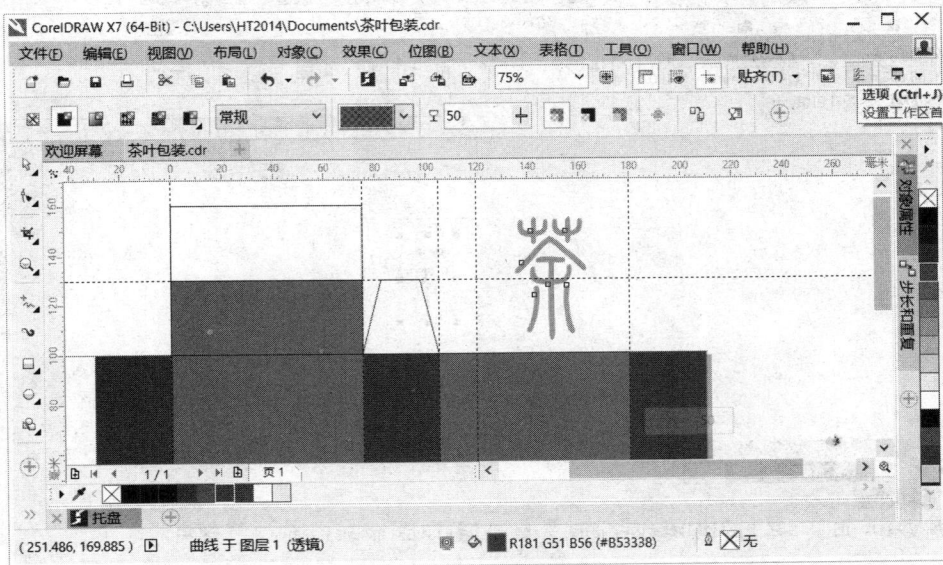

图 5–110　设置透明度

（17）选中第（16）设置的文字，执行"对象"|"图框精确剪裁"|"置于图文框内部"命令，再单击页面中从右向左数的第 2 个矩形，如图 5–111 所示。

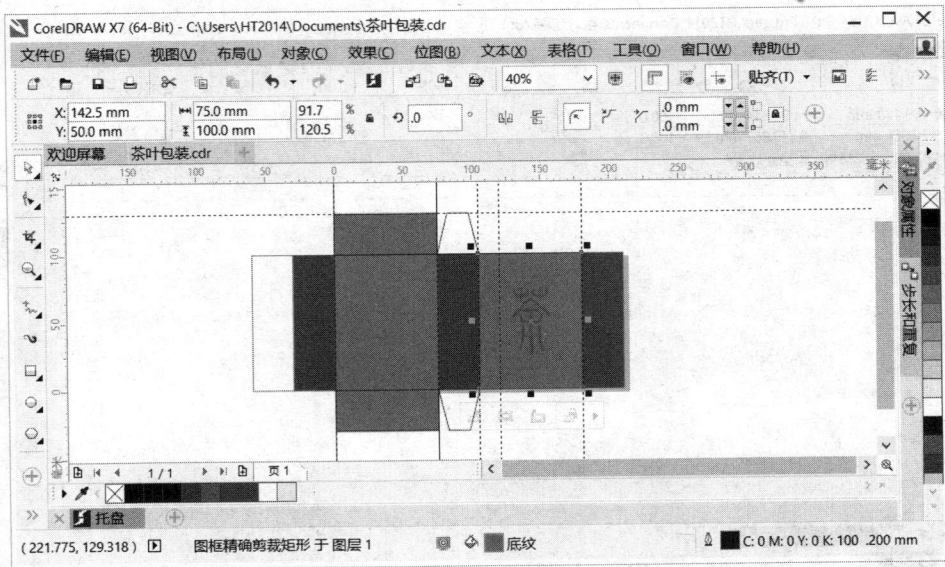

图 5–111　精确裁剪

（18）使用挑选工具，选中这个矩形，执行"对象"|"图框精确剪裁"|"编辑 powerclip"命令，对图框中的文字进行位置调整，如图 5–112 所示。

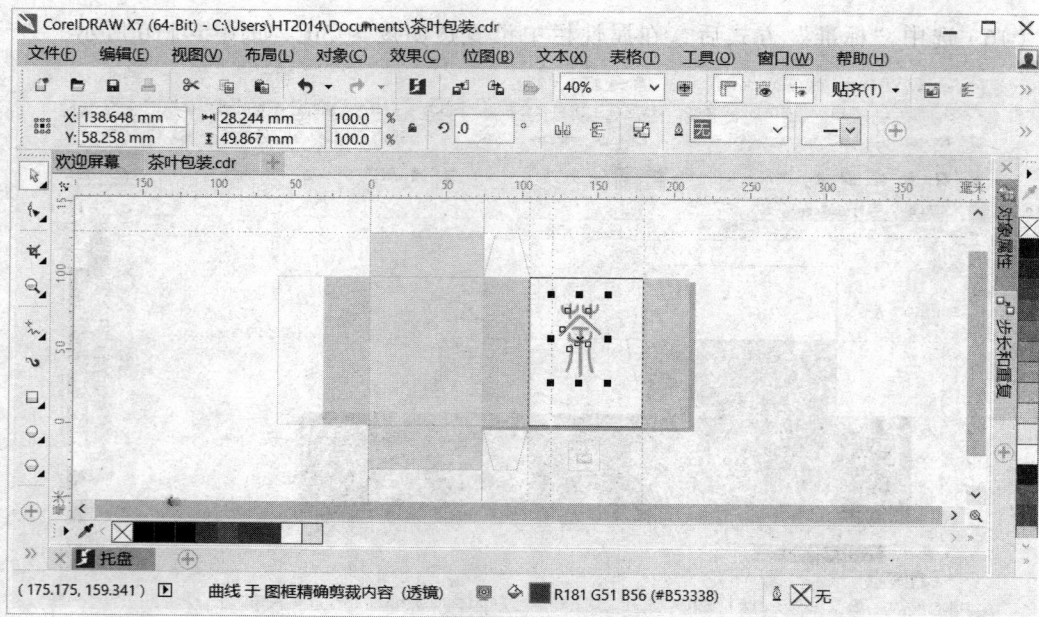

图 5-112　内部调整 A

（19）再次选中图框中的"茶"字，使用挑选工具将其移动到如图 5-113 所示的位置进行内部调整。

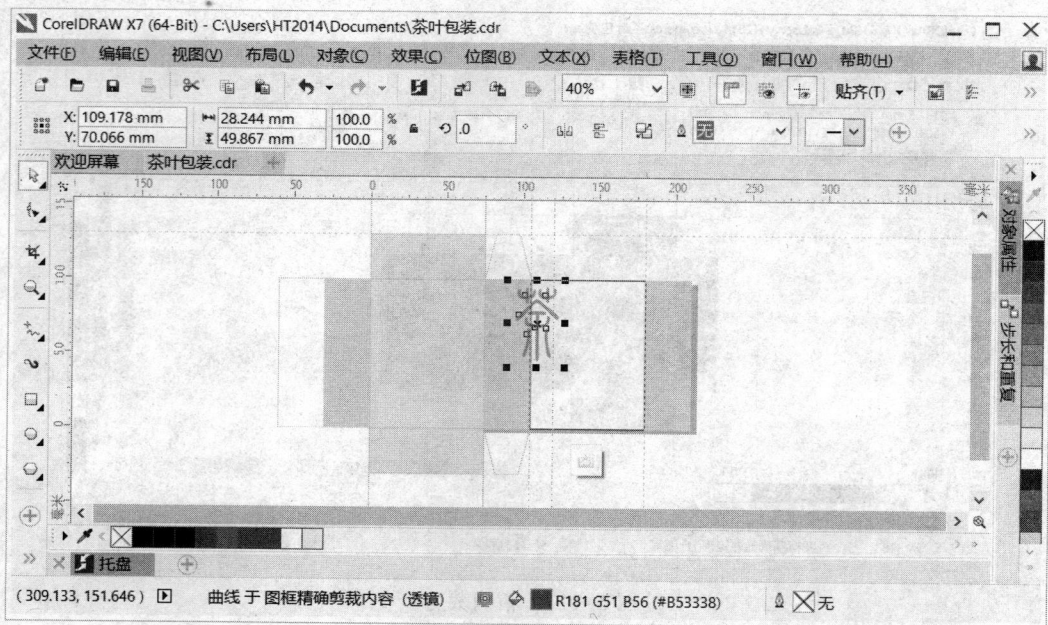

图 5-113　内部调整 B

（20）执行"对象"|"图框精确剪裁"|"结束编辑"命令，"茶"字成了包装盒中的底纹，效果如图 5-114 所示。

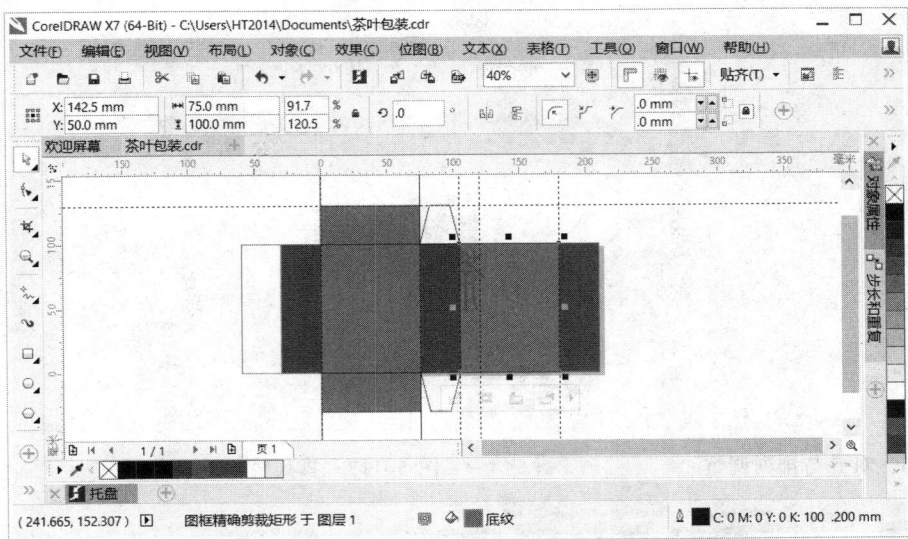

图 5-114　茶字最终效果

（21）使用矩形工具绘制一个矩形，在属性栏中设置矩形大小为 1 mm×100 mm，填充 CMYK（0，20，60，20），再去掉轮廓线。并将其与绘图页面最右端的矩形同时选中，如图 5-115 所示。

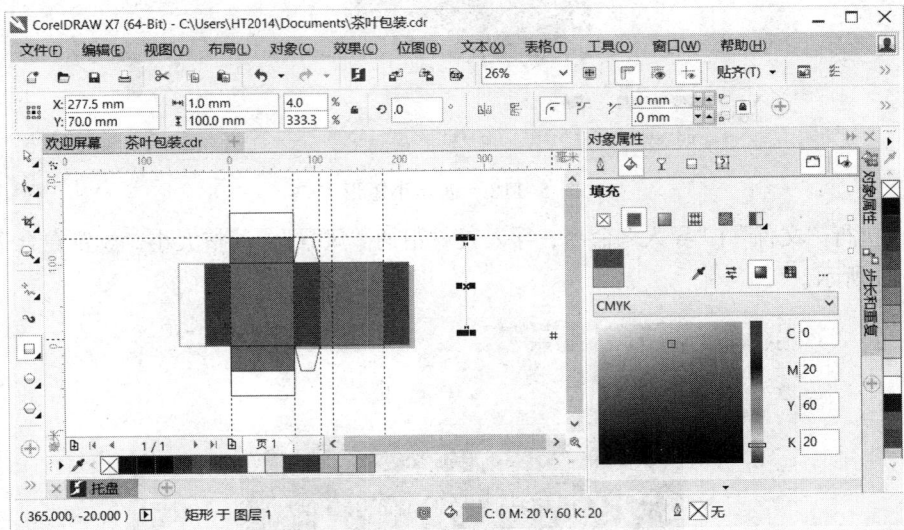

图 5-115　细致调整

（22）单击属性栏中的"对齐和属性"按钮，弹出"对齐与分布"对话框，勾选"右"和"上"复选框，如图 5-116 所示。

（23）在"对齐与分布"对话框中完成设置后，单击"应用"按钮。排列最终效果如图 5-117 所示。

（24）选中第（21）步中绘制的小矩形，按【+】键 7 次，复制 7 个小矩形，分别放置在合适位置，如图 5-118 所示。

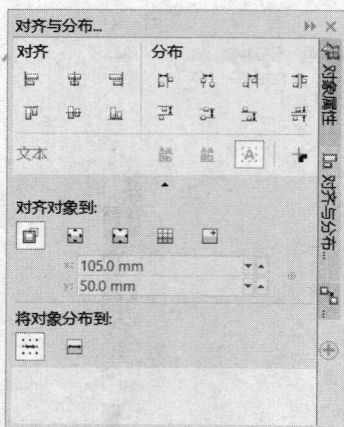

图 5-116　对齐与排列调整

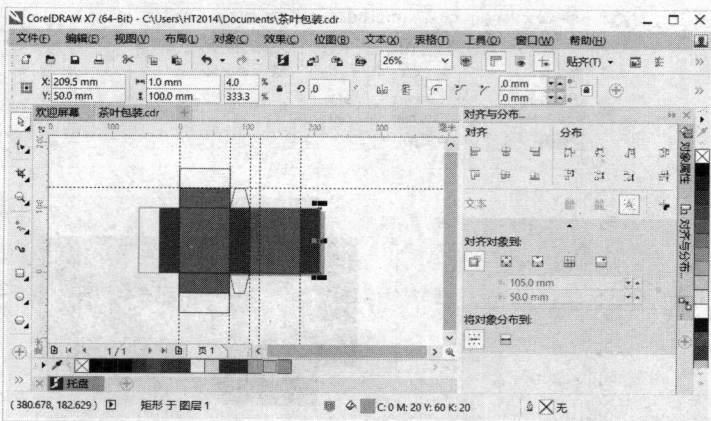

图 5-117　排列最终效果

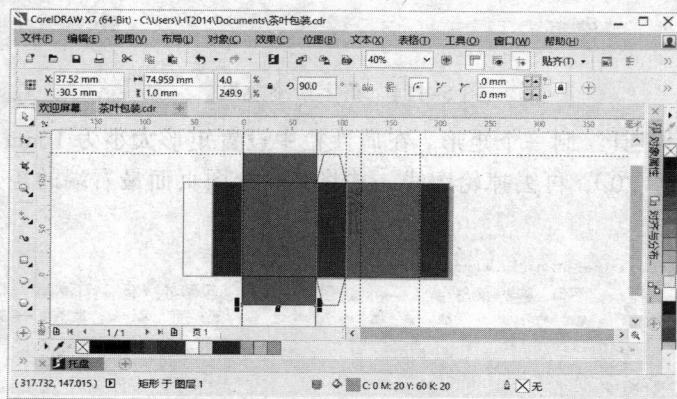

图 5-118　创建小矩形

（25）执行"文件"|"导入"命令，导入素材中的"风景"，调整大小，放置在合适位置，如图 5-119 所示。

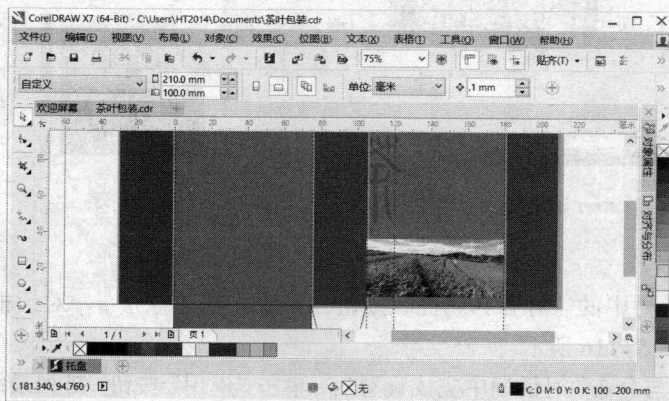

图 5-119　导入风景素材

（26）选中第（25）步导入的图片，在工具箱中选中交互式透明工具，再在属性栏中设置为"均匀"填充方式。

（27）将交互式透明的透明度设置为 30，如图 5-120 所示。

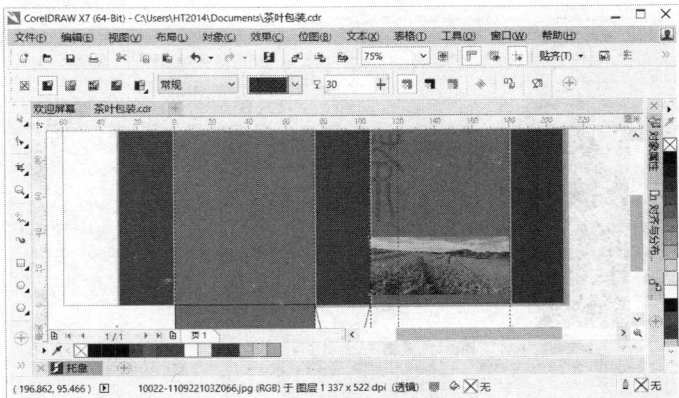

图 5-120　交互式透明设置

（28）使用文本工具在页面中输入文字"茶"，字体为"汉仪篆书繁"，字号为 150pt，填充字体颜色为白色，轮廓线颜色为橘红色，宽度为 1mm，如图 5-121 所示。

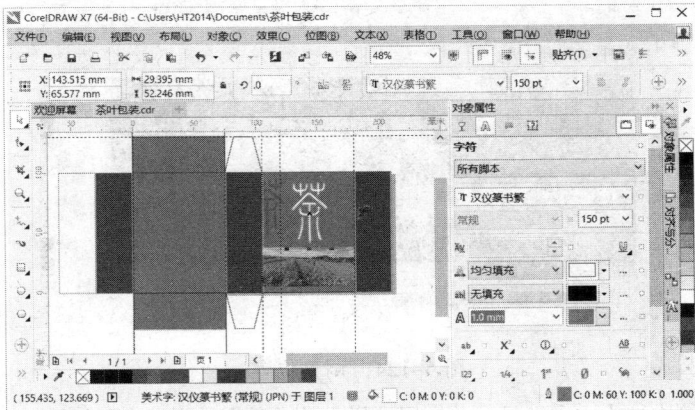

图 5-121　文字设置

（29）使用矩形工具与形状工具在页面中绘制图 5-122 所示的倒角矩形两个。

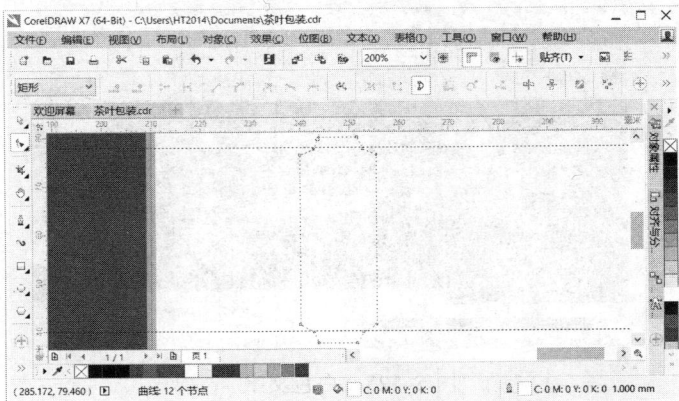

图 5-122　创建倒角矩形

（30）使用挑选工具选中第（29）步中的图形填充 CMYK（30，60，100，0）色，轮廓线为 CMYK（0，30，50，0），如图 5-123 所示。

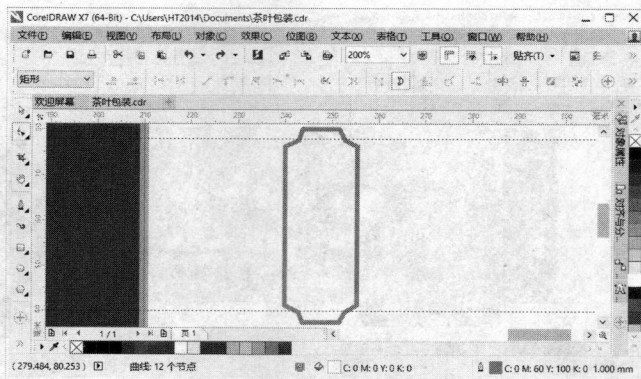

图 5-123　倒角矩形设置

（31）使用挑选工具将图形移动到页面中合适位置，如图 5-124 所示。

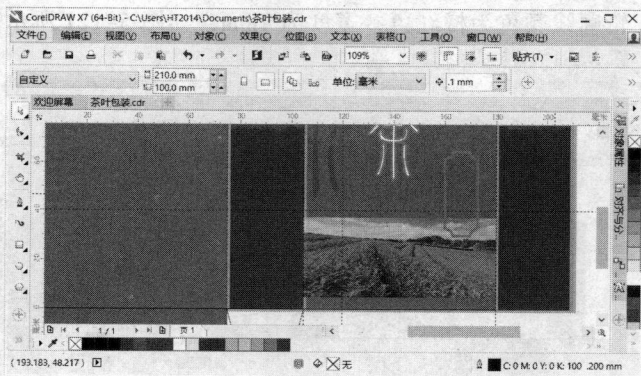

图 5-124　调整位置

（32）在工具箱中选中文本工具，单击属性栏中的"垂直排列文本"按钮，在页面中输入文字"碧潭飘雪"，设置字体为"方正粗宋繁体"，字号为 18pt，使用白色填充文字，效果如图 5-125 所示。

图 5-125　白色文字

（33）继续使用文本工具输入垂直排列的文本"精选浓香型茉莉花茶"，设置字体为方正行楷简体，字号为 14pt，字体颜色为黑色，如图 5-126 所示。

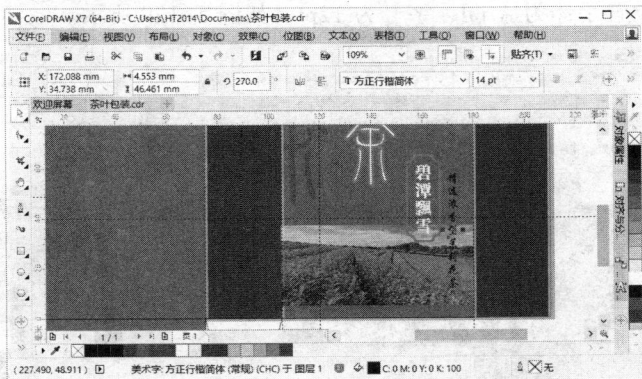

图 5-126 文字最终效果

（34）使用矩形工具在盒盖右上角绘制一个较小的矩形，填充颜色为 CMYK（20，100，75，0），再使用文本工具在矩形上方输入"香馨茶"，设置字体为"方正粗宋繁体"，字号为 7pt，如图 5-127 所示。

图 5-127 文字香馨茶

（35）继续使用文本工具在导入的图片下方输入文字"四川香馨茶茶业"，设置字体均为"方正行楷简体"，其中"净含量：200g"的字号为"6pt"，方正粗宋繁体的字号为 8pt，其余文字的字号为 6pt，如图 5-128 所示。

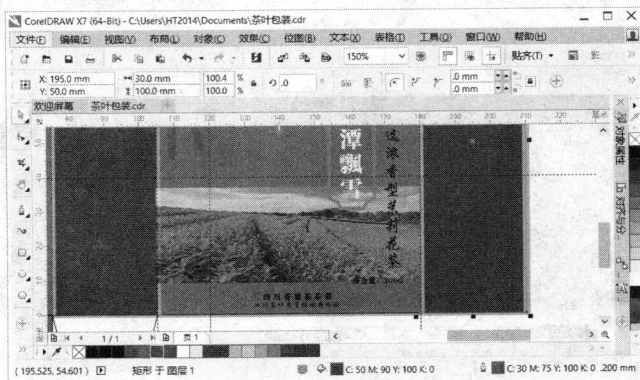

图 5-128 设置文字四川香馨茶茶业

（36）使用椭圆工具在包装的侧面绘制一个较小的正圆，并使用工具箱中的文本工具输入"鑫"，在属性栏中设置字体为 Arial，字号为 12pt，如图 5-129 所示。

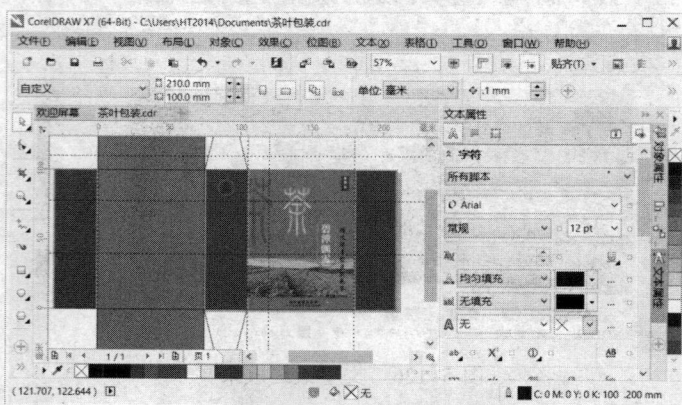

图 5-129　设置文字鑫

（37）选择"碧潭飘雪"及其边框，按【+】键进行复制，并将复制的图形移动到页面中右起第 2 条辅助线和第 3 条辅助线之间，调整好图形和文字的大小后，修饰文字如图 5-130 所示。

（38）使用文本工具在第（37）步复制的图形及文字下方输入如图 5-131 所示的茶诗文字。

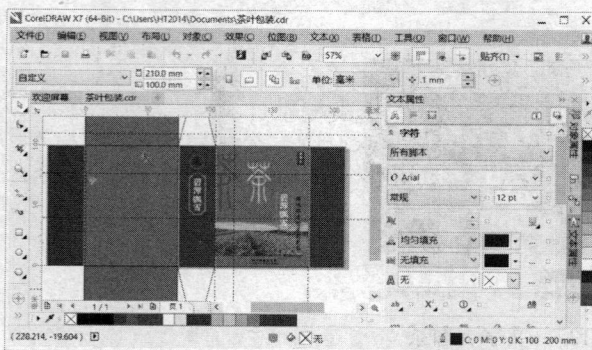

图 5-130　文字修饰

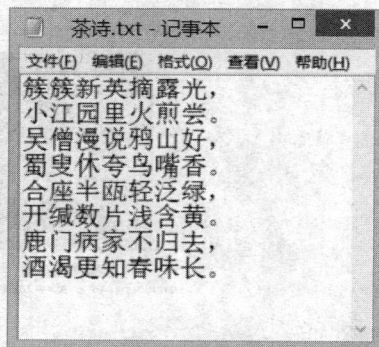

图 5-131　茶诗

（39）输入第（38）步中的文字后，效果如图 5-132 所示。

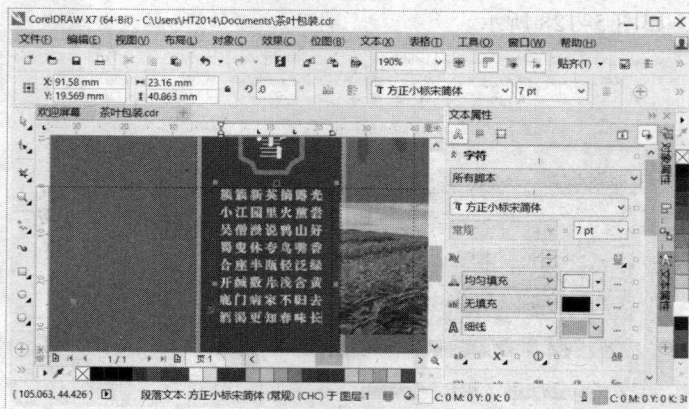

图 5-132　设置茶诗效果

（40）执行"对象"|"插入条形码"命令，弹出"条码向导"对话框，输入条形码号，单击"下一步"按钮，参照向导提示，设置行业标准格式为"Code 128"插入条形码"ISBN 6-927414-534263"，如图 5-133 所示。

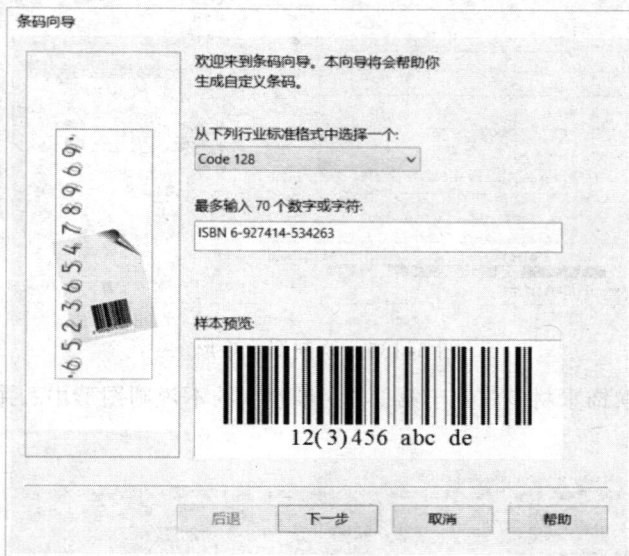

图 5-133　输入条码

（41）使用挑选工具将插入的条形码移动到第（38）步文字的下方，条码效果如图 5-134 所示。

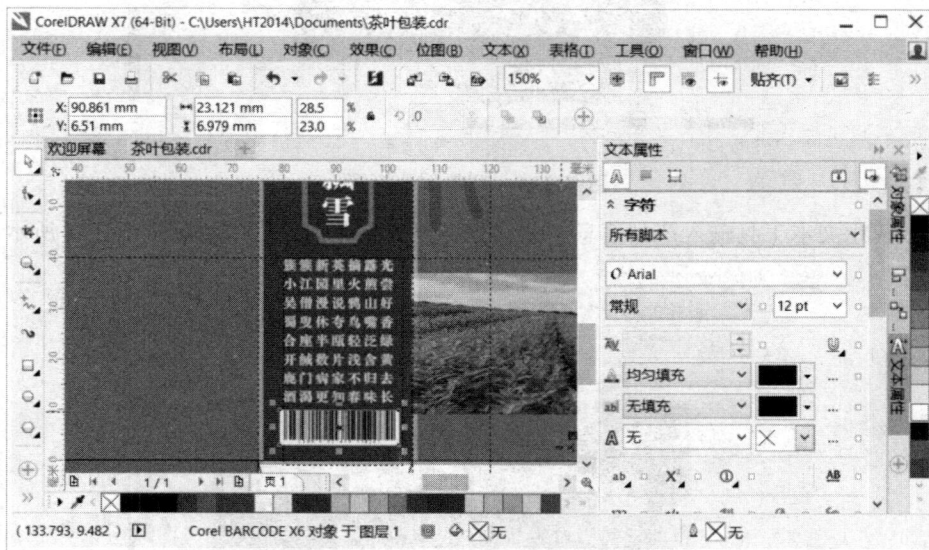

图 5-134　条码效果

（42）复制第（30）步中绘制的不规则形状，调整好大小，将其拖放到页面中合适的位置。

（43）使用贝塞尔工具与形状工具，绘制一个如图 5-135 所示的不规则图形，并复制 3 次。

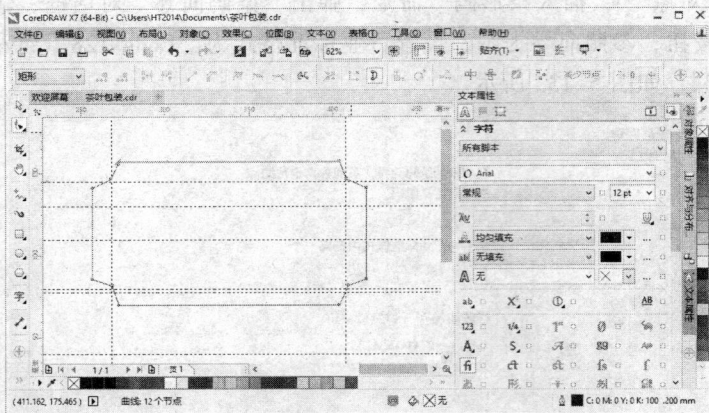

图 5-135 绘制倒角矩形

（44）导入四张摆饰素材。放置于第（43）步绘制的不规则图形中，并放置在合适位置，如图 5-136 所示。

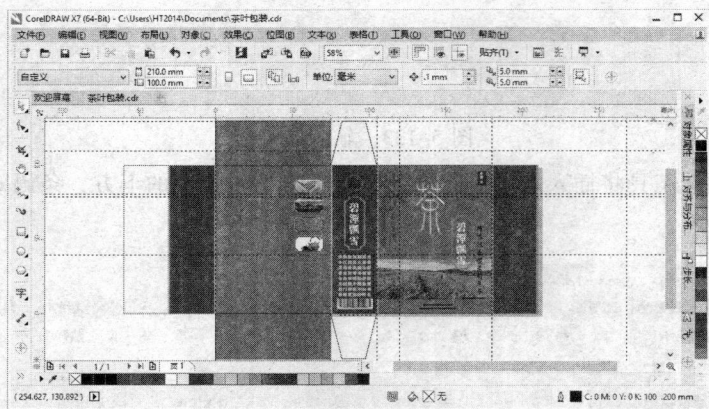

图 5-136 调整倒角矩形

（45）使用文本工具输入产品信息，并对齐，茶叶包装的最终效果如图 5-137 所示。

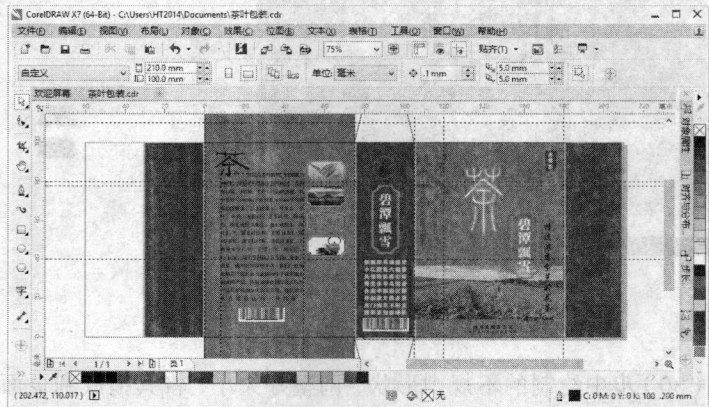

图 5-137 茶叶包装

任务⑥

➡ 广告设计与实现

广告一词源于拉丁文 advertere，其意为注意，诱导，传播。后来演变为 Advertise，其含义衍化为"使某人注意到某件事"，或"通知别人某件事，以引起他人的注意"。直到 17 世纪末，英国开始进行大规模的商业活动。这时，广告一词便广泛地流行并被使用。

广告是为了某种特定的需要，通过一定形式的媒体，公开而广泛地向公众传递信息的宣传手段。广告有广义和狭义之分，广义广告包括非经济广告和经济广告。非经济广告指不以盈利为目的的广告，又称效应广告，如政府行政部门、社会事业单位乃至个人的各种公告、启事、声明等，主要目的是推广；狭义广告仅指经济广告，又称商业广告，是指以盈利为目的的广告，通常是商品生产者、经营者和消费者之间沟通信息的重要手段，或企业占领市场、推销产品、提供劳务的重要形式，主要目的是扩大经济效益。

6.1 任务描述

在信息化社会快速推进的过程中，广告已成为各种宣传推广的主要手段，如何进行广告设计，使广告的社会效益、经济效益最大化是广大设计师们所追求的设计极致，本任务通过广告的认知、广告的具体类型、广告设计实践整体阐述广告设计的相关内容，按照广告设计流程最终完成广告的设计。

6.2 相关知识

6.2.1 平面广告设计基础

1. 印刷类广告设计

印刷类广告是以印刷为手段来制作平面广告常见的形式，包括招贴、报纸广告、杂志广告、直邮广告、产品样本广告和传单广告等。

1）报纸广告

报纸广告是刊登在报纸上的广告。报纸是每日发行的、具有综合信息的印刷品读物，有广泛性和快速性的特点，比较适合于发布时间性强的新产品广告和快件广告，如招生、招聘和店庆通知等。考虑到报纸广告的性质、印刷以及报纸传达对象的阅读习惯，在设计时往往更多地注重文稿排版。

报纸广告的刊登首先由广告主委托广告公司设计广告稿，然后将广告稿送到报社将其安排在预定刊登的日期里，最后制版印刷发行。

2）杂志广告

杂志广告一般出现在杂志的封面（封一）、封二、封三、封底（封四）以及插页版面上。相对于其他平面广告，杂志广告往往占据整整一页，视觉干扰少，视觉效果醒目。杂志广告通常根据杂志的品位、特点采用不同的纸张印刷，对图片、文字、构图等方面的要求比较高，因此往往成为人们的收藏对象。杂志广告的版面设计比较自由，根据广告特点可采用大空、大密、文字贴边排列、点线面、力场、方向、韵律、对比等不同手法制造优美的视觉感觉。

3）直邮（DM）广告

直邮广告（Direct Mail）即直接邮寄广告，是指通过邮寄网络把印刷品广告有选择性地直接送到消费者手中，常见形式有商品目录、说明书、价目表、明信片、宣传小册子、招贴画、企业刊物、样品和征订单等。直邮广告不但可以通过邮政、物流等渠道发送，综合性报纸的夹报也是很重要的直邮方式之一。

4）产品样本广告

产品样本是厂商为了向客户宣传和推销产品而印发的介绍产品情况的资料，常见形式包括产品目录、单项产品说明书、企业介绍和广告性厂刊。其中，产品目录介绍厂家业务范围，列出产品名称型号，并附有产品外型、规格、用途的简单介绍；单项产品样本多以活页形式印发，对定型产品的型号、技术规格、原理性能、技术参数等作具体介绍，并附有结构图和照片；产品说明的内容更详尽，往往列出产品的工作原理，用途，效率，结构特点，操作规程，使用、保养和维修方法等。

2. 书籍装帧设计类广告

书籍作为文字和图形的载体是不能没有装帧的。书籍的装帧是一个和谐的统一体，应该说有什么样的书就有什么样的装帧与它相应。在我国，通常把书籍装帧设计称为书的整体设计或书的艺术设计。

书籍装帧设计与其他装潢设计一样，需要经过从调查研究检查校对的设计程序。在设计时，首先要向作者或文字编辑了解原著的内容实质，并通过阅读来理解所要装帧对象的内容、性质、特点及读者对象，做出正确的判断；然后确定开本的大小，确定是精装还是平装，确定用纸以及印刷等问题；最后在既定的开本材料和印刷工艺条件下，使设计稿与书籍的内容相呼应，通过丰富的表现手法、表现内容满足人们在知识、想象、审美多方向的要求。

3. POP 广告设计

POP 是英文 Point Of Purchase（购买点广告）的缩写，即"销售点广告"、"购买点广告"、"店面广告"或"店头广告"。POP 广告是为销售点或购买场所设计的广告，它一般出现在购买场所的门口、通道、内部及设施上。据美国 POP 广告协会统计，消费者中有 19% 是事前决定要什么而到目前为止进商店的，而其余的 81% 则是受 POP 广告的影响而进行购买的。

POP 广告属于销售环节中的小型广告，形式多种多样，可以是平面的、立体的或是模型等。凡是在商场建筑物内外帮助促销的广告物以及提供有关商品情报、服务、指示、引导的标示都可以称为 POP 广告，如商场外悬挂着的横幅、竖幅、标语，引人注目的商品橱柜，色彩鲜艳的广告牌和指示牌，商店内的醒目商标、品牌名称和商品形象的吊旗，货架上的灯箱等。

4. 户外广告设计

户外广告（Out Door，OD 广告），是指在露天或室外的公共场所向消费者传递信息的广告物体，如巨大的路牌广告、形式多样的户外招贴广告、五彩缤纷的霓虹灯广告、交通站的候车亭和马路灯箱广告等。

户外广告是现存的最早的广告形式之一，虽然近年来印刷、广播、电视、有线传播以及互联网等广告媒体不断发展，但是户外广告仍是在建立品牌和传递市场信息时被广泛应用的媒体之一。自 1990 年起，中国企业花费在户外媒体上的广告费（其中包括射灯广告牌、候车亭、单立柱、地铁海报、公交车和机场广告等）就以每年 25%的速度迅速增长，较之报纸、杂志、广播和电视快出很多。

1）招贴广告

招贴又称为海报，源于英文 Poster，原意为张贴在柱上的告示。招贴广告目前已成为户外广告的主要形式。招贴广告作为户外广告，强调的是瞬间视觉感受，在设计时应注重传播信息，利于竞争和刺激需求、审美意识。

招贴又分为公共招贴和商业招贴。

2）路牌广告

在户外广告中，路牌广告是最为典型的。路牌从其开始发展到今天，其媒体特征始终是一致的。路牌广告一般设立在闹市地段，地段越好行人也就越多，广告所产生的效应也就越强。因为路牌的特定环境是马路，对象是动态中的行人，所以路牌画面多以图文的形式出现，画面醒目，文字精炼，使人一看就懂，具有印象捕捉快的视觉效应。现代路牌广告多采用电脑设计打印（或电脑直接印刷），其画面醒目、逼真、立体感强，展现了商品的魅力，对树立商品（品牌）的都市形象最具功效，且张贴调换方便。路牌广告所用的材料应有防雨、防晒功能。

3）灯箱广告

灯箱广告、灯柱广告、塔柱广告、街头钟广告和候车亭广告的媒体特征都是利用灯光把图片、招贴纸、柔性材料照亮，形成单面、双面、三面或四面的灯光广告。这种广告外形美观，画面简洁，视觉效果特别好。灯箱广告归纳起来有三种类型。

（1）方形（或长方形）灯箱和灯柱广告。这类广告既有立在人行道上的，也有挂在路灯灯柱上的，有单面的也有双面的。

（2）两只以上的灯箱组合成灯箱广告群体。这类广告大都用在候车亭、大型商场门口、广场以及马路人行道转弯角。

（3）圆柱形古典风格的塔柱和塔亭广告。这种广告与城市环境相呼应，既可以点缀城市的街景，又达到了广告导向的作用。

6.2.2　平面广告设计的构成要素

从设计的角度来说，平面广告设计的构成要素是决定平面广告成功与否的重要因素。各要素之间相互协调、相互综合，其主要包括图形、方案、色彩三大要素。

1. 图形要素

图形能够形象地表现出广告主题和广告创意。广告版面中的图形要素又可分为商标和插图两大类。

1）商标

商标是公众借以识别商品和服务的主要标志，也是商品质量和企业信誉的保证，它是塑造商品、企业形象最有效的、最直观的象征，具有指导公众购买、开拓市场和巩固市场的作用。一般而言，商标是商品一诞生就有的，除 CI 设计外，平面广告设计人员无需进行商标设计，只要将商标放置在产品广告版面中的适当位置即可。

2）广告插图

广告插图是广告设计中最重要的图形要素，对于加速广告信息的传播起着非常重要的作用。广告插图不能单纯注重正画面的艺术美，更重要的是要树立商品形象、传达商品信息和促进商品销售。

（1）广告插图的作用。

① 传达广告的主题。广告通过插图表现商品的特征，向观众展示广告所传达的重点，传达广告的主题思想。广告主题是抽象的概念，要使观众容易理解和接受，必须通过插图将抽象的概念形象化、具体化。

② 吸引读者的注意力。广告插图运用形状、黑白、大小、虚实和色彩等因素来刺激观众的感官，引起注目。

（2）广告插图设计的基本要求。

① 广告插图要具备简洁单纯的视觉效果。

② 广告插图要勇于创新，生动有趣。

③ 广告插图必须有针对性。

④ 广告插图的宣传对象是不同的消费者，若想使每个消费者都接受你的广告，那是徒劳的。只有根据商品内容来选择广告对象，针对广告对象的需要设计具有针对性的插图，才有成功的可能性。

（3）广告插图的表现手法。

① 写实的表现手法。以写实的手段表现产品的真实面貌或使用产品时的真实情节，让读者获得真实的感受，引起他们心理上的共鸣，促使他们采取购买行动。

② 夸张的表现手法。通过对产品的外观或性质作适当的夸张表现，以此引人注目，同时能更加鲜明地强调产品的特点，即给消费者带来的收益。

③ 对比的表现手法。运用形体的大小对比、黑白对比和色彩对比来造成强烈的视觉效果。

④ 比喻的表现手法。把人们熟悉的事物与广告所要表现的主要思想有机地联系起来，使观众产生联想，并领悟其中蕴涵的意义。

⑤ 抒情的表现手法。用优美的、洋溢着诗情画意的画面来表现广告主题，制造一种情绪或气氛，让观众有联想和回味的余地，产生共鸣，以达到广告宣传商品、促进销售的目的。

⑥ 悬念的表现手法。利用人们的好奇心理，运用独特的构思和表现手法，使观众感到惊奇并产生悬念，进而吸引他们观看广告内容。

⑦ 连环画的表现手法。采用连环画形式的表现手法宣传广告主题，用连续的画面和生动有趣的故事情节引起观众的兴趣。

⑧ 推荐的表现手法。为了加强广告的说服力，采用名人或使用教师为推荐产品的手法，往往能取得意料之外的效果。

（4）广告插图的分类。

① 表现商品的插图类型。表现商品本身的广告插图一般采用写实的手法，再加广告文字，使读者对商品有一个直观的认识，给读者留下比较深刻的印象。由于通过插图能直接看到商品的真实面貌，因此能引起消费者的兴趣。

② 表现商品局部的插图类型。这种广告插图一般运用特写的手法表现商品的诱人之处，强调使用它会给人们带来收益。

③ 表现准备使用商品和插图类型。单纯表现商品本身和把商品置于准备使用的环境气氛之中的效果是不一样的，后者往往更能吸引读者。因为，对待任何一种产品，人们都有一种希望通过尝试来鉴别商品优劣的心理状态。

④ 表现正在使用商品的插图类型。一件商品静止时只能给消费者留下有限的印象，如果表现商品正在使用的情形，消费者就可以透过插图感觉使用商品能给自己带来的收益。

2. 文字要素

文字是广告信息传递最直接的方式，配合使用图形要素来实现广告主题的创意，具有引起注意、传播信息、说服对象的作用。广告版面中的文字要素包括标题、正文、广告语和附文四大类。

1）标题

标题是表达广告主题的短文，一般在平面广告设计中起了画龙点睛的作用，获取瞬间的打动效果。标题运用文字的手法，以生动精彩的短句和一些形象夸张的手法来唤起消费者的购买欲望，不仅要引起消费者的注意，还要打动消费者的心。标题不一定是一个完整的句子，应是简洁明了、易记和概括力强的短语（有的广告标题只用一两个字的短语），它是广告文字中最重要的部分。

标题从形式上可分为引题、正题、副题和旁题等。

2）广告正文

正文即广告的说明文，说明广告中需要传播的信息内容，具体阐述、介绍产品或服务，说明、解答、鼓动和号召的作用。正文在内容的撰写上要通俗易懂、内容真实、文笔流畅、概括力强，常常利用专家的证明、名人的推荐、名店的选择等内容来抬高档次，或是通过销售成绩和获奖情况等内容来树立企业的信誉度。

3）广告语

广告语也称标语，是配合广告标题来加强商品形象的短句，在整体广告策略的某个阶段内将被反复使用。广告语是用来体现企业精神或宣传商品特征、吸引公众注意的专用宣传语句。为给大众留下深刻印象，广告语应顺口易读、富有韵味、具有想象力、指向明确、有一定的口号性和警告性。

4）广告附文

附文包括广告的公司名称、地址、邮编、电话、电报和传真号码等内容，它是为了方便公众与广告主取得联系，以便购买商品或获取服务，也是整个广告不可缺少的部分，通常被放置在整个片面下较次要的位置，也可以和商标放置在一起。

5）广告文字设计要点

（1）字体的选择。

① 注目性。广告字体应能引起消费者的注意。

② 根据设计要求选择字体。选择字体时，不能仅仅为突出字体，字体的种类、大小、轻重和繁简等要服从整个广告设计的需要，应着眼于那些富有表现力的字体。在突出插图广告设计中，文字牌从属、补充地位，起着衬托插图、加强对比的作用，所以最好选择比较核实或中性的字体。

③ 从主题内容出发选择字体。字体能使人产生联想，因此，在选择字体时要注意内容与字体在造型上包含或象征的意义相吻合。

④ 注意字体的和谐。在广告画面中往往有两种以上的字体同时存在，因此在选择字体时应注意不同文体之间的和谐。一般情况下，一幅广告中的字体不易太多，以免千万纷乱的感觉。

⑤ 广告用字需规范。文字是传达广告内容的重要手段，若用字体缺乏规范，就可能使人错误地理解广告内容或者根本看不懂。

（2）字体的运用。

① 印刷字体的运用。所有广告文字元素（标题、广告语、正文和附文）都适合于用印刷字体。在这四个元素中，正文和附文必须采用印刷体，标题也以印刷体为主，而广告语在一些特定情况下，为适应内容的需要，可适当考虑印刷体以外的其他字体。

（提示：从印刷体各类字体本身的特点来看，宋体较具有传统的特点，适合表现传统的内容；黑体是最大众化的字体，可表现任何广告内容；综世体和圆黑体具有极强的现代感适合表现现代的广告内容；综艺体由于笔画比较粗一般只适合标题等圈套字体的使用，而不适合于广告正文等较小文字的使用。）

② 装饰文字的运用。装饰文字是在印刷字体标准、规范的基础上，加上适当的艺术化处理，使文字的字体显得更艺术、美观和生动。同时，在装饰变化的过程中，可以使文字的造型与广告的内容更加吻合。但由于装饰字体在装饰变化过程中有可能使字体的可读性降低，所以装饰字体多用于广告标题、广告语的文字使用，很少用于正文的文字。

（注意：装饰字体的变化必须在印刷体的基础上，必须与广告内容紧密结合。

③ 书法字体的运用。书法字体比装饰字体更具有艺术性和生动性。不同民族由于书写习惯和书写方式以及书写工具的不同,从书法字体中所体现出的民族性是十分明显的。因此，书法字体对于一些有特别意义和风格的广告内容是很适用的。例如，宣传民族文化、地方土特产品、具有民族特色和传统优势的产品以及文化、艺术、书画展览的广告，利用书法字体来表现就极其恰当。

④ 字图的组合运用。以图形为主的广告，字体在视觉效果上就应服从于图形，处于从属的地位，字图要互相穿插重叠，有机地结合成一个整体，从而加强广告画面统一的视觉效果；如果以字体为主的广告，字体占主导地位，商品形象处于从属地位，就应该注意字体的排列以及图形位置的安排。

⑤ 字体对比组合的运用。字体的对比组合更能产生强烈的广告效果，更能引人注目。字体的对比主要包括风格各异的字体对比、大小不同的字体对比和笔画粗细的字体对比等。

平面广告设计为追求画面字体的对比效果，有时采用风格各异的字体，如粗壮的黑体与秀丽的宋体结合，或龙飞凤舞的草书与规范整齐的印刷字体结合。当两种字体同时出现在一幅广告画面上时，一定要把握住两种字体之间的对比程度和主次关系，切不可两种不同风格的字体平分秋色。另外，广告构成因素中也存在文字的明亮对比。文字的明度对比还可以通过文字排列的疏密来实现。

⑥ 字体和谐组合的运用。虽然对比的字体在广告文字设计中占有重要的地位，但和谐的字体组合同样也是广告文字设计必须考虑的。它一方面可以是对比组合的辅助手段，另一方面也是控制画面整体效果不可缺少的，对于一些特殊的广告也可以作为单独的手段来运用。

广告中和谐的字体组合主要包括相似风格的字体组合、相同大小的字体组合和相同明度的字体组合。广告画面设计中为追求整体感，通常采用同一风格的字体组合来加强文字大小和明度的对比变化，使其在整体和谐中层次清楚、主次突出。字体大小和明度的和谐则主要针对一些具体要素的处理。例如，在同一个标题、同一个个语和同一段正文中，就必须从字体的大小和明度上接近和谐，以达到同一内容在视觉传达上的整体感。

⑦ 字体排列组合的运用。标题、广告语、正文和附文不要连在一起，应保持一定的距离和空间，形成一定的疏密变化，观看时主次分明、条理清楚。一般的情况是标题和广告语应"疏"，而在正文的排列则应"密"。另外，在同一组文字内部，也同样应具有疏密的变化。例如，在正文的排列上，行距和文字的疏密安排、段与段之间的间隔等也极其重要。为了使广告画面生动活泼，常将广告文字（特别是标题文字）排列成各种形状，如弧线、斜线、竖排等形式。

（无论是字体的选择，还是字体的运用，都必须遵循"功能第一"，形式第二"的原则。不能只顾盲目追求华美的表现形式，而减弱以至丧失文字分析研究信息的功能。）

（3）广告文字在画面上的位置处理。

① 文字放置于广告画面的最顶部，可产生上升、轻快的视觉效果，同时也具有愉悦、适意的象征意义。因此，有关表现快乐、高兴、舒适的广告内容，文字最好排列在这个位置上。

② 文字放置在画面的正中心位置，具有极端安定、平稳、视觉强烈的表现效果。

③ 文字放置画面的最下端，具有下降、不稳定与沉重的视觉效果，有时也有哀伤和消沉的象征意义。

④ 文字放置在画面的左端或右端具有极不平衡的感觉，但这种不平衡感对于文字的突出也非常有效。

（4）广告文字的一般编排形式。

① 轴线左置的排列：每行文字的左边对齐，右边不齐。开头整齐排列，便于读者阅读，是常用的排列方法。

② 轴线右置的排列：每行文字的右边对齐，左边不齐。这种排法，适合于文字行数较少时使用，否则将不便阅读，影响广告效果。

③ 轴线中置的排列：把文字的轴线中置，每行文字以中轴线左右对称，形成绝对对称的文字排列。当广告文字内容对比较多时，可增加一条轴线，形成两条轴线的排列方式。

④ 传统书写形式排列：每行文字都既齐左，也齐右，每段文字的开头都要空两格，然

后顺次排列。

6.2.3 平面设计广告创意常用表现方法

1. 视觉冲击法

这是一种最常见的表现手法。它将产品或主题直接如实地展示在广告版面上，充分运用摄影或绘画等技巧的写实表现能力。细致刻画和着力渲染产品的质感、形态和功能用途，将产品精美的质地引人入胜地呈现出来，给人以逼真的现实感，使消费者对所宣传的产品产生一种亲切感和信任感。

这种手法由于直接将产品推向消费者面前，所以要十分注意画面上产品的组合和展示角度，应着力突出产品的品牌和产品本身最容易打动人心的部位，运用色光和背景进行烘托，使产品置身于一个具有感染力的空间，这样才能增强广告画面的视觉冲击，如图 6-1 所示。

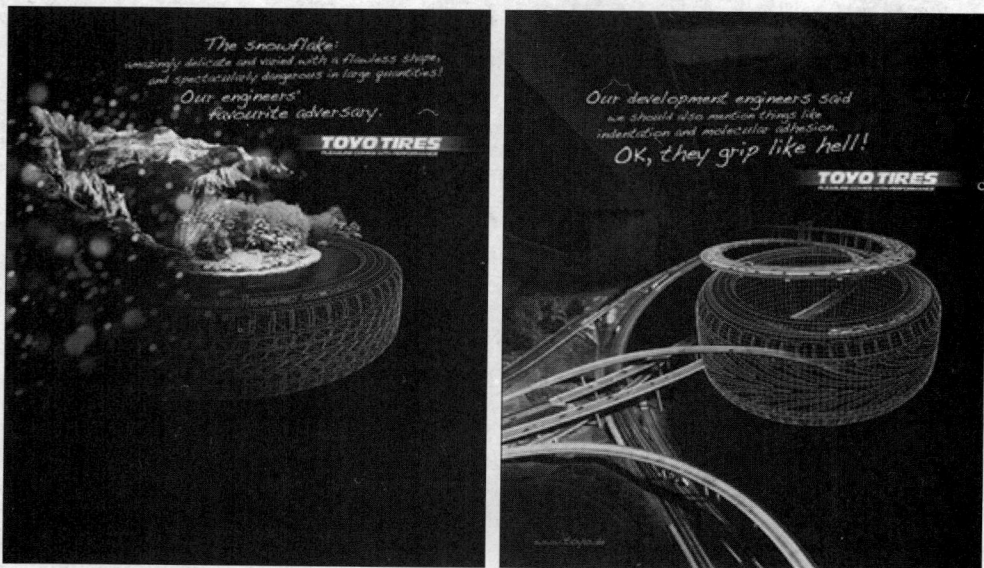

图 6-1　广告的视觉冲击力

2. 对比衬托法

对比是一种趋向于对立冲突的艺术美中最突出的表现手法。它把作品中所描绘的事物的性质和特点放在鲜明的对照和直接对比中来表现，借彼显此，互比互衬，从对比所呈现的差别中，达到集中、简洁、曲折变化的表现。通过这种手法更鲜明地强调或提示产品的性能和特点，给消费者以深刻的视觉感受。

作为一种常见的行之有效的表现手法，可以说，一切艺术都受惠于对比表现手法。对比手法的运用，不仅使广告主题加强了表现力度，而且饱含情趣，扩大了广告作品的感染力。对比手法运用的成功，能使貌似平凡的画面处理隐含着丰富的意味，如图 6-2 和图 6-3 展示了广告主题表现的不同层次和深度。

图 6-2　广告的对比手法运用 A

图 6-3　广告的对比手法运用 B

3. 富于幽默法

幽默法是指广告作品中巧妙地再现喜剧性特征，抓住生活现象中局部性的东西，通过人们的性格、外貌和举止的某些可笑的特征表现出来。

幽默的表现手法，往往运用饶有风趣的情节，巧妙的安排，把某种需要肯定的事物，无限延伸到漫画的程度，造成一种充满情趣，引人发笑而又耐人寻味的幽默意境。幽默的矛盾冲突可以达到出乎意料之外，又在情理之中的艺术效果，勾引起观赏者会心的微笑，以别具一格的方式，展示了其发挥艺术感染力的作用，如图 6-4 所示。

4. 合理夸张法

借助想象，对广告作品中所宣传的对象的品质或特性的某个方面进行相当明显的过分夸大，以加深或扩大这些特征的认识。文学家高尔基指出："夸张是创作的基本原则。"通过这种手法能更鲜明地强调或揭示事物的实质，加强作品的艺术效果。

夸张是一般中求新奇变化，通过虚构把对象的特点和个性中美的方面进行夸大，赋予人们一种新奇与变化的情趣。

按其表现的特征，夸张可以分为形态夸张和神情夸张两种类型，前者为表象性的处理品，后者则为含蓄性的情态处理品。通过夸张手法的运用，为广告的艺术美注入了浓郁的感情色彩，使产品的特征性鲜明、突出、动人，如图 6-5 所示。

图 6-4　广告的幽默表现手法

图 6-5　广告的夸张表现

5. 突出特征法

突出特征的手法也是人们常见的，运用得十分普遍的表现手法，是突出广告主题的重要手法之一，有着不可忽略的表现价值。在广告表现中，这些应着力加以突出和渲染的特征，一般由富于个性产品形象、与众不同的特殊能力、厂商的企业标志和产品的商标等要素来决定。

运用各种方式抓住和强调产品或主题本身与众不同的特征，并把它鲜明地表现出来，将这些特征置于广告画面的主要视觉部位或加以烘托处理，使观众在接触言辞画面的瞬间即很快感受到，对其产生注意和发生视觉兴趣，达到刺激购买欲望的促销目的，如图6-6所示。

图 6-6　广告的突出特诊表现

6.2.4　平面广告制作流程

平面广告设计制作过程是有计划、有步骤的渐进和不断完善的过程，设计的成功与否很大程度上取决于设计理念是否准确、考虑是否完善。

1. 调查

调查是了解事物的过程，是设计的开始和基础。设计需要的是有目的的和完善的调查，包括背景调查、市场调查、行业调查（主要包括品牌、销售群体和产品背景等多项内容）、产品定位调查和表现手法调查等。

2. 设计理念

构思立意是设计的第一步，在设计中创意比一切更重要。理念一向独立于设计之上，在礼堂作品中一定要传达出设计理念。

3. 确定内容

广告内容分为主题和具体内容两部分。

4. 调动视觉元素

在设计中各个视觉元素相当于作品的构件，每一个元素都要有传递和加强传递信息的目的。真正优秀的设计师往往很"吝啬"，每动用一种元素都会从整体需要出发去考虑。在一个版面之中，构成元素可以根据类别来进行划分，如可以分为标题、内文、背景、色调、主体图形、留白和视觉中心等。平面设计就是把不同视觉元素进行有机结合的过程。在版式中常常借助的框架（也叫骨骼）有很多种形式，有规律框架和非规律框架、可见框架和隐性框架之分。在字体元素中，对于字体和字形的选择和搭配的好坏也是非常有讲究的，选择字体风格的过程就是一个美学判断的过程。在色彩这一元素的使用上，能体现一个设计师对色彩的理解和修养。色彩是一种语言（信息），具有感情，能让人产生联想，能让人感到冷暖、前后、轻重、大小等。善于调动视觉元素是设计师必备的能力之一。

5. 选择表现手法

手法即是技巧，在视觉产品泛滥的今天要把消费众体打动并非易事，更多的视觉作品常会被人们的眼睛自动忽略。把信息传递出去的常用手法有以下几种。

（1）以传统美学去表现的设计方法。

（2）用新奇的或出其不意的方式进行表达（包括在材料上）。

（3）疯狂的广告投放量，进行地毯式的强行轰炸。

图形的处理和表现手法常用的有对比、类比、夸张、对称、主次、明暗、变异、重复、矛盾、放射、节奏、粗细、冷暖、面积等形式；效果上有手绘类效果，如油画、铅笔、水彩、版画、蜡笔、涂鸦、摄影、老照片等。选择其中的哪一种主要取决于设计的目的地和目标群体以及设计者的设计水平。

6. 确定平衡手法

平衡能带来视觉及心理的满足，设计师要解决画面中力场的平衡、前后衔接的平衡。平衡与不平衡是相对的，以是否达到主题要求为标准。平衡分为对称平衡和不对称平衡，包括点、线、面、色和空间的平衡。平衡感是设计师构图所必需的能力。

7. 确定出彩点

通过创造出视觉兴奋点来升华作品。

8. 制作

完成上述调查和广告构思后即可开始在平面设计软件中制作广告作品，具体步骤如下：

（1）准备素材（扫描或直接从素材库获取）。

（2）用 Photoshop 编辑图片，包括修改、校色、拼接等，处理完毕一定要转为 300dpi 的 CMYK 的 TIF 或 EPS 文件。

（3）用矢量制图软件制作图形，完成后存储为 CMYK 的 EPS 文件。

（4）用纯文本编辑器编写文本文件。

（5）将全部的素材准备好后，用排版软件将它们组合起来。

（6）处理陷印问题。

（7）打样、校稿、修改错误。

（8）用 PostScript 打印机输出，测试输出可靠性。

（9）准备输出档案，包括使用平台、所用软件、所用的文件、所用字体、字体列表和位置及对输出的要求等。

（10）将所有文件（包括所用字体）拷入 MO 或 CDR 中，连同输出文档一并送给输出公司。

（11）检查项目包括图形、字体、内文、色彩编排、比例、出血……要求视觉的想象力和效果要赏心悦目，而更重要的是被众人理解并接受。

6.3　任务实施

任 务 内 容	实 施 环 境
广告设计	Photoshop

设计效果如图 6-7 所示。

（1）新建文档系数：783×282px、分辨率72、色彩模式为RGB，具体细节如图6-8所示。

图6-7 V2广告设计

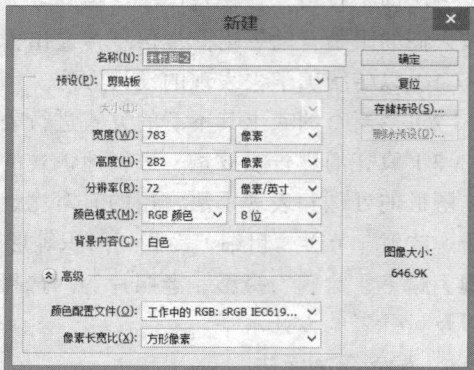

图6-8 新建文档参数

（2）利用渐变工具，进行渐变。前景色为#b33b07、背景色为#2a0f03，具体细节如图6-9所示。

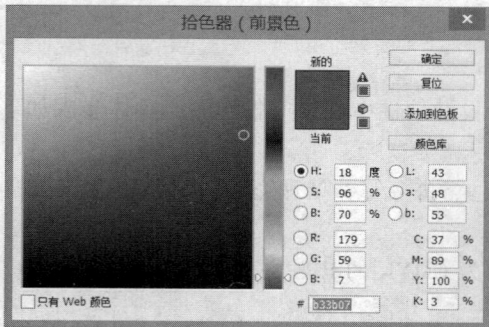

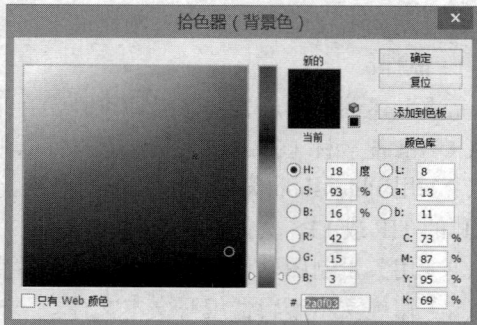

图6-9 前景色及背景色设置

（3）新建图层，利用文字工具输入字体"V"，设置透明度为40%，如图6-10所示。

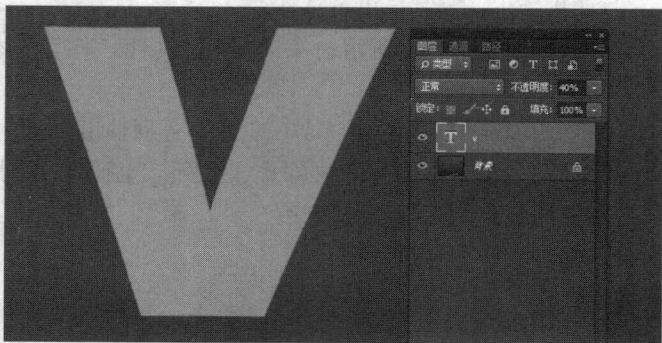

图6-10 输入V字

（4）完成文字"V"的图层样式，如图6-11所示。

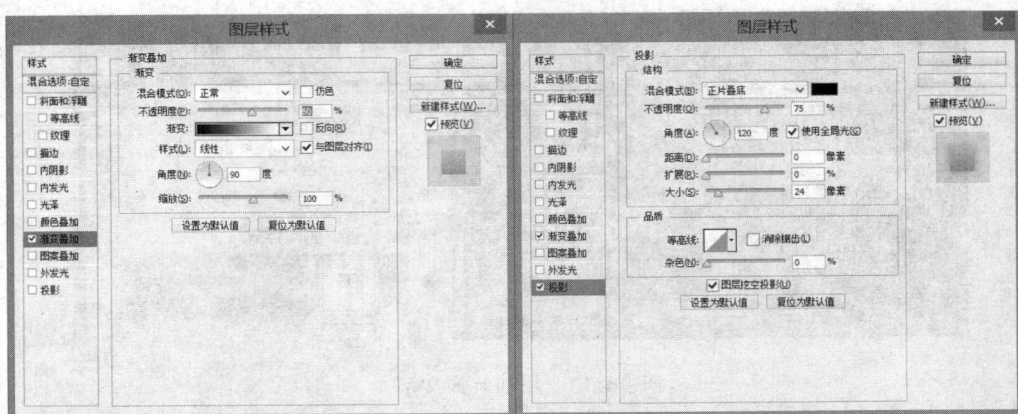

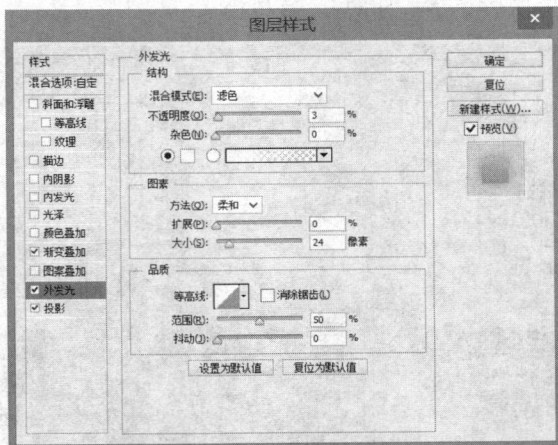

图 6-11　V 子图层样式设置

得到效果如图 6-12 所示。

图 6-12　V 子设置效果

（5）周边放小字母"LAO HEI"进行装饰，小字也要图层样式，透明度改成 30%，如图 6-13 所示。

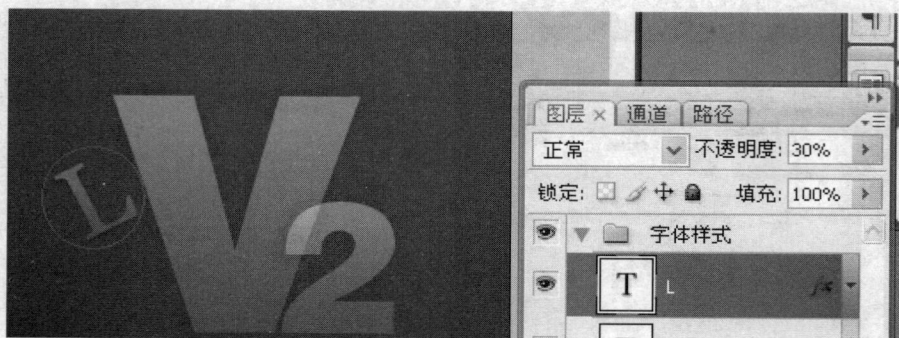

图 6-13　添加装饰文字

（6）设置周边小字的图层样式，如图 6-14 所示。

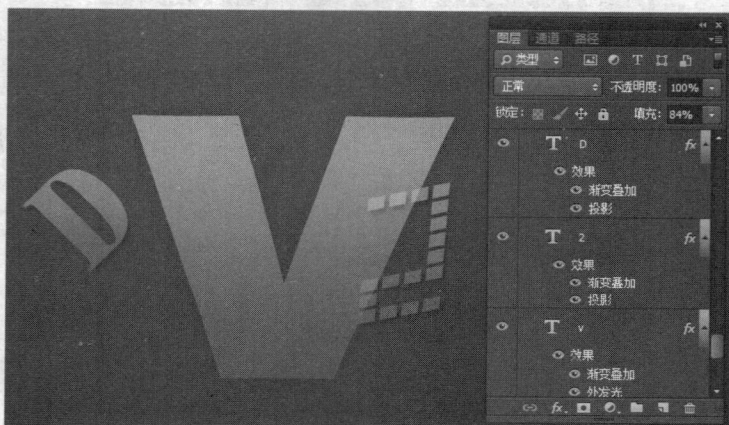

图 6-14　添加装饰文字

（7）用画笔工具，前景色白色，在底部单击，设置发光点，如图 6-15 所示。

图 6-15　设置发光点

然后按【Ctrl+T】组合键，自由变换，调整成如图 6-16 所示的发光元素变形。

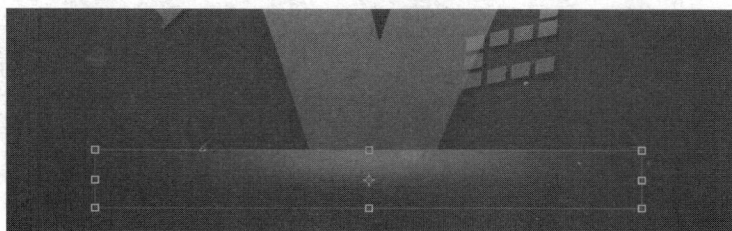

图 6-16　发光元素变形

（8）用画笔画出图 6-17 所示的效果，不过这次是在中间部位添加光源。

图 6-17　添加光源

用自由变换来调整得到图 6-18 所示的效果。

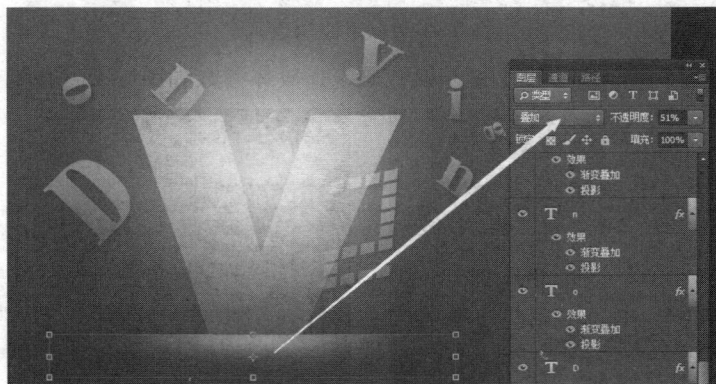

图 6-18　发光元素变换

（9）把图层设置成"叠加"，调整底部光源细节，如图 6-19 所示。

这样效果不是很明显，可以复制几个图层来得到更好的效果，可继续利用画笔工具进行添加。

（10）设置成叠加模式，复制和移动这个图层，达到如图 6-20 所示的图层模式效果。

图 6-19　调制底部光源细节

图 6-20　设置图层模式

（11）利用画笔工具，按【F5】键来设置画笔，具体参数如图 6-21 所示。

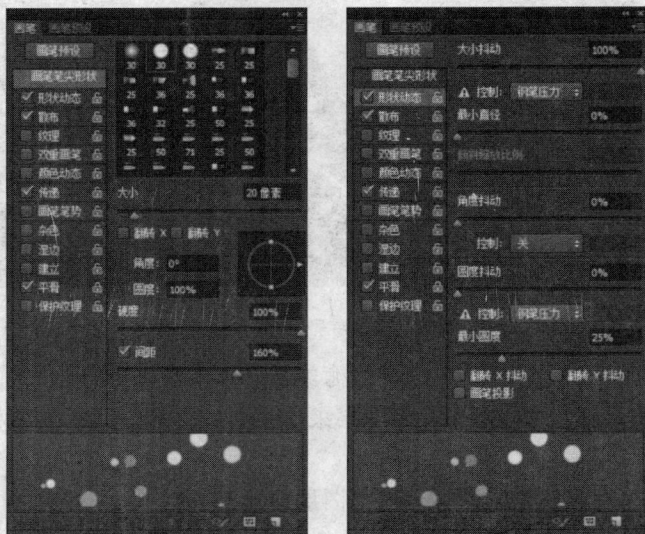

图 6-21　笔刷参数

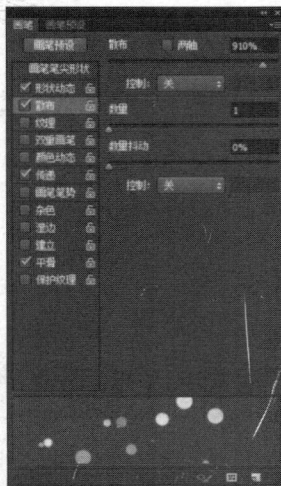

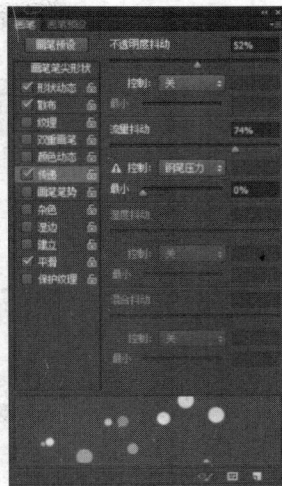

图 6-21　笔刷参数（续）

（12）使用笔刷搭配过后的效果如图 6-22 所示。

（13）继续使用画笔工具得到如图 6-23 所示的效果。

图 6-22　应用笔刷添加斑点

图 6-23　添加点光源

用变形操作进行变形，如图 6-24 所示。

图 6-24　变形光效

（14）接下来继续装饰，光效如图 6-25 所示。

图 6-25　光效

注意以上的效果只能是叠加才能达到这个效果。

（15）用色彩平衡来调整颜色，具体参数如图 6-26 所示。

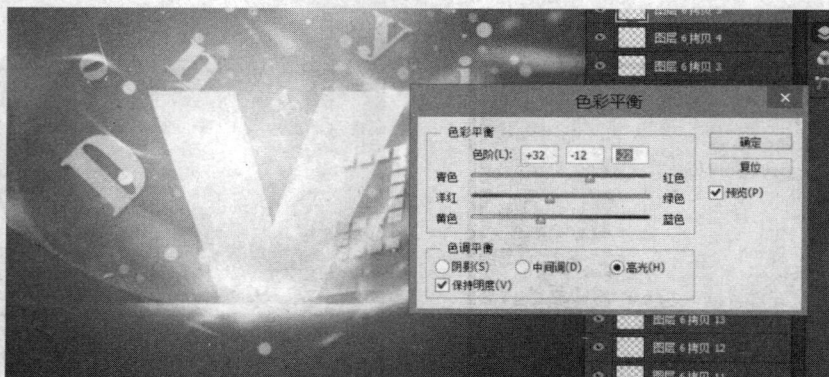

图 6-26　色彩平衡调整

（16）把所有图层复制一遍，合并成一个新的图层，滤镜设置如图 6-27 所示。

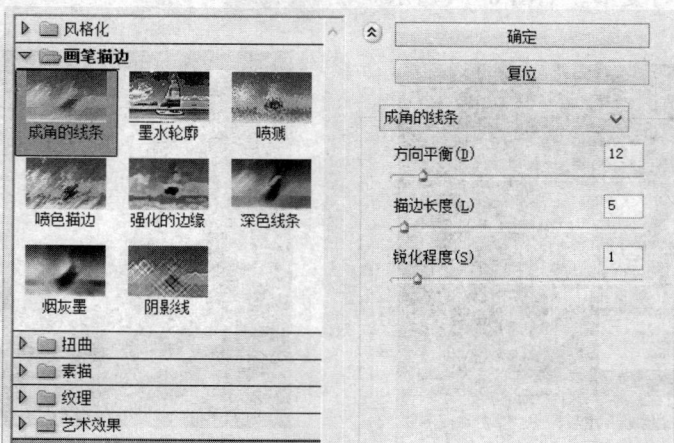

图 6-27　滤镜设置

根据以上参数，广告设计最终效果如图 6-28 所示。

图 6-28　广告设计

任务 ⑦

→ **平面排版与印前设计**

在平面设计领域，排版与印前设计是能够将设计作品完美呈现的重要环节，设计的成功与否集中体现于最终的输出。

排版属于印前制作工作的范畴，因为像书册杂志具有一定标准性和行业规范性，使得这种方法具有一定的技巧性和执行性。目前，大部分的印刷厂对于书册杂志的印刷拼版工作还大多处于手工拼版的方式，但随着电子数码排版技术的逐步推广，计算机排版必将取代手工拼版的作业行为。对于计算机排版软件的选用，目前国内大部分的制作人员都是选用 PageMaker、北大方正以及一些图形类如 CorelDRAW、Illustrator、FreeHand 等软件，部分外资企业正在向内地制作人员传授引进一些更先进科学的专业排版软件，如 QuarkXPress 等。

7.1　　任务描述

本任务选用目前国内应用的最为广泛的图形图像与排版相结合的一种大型专业性软件 CorelDRAW，以画册为载体，将从排版的样式、原则、排版软件的使用方法及如何实现优秀的版面设计进行逐一阐述，从中贯穿了页面的构成理论、图片理论、文字组合理论知识，使读者学有所依。本任务主要完成以 CorelDRAW X6 为排版软件进行画册的具体排版设计，设计中要遵循排版面设计规范，达到设计要求。

7.2　　相关知识

构图是一个优秀的版面设计的关键。做好这一点，需要遵循一定的原则及掌握一些技巧。主要包括以下几个方面：设计版面构成原则、对称和平衡、重复和群化、节奏和韵律、对比和变化。

7.2.1　设计版面构成原则

艺术性与装饰性、思想性与单一性、趣味性与独创性、整体性与协调性，是版面构成的四大原则。

1. 艺术性与装饰性

为了使版面构成更好地为版面内容服务，寻求合乎情理的版面视觉语言则显得非常重要，也是达到最佳诉求的体现。构思立意是设计的第一步，也是设计作品中所进行的思维活动。主题明确后，版面色图布局和表现形式等则成为版面设计艺术的核心，也是一个艰辛的创作过程。怎样才能达到意新、形美、变化而又统一，并具有审美情趣，这就要取决于设计者文化的涵养。所以说，版面构成是对设计者的思想境界、艺术修养、技术知识的全面检验。

版面的装饰因素是文字、图形、色彩等通过点、线、面的组合与排列构成的，并采用夸张、比喻、象征的手法来体现视觉效果，既美化了版面，又提高了传达信息的功能。装饰是运用审美特征构造出来的。不同类型的版面信息，具有不同方式的装饰形式，它不仅起着排除其他，突出版面信息的作用，而且又能使读者从中获得美的享受。

2. 思想性与单一性

版面设计本身并不是目的，设计是为了更好地传播客户信息的手段。设计师以往中意自我陶醉于个人风格以及与主题不相符的字体和图形中，这往往是造成设计平庸失败的主要原因。一个成功的版面构成，首先必须明确客户的目的，并深入去了解、观察、研究与设计有关的方方面面。简要的咨询则是设计良好的开端。版面离不开内容，更要体现内容的主题思想，用以增强读者的注目力与理解力。只有做到主题鲜明突出，一目了然，才能达到版面构成的最终目标。主题鲜明突出，是设计思想的最佳体现。

平面艺术只能在有限的篇幅内与读者接触，这就要求版面表现必须单纯、简洁。对过去的那种填鸭式的、含意复杂的版面形式，人们早已不屑一顾了。实际上强调单纯、简洁，并不是单调、简单，而是信息的浓缩处理、内容的精炼表达，这是建立于新颖独特的艺术构思上。因此，版面的单纯化，既包括诉求内容的规划与提炼，又涉及版面形式的构成技巧。

3. 趣味性与独创性

版面构成中的趣味性，主要是指形式美的情境。这是一种活泼性的版面视觉语言。如果版面本无多少精彩的内容，就要靠制造趣味取胜，这也是在构思中调动了艺术手段所起的作用。版面充满趣味性，使传媒信息如虎添翼，起到了画龙点睛的传神功力，从而更吸引人、打动人。趣味性可采用寓言、幽默和抒情等表现手法来获得。

独创性原则实质上是突出个性化特征的原则。鲜明的个性，是版面构成的创意灵魂。试想，一个版面多是单一化与概念化的大同小异，人云亦云，可想而知，它的记忆度有多少？更谈不上出奇制胜。因此，要敢于思考，敢于别出心裁，敢于独树一帜，在版面构成中多一点个性而少一些共性，多一点独创性而少一点一般性，才能赢得消费者的青睐。

这种独特的版面诉求，能给读者以视觉的惊喜。

4. 整体性与协调性

版面构成是传播信息的桥梁，所追求的完美形式必须符合主题的思想内容，这是版面构成的根基。只讲表现形式而忽略内容，或只求内容而缺乏艺术表现，版面都是不成功的。只有把形式与内容合理地统一，强化整体布局，才能取得版面构成中独特的社会和艺术价值，才能解决设计应说什么，对谁说和怎么说的问题。

强调版面的协调性原则，也就是强化版面各种编排要素在版面中的结构以及色彩上的关联性。通过版面的文、图间的整体组织与协调性的编排，使版面具有秩序美、条理美，从而获得更良好的视觉效果。

7.2.2 版面构图之对称和平衡

对称是图案沿中轴左右或上下重复的状态。在自然界中，到处可以看见对称的形式，如蝴蝶、蜻蜓、树叶、花朵，等等，如图7-1所示。

图 7-1　对称 A

　　对称的形态在视觉上有自然、安定、均匀、协调、整齐、典雅、庄重的朴素美感，很符合人们的视觉习惯。所以在生活中，经常会用到对称图形。例如，过节时点的红灯笼、各种各样的标志图案，等等，如图7-2所示。

图 7-2　对称 B

对称图形由于过于完美，缺少变化，会给人一种呆滞，单调的感觉。所以，人们会在保持平衡的前提下，改变其部分元素，使画面具有变化性。由于事物在运动中，时常处于不对称的状态，便出现了各式各样的不对称的平衡现象，如图7-3所示。

图 7-3 对称 C

平衡相对于对称具有更为丰富的形态。当画面的对称关系被打破时，可以调整力的重心使画面达到力的平衡。

力的平衡可以分为以下三种情况，如图7-4所示。

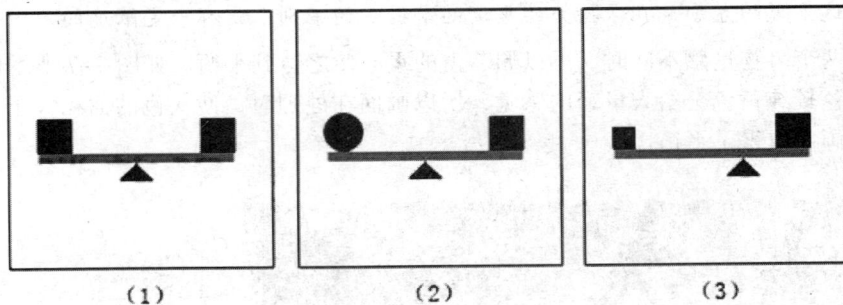

（1）　　　　　（2）　　　　　（3）

图 7-4 平衡

（1）当两个事物相同时，力的重心位于两个事物的中间位置，形成了绝对的平衡关系，也称为对称。如图7-5所示的广告作品中，采用了对称的形式，使画面达到了绝对的平衡关系，给人一种安定平和的形式美感。

（2）当两个事物量感达到平衡时，形象上可以有所差别。如图7-6所示的汽车广告中，位于汽车左右的字母，虽然形象上不同，但却给人同样的重量感觉。这样处理的画面，不仅具有了变化性同时又使其保持了平衡性。

图 7-5　平衡 A

图 7-6　平衡 B

注意：这里说的差别是在保持力的平衡的前提下的差别，是有一定限度的。

（3）当两个事物量感不同时，可以调节力的重心使之达到平衡。如图 7-7 所示的广告作品中，浅灰色较纯黄色会给人量轻的感觉，所以画面在处理时，使灰色的面积大于黄色的面积，从而使画面取得了平衡。

图 7-7　平衡 C

注意：在遇到这种情况时，可以通过调节大小、色彩、位置使画面达到平衡。

1. 对称和平衡的基本形式

对称和平衡可以造成人们视觉上的满足，所以在生活和设计中应用是十分广泛的。对称和平衡的基本的形式概括为以下四种。

1）反射

反射是相同形象在左右或上下位置的对应排列，这是对称和平衡最基本的表现形式，如图7-8所示。

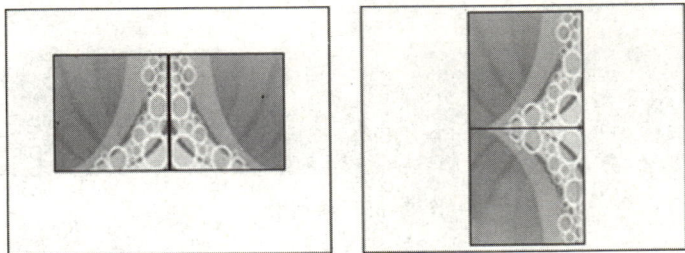

图7-8　反射A

反射这一基本形式在广告中的应用是十分广泛的。如图7-9所示的插画设计中，运用了左右位置的对应排列，给人强烈的形式美感。

图7-9　反射B

2）移动

移动是在不改变形象总体保持平衡的条件下，局部变动位置。移动的位置要注意适度，不能打破了画面的平衡，如图7-10所示。

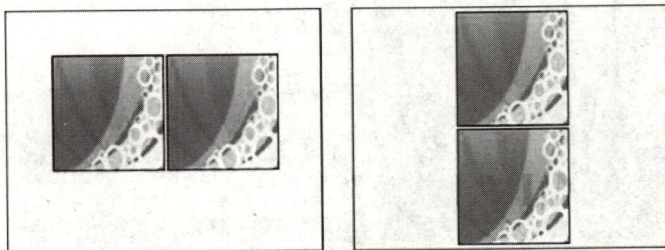

图7-10　移动A

例如，在如图 7-11 所示的海报设计中，采用了移动的基本形式，给人一种连绵不绝的想象力。

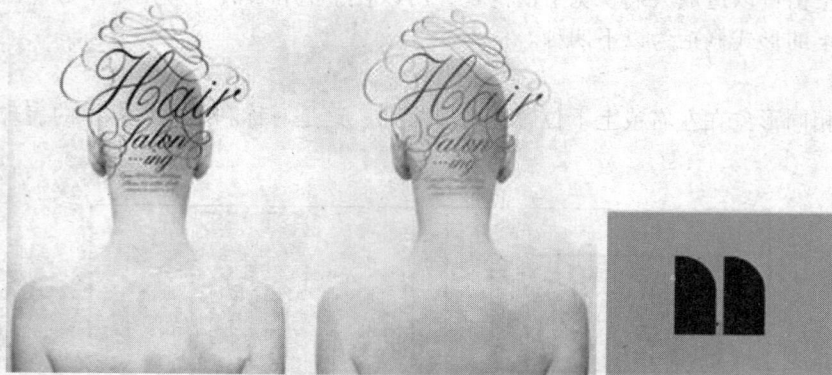

图 7-11　移动 B

3）回转

回转是在反射或移动的基础上，将基本形进行一定角度的转动，增加形象的变化。这种构成形式，主要表现为垂直与倾斜或水平的对比。但在总体效果上，必须达到平衡，如图 7-12 所示。

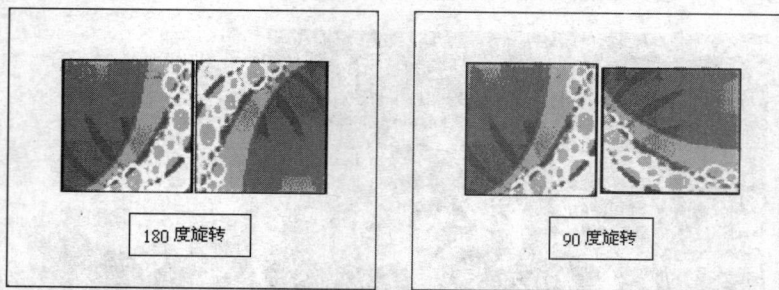

180 度旋转　　90 度旋转

图 7-12　回旋 A

在如图 7-13 所示的海报设计中，运用了回转的基本形式，使形象在统一的基础上又不乏变化。

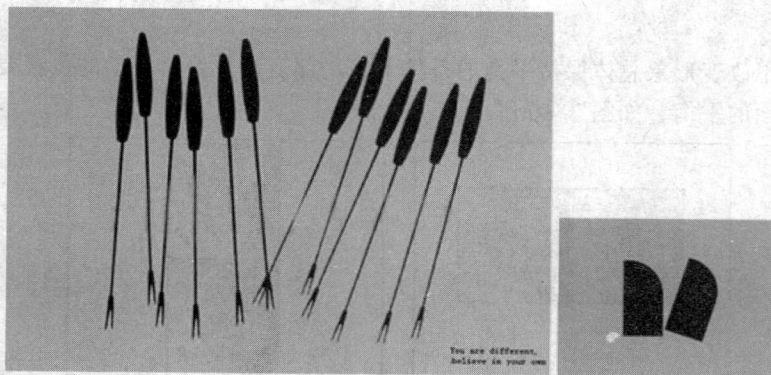

图 7-13　回旋 B

4）扩大

扩大就是扩大其部分基本形，形成大小对比的变化，使其形象既有变化，又达到平衡的效果，如图 7-14 所示。

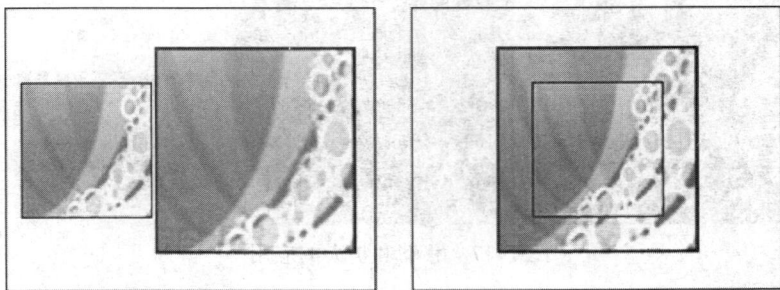

图 7-14　扩大 A

在如图 7-15 所示的招贴设计中，灵活地运用了扩大的基本形式，形成了大小的对比变化，增加了画面的延伸感。

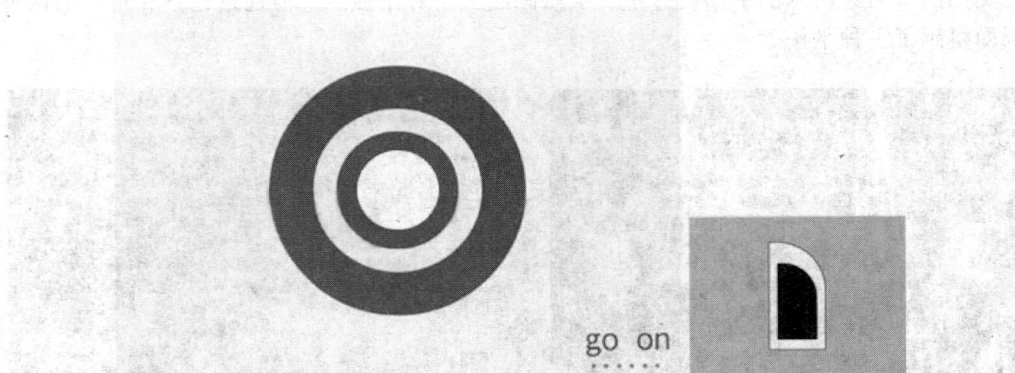

go on

图 7-15　扩大 B

在实际运用中，常用两种或两种以上的基本形式进行灵活的结合运用，使画面效果更加的丰富且具有变化，如图 7-16 所示。

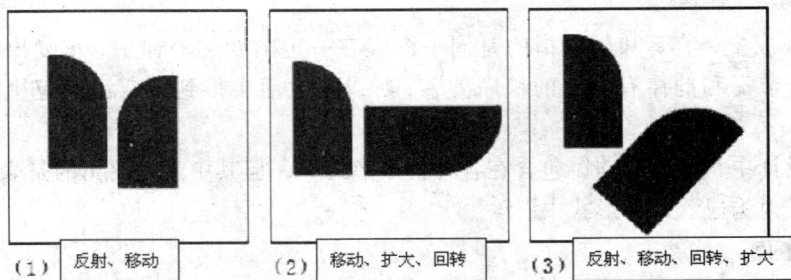

（1）反射、移动　　　　（2）移动、扩大、回转　　　　（3）反射、移动、回转、扩大

图 7-16　多种构成

如图 7-17 所示的海报设计中，采用了移动和扩大两种基本形式，使画面更具有层次和变化。

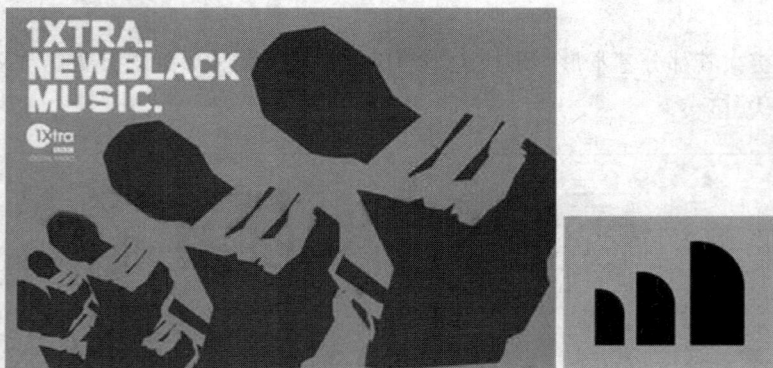

图 7-17　移动和扩大的应用

2. 对称和平衡在设计中的应用

对称和平衡是设计中最基本的形式，在设计中可以灵活的应用，以达到自己所想要的效果。如图 7-18 所示的汽车广告设计中，采用了对称的形式，使画面给人一种稳定祥和的感觉，具有很强的秩序美感。

又如图 7-19 所示的平面设计中，虽然画面大小对比强烈，但通过色彩和重心的调整，使画面得到了一种平衡感。

图 7-18　对称和平衡在设计中的应用

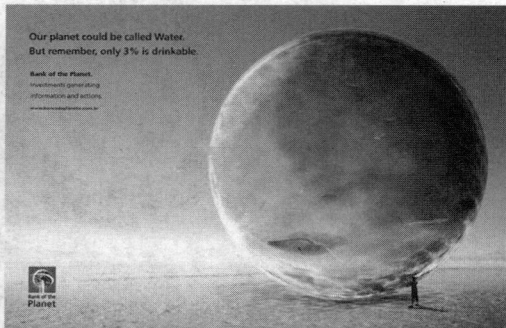

图 7-19　大小对比的应用

7.2.3　版面构图之节奏和韵律

在版面构成中，节奏和韵律指的是同一图案在一定的变化规律中，重复出现所产生的运动感。由于节奏和韵律有一定的秩序美感，所以在生活中得到了广泛的应用，如图 7-20 所示。

在平面设计中，节奏和韵律包含在各种构成形式中，但其中最为突出的是表现在"渐变构成"和"发射构成"两种形式中。

1. 渐变构成

渐变是指以类似的基本形或骨骼，渐次地、循序渐进地逐步变化，呈现一种有阶段性的、调和的秩序。这种表现形式，在日常生活中是极为常见的。采用渐变形式所构成的建筑结构，具有很强的节奏感和韵律美，如图 7-21 所示。

图 7-20　节奏与韵律

图 7-21　渐变构成

渐变形式是多方面的，包括大小的渐变、间隔的渐变、方向的渐变、位置的渐变和形象的渐变，等等。

1）大小的渐变

依据近大远小的透视原理，将基本形作大小序列的变化，给人以空间感和运动感，如图 7-22 所示。

如图 7-23 所示的广告设计作品，采用了大小的渐变方法，使画面更具有张力和延伸度。

图 7-22　大小渐变构成 A

图 7-23　大小渐变构成 B

2）间隔的渐变

按一定比例渐次变化，产生不同的疏密关系，使画面呈现出明暗调子，如图 7-24 所示。

如在图 7-25 所示的广告设计作品中，采用了大小和间隔的双重渐变方法，增强了画面的节奏感和韵律感。

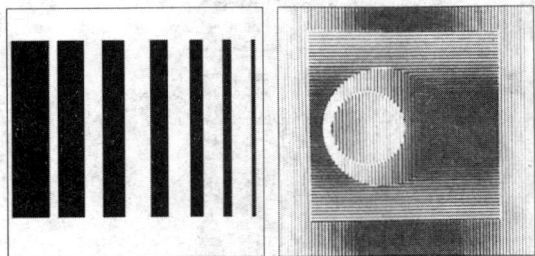

图 7-24　间隔渐变

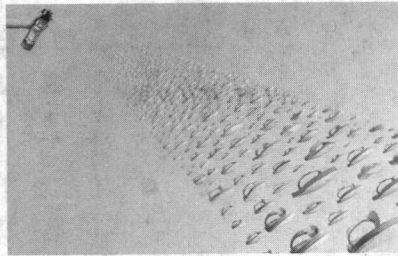

图 7-25　间隔渐变的应用

3）方向的渐变

将基本形做方向、角度的序列变化，使画面产生起伏变化，增强了画面的立体感和空间感，如图7-26所示。

如图 7-27 所示的广告设计作品，采用了方向的渐变方法，增加了画面的空间感，给人一种韵律美。

图 7-26　方向渐变

图 7-27　方向渐变的应用

4）位置的渐变

将部分基本形在画面中的位置做有序的变化，会增加画面中动的因素，使画面产生起伏波动的视觉效果，如图7-28所示。

图 7-28　位置渐变

图 7-29 运用依次改变瓶子角度的方法，使瓶子上的图案也发生了位置变化，从而增加了画面的起伏感。

图 7-29　位置渐变的应用

5）形象的渐变

形象的渐变是指从一种形象逐渐过渡到另一种形象的手法，可以增强画面的欣赏乐趣，如图 7-30 所示。

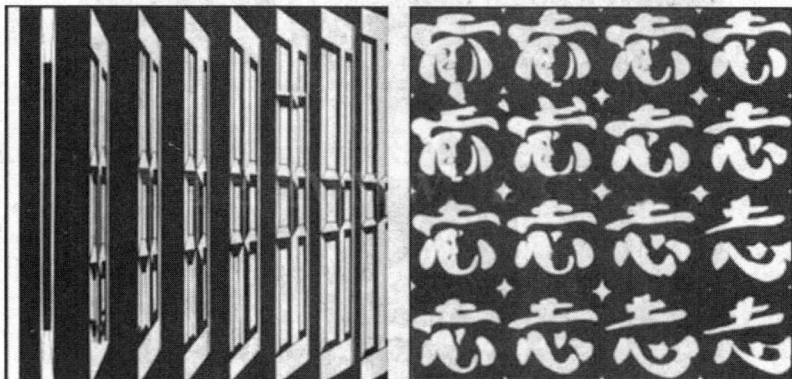

图 7-30　形象渐变

图 7-31 从剪刀的形态过渡到人体的形态，增加了画面的风趣感。

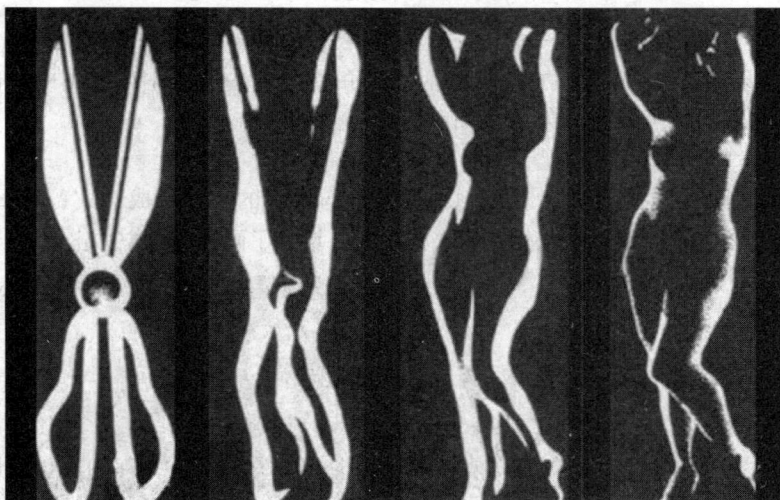

图 7-31　形象渐变的应用

除此之外，渐变形式还包括自然形态的渐变、色彩的渐变、明度的渐变等，这里将不再一一介绍。在实际运用中，可以将这些形式结合运用，取得更加丰富且具有变化的画面效果。

2. 发射构成

发射是一种特殊的重复，是基本形或骨骼单位环绕一个或多个中心点向外散开或向内集中。在生活中经常看到发射构成的图像，例如自然界盛开的花朵，绽放的烟火等等，如图 7-32 所示。

图 7-32 发射构成

发射具有两个显著的特征：一个是发射具有很强的聚焦点，这个焦点通常位于画面的中央；另一个是发射具有一种深邃的空间感，使所有的图形向中心集中或者由中心向四周扩散。根据发射特征的不同，可以将发射构成归纳为以下几种。

1）离心式发射

这是一种发射点在中央部位，其发射线向外方向发射的一种构成形式，如图 7-33 所示。

如图 7-34 所示的广告设计，采用了离心式发射，增强了画面的视觉冲击力。

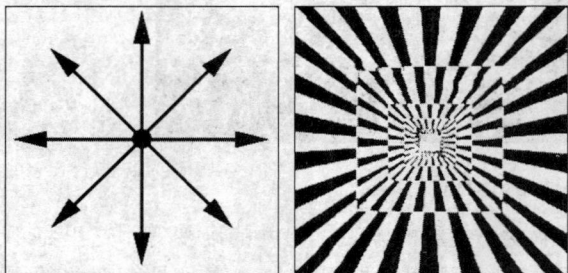

图 7-33 离心式发射 A

图 7-34 离心式发射 B

2）向心式发射

这是一种发射点在外部，从周围向中心发射的构成形式。这是与离心式相反方向的发射骨骼，如图 7-35 所示。

在图 7-36 所示的广告设计中，采用了向心式发射，把人们的视线引向了中间的标题内容，使广告主题更加突出。

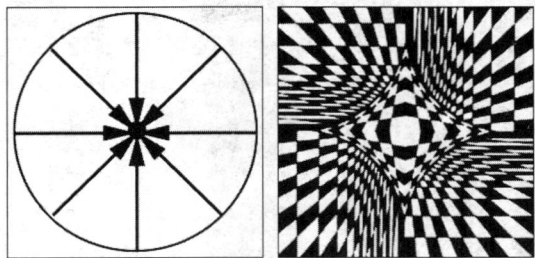

图 7-35　向心式发射 A

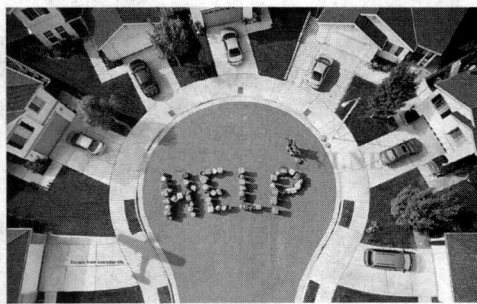

图 7-36　向心式发射 B

3）同心式发射构成

发射点从一点开始逐渐扩展，如同心圆渐变扩散所形成的重复形，如图 7-37 所示。

这种构成，由于主要放射线，都集中在一起，格式变动有较大的局限性。所以，在应用时可以结合其他形式，使画面效果更加丰富。在图 7-38 所示的广告设计作品中，不仅采用了同心式发射构成，还结合了不同间距、不同大小的色块进行对比，使画面更加具有变化性。

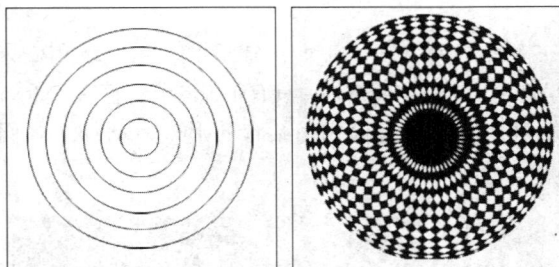

图 7-37　同心式发射 A

图 7-38　同心式发射 B

4）多心式发射构成

在一幅作品中，以多个中心为发射点，形成丰富的发射集团，如图 7-39 所示。

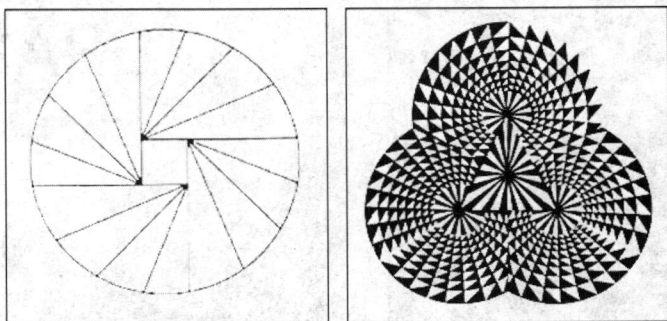

图 7-39　多心式发射 A

这种构成效果使画面具有明显的起伏感。如图 7-40 所示的平面设计作品中，多心式放射构成的应用，增加了画面的空间感。

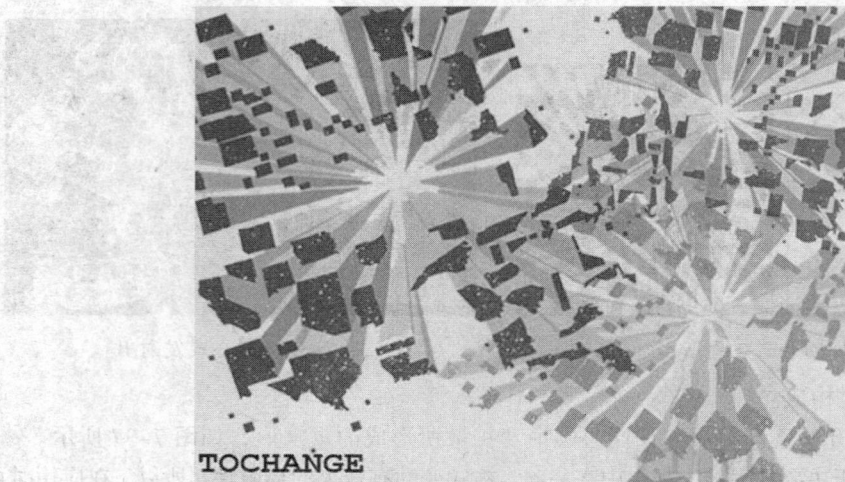

图 7-40　多心式发射 B

　　以上这些发射形式，在实际设计中可以综合使用。不同发射形式骨骼的叠用，可以取得丰富多变的效果，增强了画面视觉冲击力，但应注意结构清晰而有序。

　　3. 节奏和韵律在设计中的应用

　　在平面设计中，常常会运用到节奏和韵律这一构图技巧。例如，在图 7-41 所示的平面设计中，采用了方向渐变和位置渐变两种渐变方法，使画面呈现出三维的空间效果，具有很强的节奏感。

　　在图 7-42 所示的平面设计中，采用了发射构成和渐变构成相结合的形式，增加了画面的对比变化，突出了画面的节奏感和韵律感。

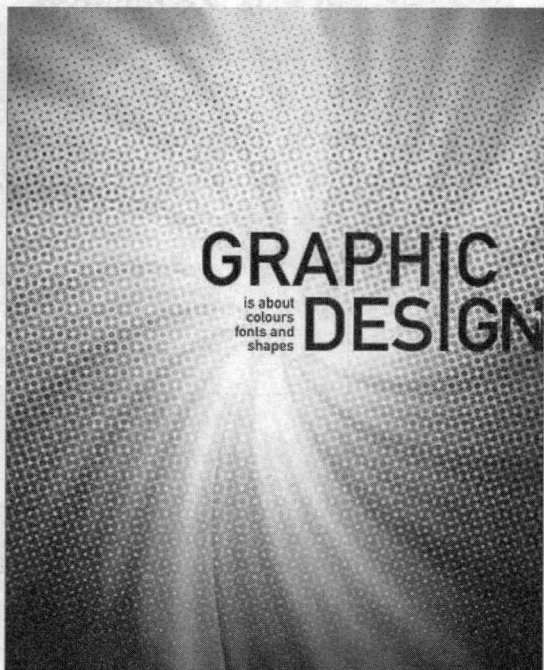

图 7-41　节奏感　　　　　　　　　　　　图 7-42　节奏与韵律的应用

7.2.4　版面构图之对比和变化

　　首先，我们可以通过生活中的一个现象来理解对比：在一个以平房为主体的小城镇，一座七八层的楼房就会显得很突出；如果在广州、上海这样的大城市，同样是七、八层的楼房就会显得一般了。同样高度的楼房，却因为周围环境的不同，而造成了不同的视觉感受。由此看来，对比在识别事物的过程中起着十分重要的作用，如图 7-43 所示。

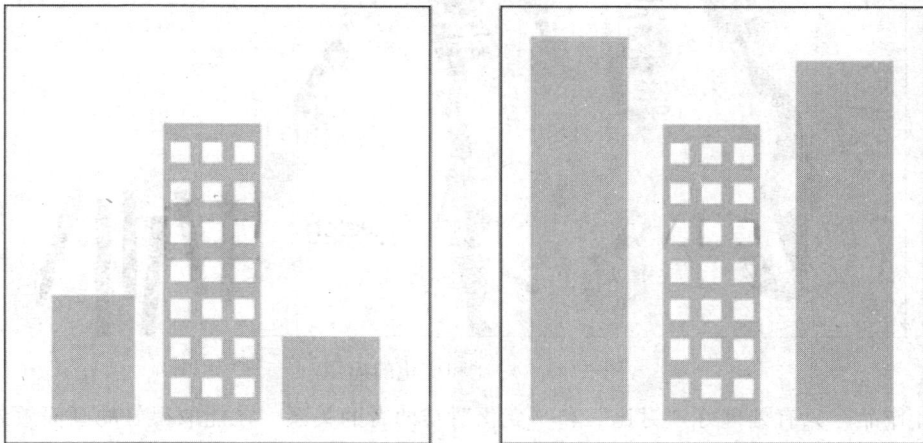

图 7-43　对比和变化

　　在设计中，对比也起着十分重要的作用。凡是要想使某个图形突出，就必须有与其相对的图形进行比较。如图 7-44 所示的设计作品中，就采用了色彩的对比关系，用红色与绿色进行对比，从而使绿色的图形显得更加突出。

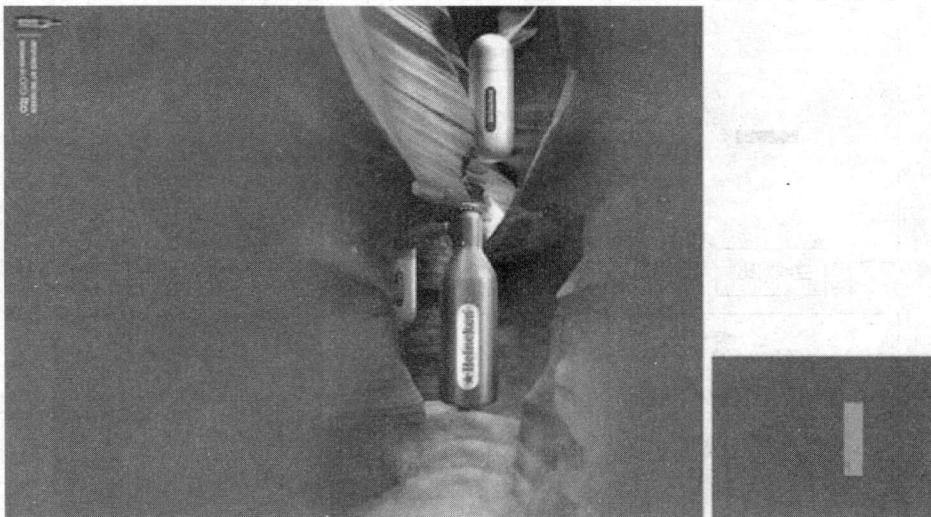

图 7-44　色彩对比

　　有对比必然会有变化，变化是对比在画面上所产生的效果。在追求画面的对比性时，应注意不能变化过大，不然会使形象之间互相争夺，看上去眼花缭乱而失去美感。画面应该既要有对比、变化，又要有调和、统一。

如图 7-45 所示的设计作品中，画面在追求变化的同时，又采用了相类似的元素使画面达到了统一。

图 7-45　对比和变化的应用

设计作品，只有处理好"对比"和"变化"与两者的关系，才能取得好的画面效果。

1. 对比构成

在版面构成中，对比构成具有十分重要的作用。按照不同方面的对比关系，可以将对比构成主要分为空间对比、聚散对比、大小对比、方向对比、曲直对比、明暗对比六个方面，如图 7-46 所示。

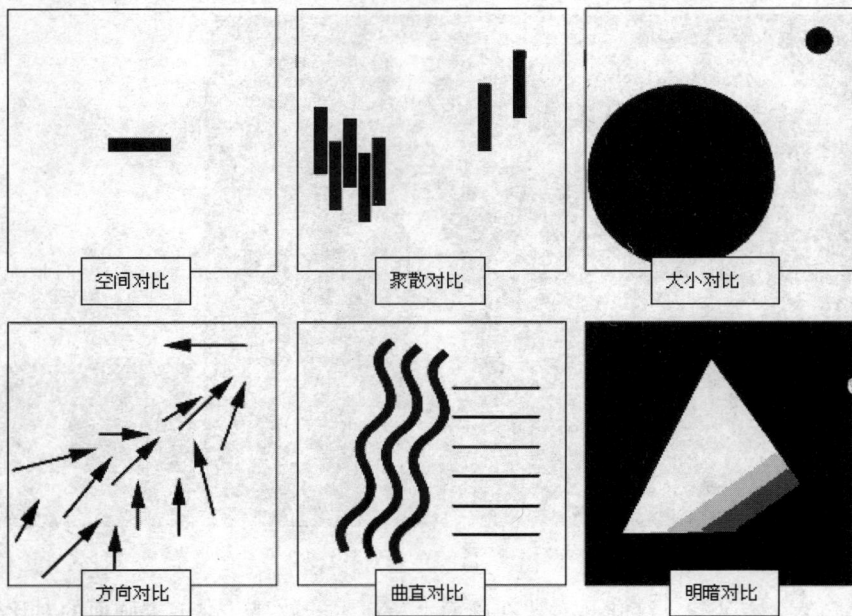

图 7-46　对比构成

下面，将为大家详细地讲解这六种不同方面的对比关系。

1）空间对比

在我国画论中，对待绘画空间处理时，明确地提出要"密不通风，疏能跑马"，形象的阐明了空间的对比关系。所以空间的对比关系对于一个画面是十分重要的。

如图 7-47 所示的空间对比中，人物占有的空间与画面背景所占有的空间，形成了强烈的对比效果，增强了画面的视觉张力。

图 7-47　空间对比

2）聚散对比

在设计中，与空间对比密切相关的是聚散对比。聚散对比指的是密集的图形和松散的空间所形成的对比关系。处理好这个关系，应注意保持好各个聚集点之间的位置联系，并且要有主要的聚集点和次要的聚集点之分。

在图 7-48 中，采用了聚散对比，使画面具有了一定的节奏感和韵律感。

图 7-48　聚散对比

3）大小对比

大小对比容易表现出画面的主次关系。在设计中，经常把主要的内容和比较突出的形象，处理的较大些。

在图 7-49 中，画面采用大小的对比方法，使主要的形象更加突出，加强了广告的意图。

图 7-49 大小对比

4）曲直对比

曲直对比指的是曲线与直线的对比关系。一幅画面中，过多的曲线会给人不安定的感觉；而过多的直线又会给人过于呆板、停滞的印象。所以，应采用曲直相结合的方法。

在图 7-50 中，采用了曲线与直线相结合的方法，使画面整齐的同时又具有灵活性。

图 7-50 曲直对比

注意：这里讲的直线包括文字排列所形成的线。

5）方向对比

凡是带有方向性的形象，都必须处理好方向的关系。在画面中，如果大部分图案的方向近似或相同，而少数图案的方向不同，就会形成方向上的对比。

在图 7-51 中，画面使主体的方向与局部的方向进行对比，形成了活泼而有变化的画面效果。

图 7-51　方向对比

6）明暗对比

任何作品都必须有明暗关系的适当配置，不然会使画面混沌而没有主次。在图 7-52 设计中，采用了强烈的明暗对比关系，营造出了明快的画面效果。

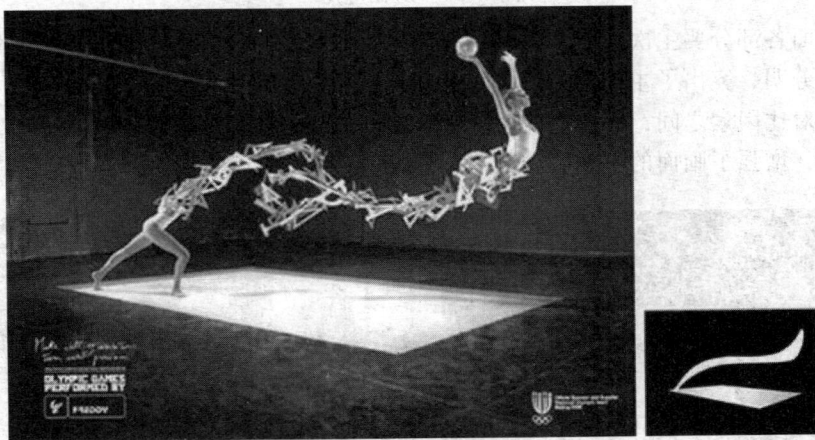

图 7-52　明暗对比

除了以上几种对比关系外，还有虚实、色彩、肌理等方面的对比关系，由于道理与上面是相同的，所以这里就不一一介绍了。在设计运用中可以同时采用多种形式相结合的对比关系，使画面更加丰富多彩。

2．对比构成应掌握的要点

对比和变化是十分重要的配色技巧，在实际运用中，应注意对比因素之间的协调性。要做到画面中各个对比因素之间的协调统一，需要注意以下几个要点。

（1）处理好全面的统筹安排，使画面的布局充实丰满，避免主体物偏集在某个角落或平均分布。图 7-53 采用大小对比和方向对比的关系，使画面充实而具有动感。

图 7-53　对比应用 A

（2）画面各部分要主次分明，同时主次关系要有联系。图 7-54 采用了大小的对比关系，使画面主次分明，突出了主体物的形象特征。

（3）各对比因素之间，必须有疏密变化。图 7-55 运用了聚散的对比关系，使画面产生了疏密变化，增强了画面的节奏感和韵律感。

图 7-54　对比应用 B

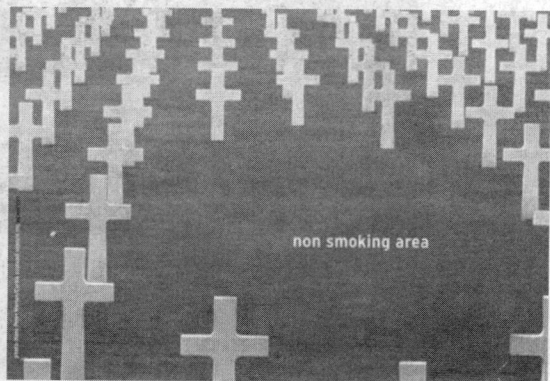

图 7-55　对比应用 C

（4）注意画面明暗色调的对比，要有一定比例的重色块和亮色块。图 7-56 运用了明暗的对比关系，使画面的重色块和亮色块形成了强烈对比，给人留下了深刻印象。

（5）画面应注意整体的对比关系，避免过于繁琐和细微的变化。在图7-57中，画面整体采用了明暗对比关系，但过于繁琐的聚散对比，给画面造成一种混乱感。

3. 对比构成在设计中的应用

在设计中，运用对比的手法，便可突出某种形象和内容。如图7-58所示的广告设计中，采用了空间对比的关系，使画面给人很强的延伸感和空间感，突出了产品音质的空灵广阔特点。

图7-56　对比应用D

图7-57　对比应用E

图7-59中，采用了曲线与直线的对比关系，使画面具有曲线柔美和动感的同时，又具有直线的直爽和豪迈感。

图7-58　对比构成的应用A

图7-59　对比构成的应用B

7.3　任务实施

任 务 内 容	实 施 环 境
画册设计	CorelDRAW X7

任务实施要求：画册设计中应遵循规律，每个部分都循规蹈矩，不散乱；排版可灵活多变，不闷场；设计特色鲜明，使读者印象深刻。任务完成效果如图7-60所示。

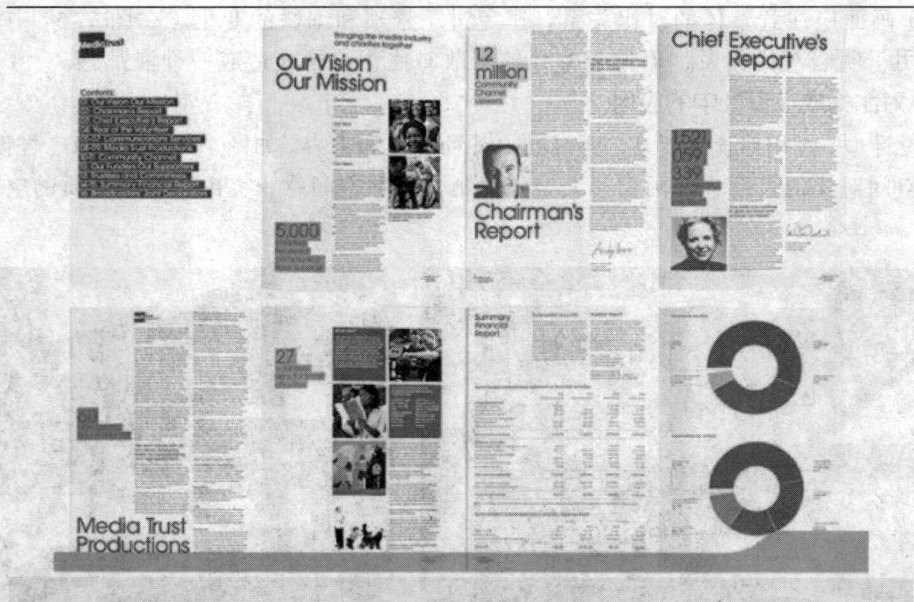

图 7-60　画册设计

经打格分析后，很明显，除版面 1（目录版）、版面 7、8（图表版）外，其他版面都非常严谨地分为三块面格，如图 7-61 所示。

提示：打格是排版的地基，不先打好面格，再怎么排都是不规整的。

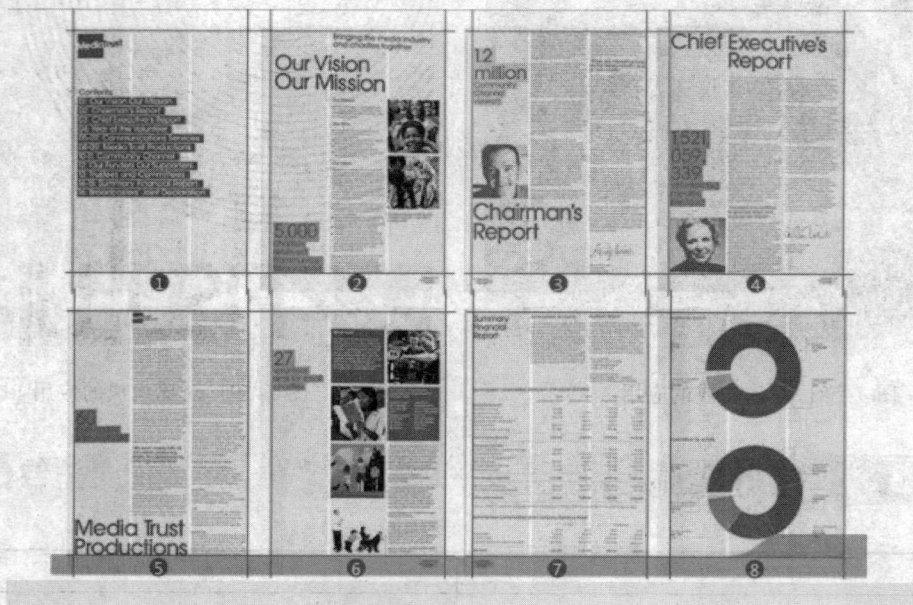

图 7-61　分面格

1. 跨面格

当标题需要灵活处理时，它可以跨面格，但跨得比较严谨，可以跨两个面格，也可以跨齐三个。画册 7、8 页的图表版也是尽量拉伸开，尽量跨足三个面格。图片也是这样，要么不跨，要么以面格的倍数跨，如图 7-62 所示。

提示：为使版面灵活，面格可被跨越，但不要缩手缩脚，要跨就尽量跨足，这样才能确保版面的严谨好看。

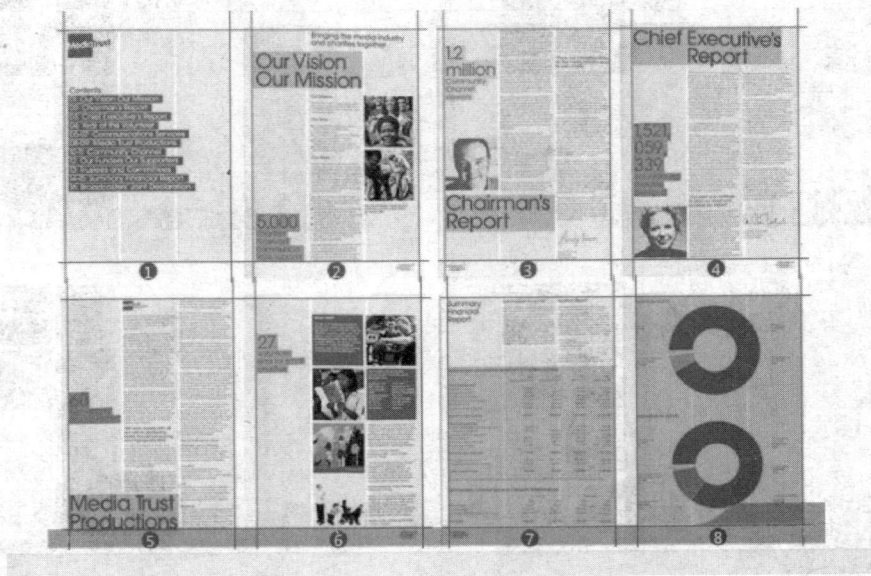

图 7-62　跨面格

2. 统一图片规格

图片均以统一的方形规范，显得非常严谨，如图 7-63 所示。

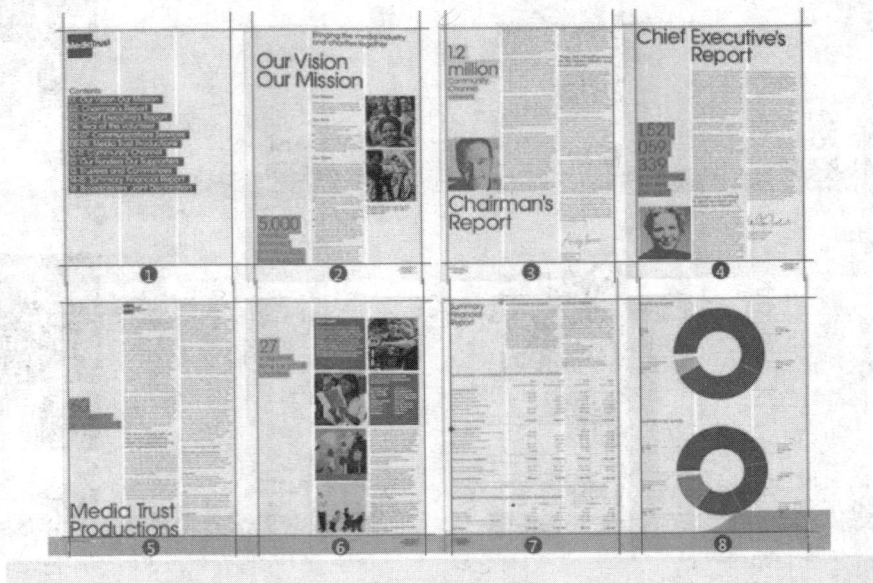

图 7-63　统一图片规格

当然，也可以设计得更活些，图形同样可以跨格。原则就是，要么不跨，要跨就跨满整格。至于中间是否要隔断，可以灵活考虑，如图 7-64 所示。

图 7-64　灵活设计

3. 色块的补充辅助

严格的按照规律排，有些版面多多少少会有问题。如内容太少，过空；或图片太多，眼花；版面难以平衡美观；这种情况都可以用色块去补充辅助，让整个版面更充实、规整，如图 7-65 所示。

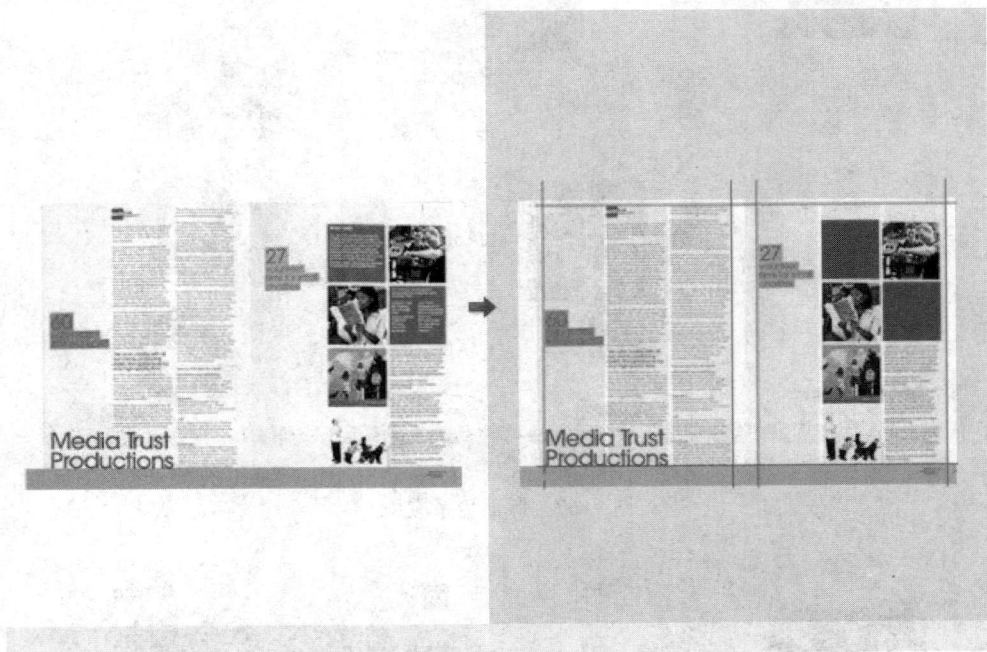

图 7-65　色块的补充辅助

4. 版面色彩的个性化

青蓝色的主色调贯彻全部页面，加入一些辅助色进行小点缀。让版面效果既专业统一，又层次丰富。图 7-66 所示为版面色系，其应用效果如图 7-67 所示。

5. 突出性文字的个性化

将一些需要强烈突出的数据，以色块形式表达，既突显了数字，又有个性，如图 7-68 所示。当然，这种方式不适合多用，用多了会给人眼花缭乱的感觉。

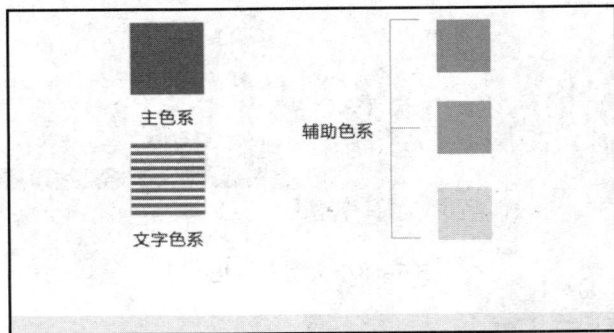

主色系

辅助色系

文字色系

图 7-66　版面色系

图 7-67　版面色系应用

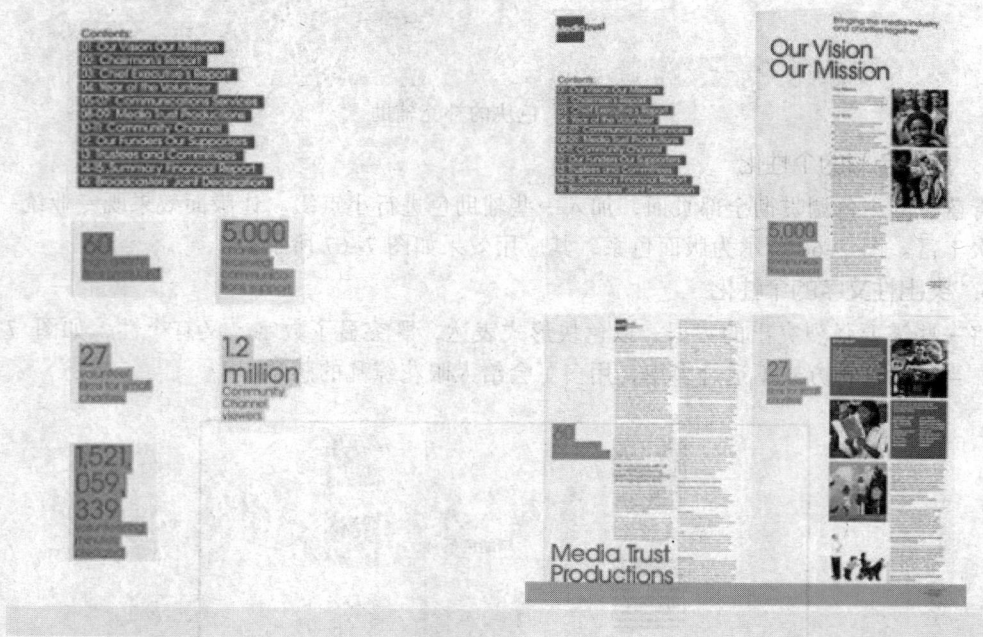

图 7-68　文字个性化

6. 版面的平衡感

运用"疏–密、轻–重"去平衡版面，如图 7-69 所示。

版面的好看，重点在于平衡

疏的地方，考虑将它压重（如加色块，图片）

密的地方，就尽量减轻（用色浅，无色块）

这个面格两头是"疏/轻"，中间加了"密/重"的图片

这个面格满版文字，相对比较"密"；但颜色上又让人感觉"轻"

这个面格上方是"疏/轻"，而下方压了一个"密/重"

图 7-69   平衡感

最后，完成此画册设计，如图 7-70 所示。

图 7-70   最终效果

任务 ⑧

➡ 网页界面设计与实现

随着时代的发展，浏览网页已经不断成为现代社会人们生活不可或缺的部分，尽管网页设计会以人们意想不到的方式发生着变化，可是有理由相信，人们对网页的视觉追求永无止境，这正是推动网页设计向前发展的主要因素。从发展趋势来看，网页设计会更加注重网页的创意和个性化。在网页界面设计中主要注重网页视觉表现，对网页界面的要求越来越高，创意网页、个性化的网页表现愈加突出。网页界面设计是平面设计人员所面临的又一个发展空间，网页界面设计是平面设计的综合应用，掌握与提高网页界面设计相关理论基础与实践技能是平面设计的重要内容。

8.1 任务描述

本任务从网页界面的视觉表现入手，从网页界面设计的原则、方法、实施步骤等逐步讲解了网页界面的艺术表现及实现的具体方法，主要包括 Photoshop 工具在网页界面设计中的环境设置，色彩应用及网页界面相关模块的设计方法及步骤，最终将网页界面设计的相关内容一一呈现。

8.2 相关知识

8.2.1 网页界面设计的原则

网页作为传播信息的一种载体，同其他出版物如报纸、杂志等在设计上有许多共同之处，也要遵循一些设计的基本原则。但是，由于表现形式、运行方式和社会功能的不同，网页设计又有其自身的特殊规律。网页界面设计是技术与艺术的结合，内容与形式的统一。它要求设计者必须掌握以下三个主要原则。

1. 主题鲜明

视觉设计表达的是一定的意图和要求，有明确的主题，并按照视觉心理规律和形式将主题主动地传达给观赏者。诉求的目的，是使主题在适当的环境里被人们即时地理解和接受，以满足人们的实用和需求，这就要求视觉设计不但要单纯、简练、清晰和精确，而且在强调艺术性的同时，更应该注重通过独特的风格和强烈的视觉冲击力，来鲜明地突出设计主题。

2. 形式与内容统一

任何设计都有一定的内容和形式。内容是构成设计的一切内在要素的总和，是设计存在的基础，被称为"设计的灵魂"；形式是构成内容诸要素的内部结构或内容的外部表现方式。

设计的内容就是指它的主题、形象、题材等要素的总和，形式就是它的结构、风格或设计语言等表现方式。内容决定形式，形式反作用于内容。一个优秀的设计必定是形式对内容的完美表现。正如黑格尔所说："工艺的美就不在于要求实用品的外部造型、色彩、纹样去摹拟事物，再现现实，而在于使其外部形式传达和表现出一定的情绪、气氛、格调、风尚、趣味，使物质经由象征变成相似于精神生活的有关环境。"（黑格尔《美学》第三卷）

3. 强调整体

网页的整体性包括内容和形式上的整体性，这里主要讨论设计形式上的整体性。网页是传播信息的载体，它要表达的是一定的内容、主题和意念，在适当的时间和空间环境里为人们所理解和接受，它以满足人们的实用和需求为目标。设计时强调其整体性，可以使浏览者更快捷、更准确、更全面地认识它、掌握它，并给人一种内部有机联系、外部和谐完整的美感。整体性也是体现一个站点独特风格的重要手段之一。

网页的结构形式是由各种视听要素组成的。在设计网页时，强调页面各组成部分的共性因素或者使诸部分共同含有某种形式特征，是求得整体的常用方法。这主要从版式、色彩、风格等方面入手。例如，在版式上，将页面中各视觉要素作通盘考虑，以周密的组织和精确的定位来获得页面的秩序感，即使运用"散"的结构，也是经过深思熟虑之后的决定；一个站点通常只使用两到三种标准色，并注意色彩搭配的和谐；对于分屏的长页面，不可设计完第一屏再考虑下一屏。同样，整个网页内部的页面，都应统一规划，统一风格，让浏览者体会到设计者完整的设计思想。

8.2.2 网页界面设计的基础理论

网页界面设计是将技术性与艺术性融为一体的创造性活动。在网页出现的早期，和设计发展的早期阶段一样，网页设计是以功能性为第一指导原则，以技术因素为主要考虑对象，以完成或实现必要的功能为目标。以字符组成的界面可以起到基本的信息传达作用，同时技术要求相对较低，易于实现，并且有较好的稳定性，故而这种形式的界面在很长一段时间内是人机交流的主要形式。网络信息的受传者存在着职业、文化、修养、兴趣、生活经验以及消费水平等方面的明显差异，因此在网页界面中出现的视觉形象要适应大多数浏览者的口味，越明确，越通俗，越具体越好。

在这样一个内容丰富、信息繁杂的巨大网络世界里，网页界面设计必须以其强有力的视觉冲击效果来吸引浏览者的注意，进而使特定的信息得以准确迅速地传播。这就要求网页界面设计的形式应力求删繁就简，"以少胜多"，一切分散浏览者注意力的图形、线条、可有可无的"装饰"都应摒弃，使参与形式构成的诸元素均与欲传播的内容直接相关。

"简洁"是各种艺术形式都必须遵循的普遍原则，正所谓"无声胜有声"，网页界面设计尤其要做到这一点。在社会文化高度发达的现代社会，人们因文化素质的提高和价值观念的变化，生活情趣和审美趣味更趋向简洁、单纯。简洁的图形，醒目的文字，大的色块更符合形式美的要求和当今人们的欣赏趣味，给人以悦目、舒适、现代的感觉以及美的享受，令人百看不厌，并能回味无穷，联想丰富。

1. 网页界面的类型

网页界面可以依据其传达信息内容的特点来进行类型的划分，有以下六种形式：

（1）信息查询类：以实用功能为主，注重视觉元素的均衡排布，较少装饰性的元素，如 Yahoo。

（2）大众媒体类：如新浪网新闻中心。

（3）宣传窗口类：从企业特有形象入手，充分表现企业文化特征，如 Adidas。

（4）电子商务类：使浏览者在访问时进行愉快的交流是设计的重点，要求既要具备人们乐于接受的交互性，又要有吸引浏览者注意的页面形式，如当当书店。

（5）交流平台类：以方便使用为主要特点，指示性强，易于理解，如 BBS。

（6）网络社区类：由于网络社区通常不带有商业性质，因此它的界面设计可以根据社区内容充分发挥创造性，营造一个自由、舒适、愉快的氛围。

2. 网页界面与视觉传达的设计

视觉传达设计简称视觉设计（Visual Communication Design 或 Graphic Design），有时也被称为信息设计（Information Design）。视觉传达设计的过程，是设计者将思想和设计概念转变为视觉符号形式的过程，即概念视觉化的过程，对信息的接收者来说，则是相反的过程，即视觉概念化的过程，贯穿和联结两个过程的是信息。

图形符号具有很强的直观性，但同时在信息传达明确性方面不如文字，有时会出现"误读"的可能。

在界面设计中，要求信息的发送者和接收者之间必须具备部分相同的信息知识背景，否则在两者之间就必须存在一个翻译或解说系统作为中间媒介来进行沟通。例如，对于一个没有任何西方文化和语言背景的中国人来说，"Just Do It"的文字符号就不会产生任何"动感，活力，激情"的印象，此时可以通过鲜明的图像和活跃的色彩来辅助传达这个概念。形式美的创造法则主要由以下几个方面：

（1）秩序产生的美感。它通过对称、比例、连续、渐变、重复、放射、回旋等方式，表现出严谨有序的设计理念，是创造形式美感的最基本的方式。

（2）和谐产生的美感。它是以美学上的整体性观念为基础的。构成界面形式的文字、图形、色彩等因素之间相互作用，相互协调映衬，都为界面的功能美与形式美服务。

（3）变化产生的美感。变化的法则体现了设计存在的终极意义，即不断地推陈出新，不断地创造新的形式。

在艺术问题上没有什么严格的法则，艺术天才不可能是结构的奴隶，他不管怎么干，都不会侵犯艺术原理，而只会创造出新的理论。

精心收集和审慎挑选艺术和设计的古今范例有助于训练设计师的大脑和眼力。界面的借鉴不仅要从同类设计作品中求得，更重要的是从文化传统中找寻。日本现代设计在不长的时间里发展到较高水平，重要原因之一就是很多日本设计师自觉地将日本的文化传统融入到现代设计理念之中。

3. 网页界面中的图形图像设计

图形图像的视觉冲击力比文字效果要高出 85%，故有人说，一图胜千字。除了圆形以外，点还可以是方形、三角形、星形、自由形等许多形状，在视觉上，只要相对地小，就有点的效果。图形图像的扩展造型元素，是在点线面这些基本造型元素基础上发展的，它进一步分析了形成图形图像不同视觉效果的影响因素：空间，运动，质感。

图形图像所产生的空间感，一方面可以通过摄影、绘画的技法获得，一幅好的摄影绘画作品使物象有呼之欲出的感觉；另一方面还可以运用不同的手法对点线面等元素进行组合，从而使平面图形图像的三维空间感得以加强。这些手法是疏密、大小、方向、重叠、虚实、色调的变化和光影的利用。图形图像可以采用以下三种方法产生动感：

（1）采用叠合的片断形态，最常用的方法是重复和渐变，如将动作分解成一系列片断形态。

（2）表现形态的运动轨迹，正如人们看到流星拖着长长的尾巴因而判断它正在划过夜空。

（3）采用运动过程中形态或不稳定的形态，将物象运动过程中某一时刻的片断形态或处于不稳定状态的形态捕捉下来，并选取动态或动势最大的状态，由于人们平时对重力作用的认识，会不自觉地产生联想：接下去会发生什么？怎样运动？如一个在轮滑过程中飞身跃起的人物形象。

创意就是客观地思索，然后天才地表达。如果说，图形图像的创意解决了"做什么"的问题，设计就是具体的"怎样做"。"传统"虽然在时间上代表历史，但在观念上并不代表陈旧。传统的东西可以让历史得以延续，让文化保持差异性，从而让人们内心产生归属感。中国的传统文化源远流长，在绘画、书法、建筑、音乐、戏曲、医药、哲学等很多领域都有自己独特的民族风格。

图像的退底，是将图片中所选形象的背景沿边沿剪裁掉。退底后的形象，其外轮廓呈自由形状，具有清晰分明的视觉形态，显得灵活自如，当与其他背景搭配时，既容易协调，又容易突出该形象。

图像的虚实对比能够产生空间感，实的物体感觉近，虚的物体感觉远。要想使图像"虚"，一种方法是将图像模糊，再有就是将图像的色彩层次减少，纯度降低，尽量与背景靠近。

局部是相对于整体而言的，相对局部的图像能让视线集中，有一种点到为止，意犹未尽的感觉。

4. 网页界面中的色彩设计

在人的视觉中所能感受到的色彩范围内，绝大部分是非高纯度的色，即含有一定程度灰的色。普通 24 位显示适配器可产生约 1670 万种颜色，虽然数字很大，但 RGB 的色彩范围要远远小于可见光谱的范围。由于 CMYK 与 RGB 分别是减色原理和加色原理，因此输出的图像与在显示器上看到的色彩相比要暗一些。Lab 色彩模式以明度、纯度和色相对色彩进行表述，因此其在进行图像处理或在不同平台和系统间交换时，都不会产生色偏或失真的情况。人由亮处进入暗环境后，最初大约 15 min 可以基本适应，达到完全的暗适应大约需要 40 min。

从生理角度讲，眼睛最能适应的光是中等明度的全色光，即中间灰色，当外界光并非中间灰色时，视觉会自动调整这种不平衡现象，因而会出现视觉残像。为了降低视觉残像的影响，应避免使用高纯度的单一色彩，或是在纯色中加入一定量的灰。

明度高的色彩在视网膜上形成的物象边缘会有一圈光包围着，视觉感受好像物象扩大了一些。不同色光在视网膜上所成影像位置有前后差异，因此产生色彩的进退感。日光中波长较长的色光如红橙黄成像在视网膜的较前部位，因而产生色彩靠近的感觉；而波长较短的色光如绿蓝紫成像在视网膜的靠后部位，因而产生色彩后退的感觉。

中国传统年画和西方教学的彩色玻璃艺术大量使用色相对比手法。色相的差别是由可见光波的波长差异造成的，差异在色相对比中不能完全依据波长的差别来确定色相的对比程度，红色光与紫色光的波长差异虽然很大，但都处于可见光的两极，都接近不可见光的波长，因而从视觉感受上两者的色相是相近的。

明度是色彩三要素中具有相对独立性的一个要素，它可以摆脱任何有彩色的特征而独立存在。色相和纯度都必须依赖明度而存在。

色彩形状的认识程度主要取决于形的色彩与周围色彩的关系，特别是它们之间明度对比的关系，色相对比也可以造成对形的识别，但其作用远不如明度对比那么重要，例如，红绿对比是最强的色相对比，但因明度差异较小，形的清晰度不高，浅绿与深绿配色，虽然属于同类色相，但明度差别大，因此形就具有较高的清晰度。

为了达到色彩和谐的目的，除改变色彩的三要素外，合理安排各种色彩所占的面积是调整色彩配合效果的有效手段。当两种色彩以相等的面积出现时，色彩的冲突达到最高峰，对比效果最为突出，如将一方面积减小力量削弱，整体色彩对比效果也就相应减弱。

色彩的力量取决于色彩的明度和面积，明度比例为黄:橙:红:紫:蓝:绿=9:8:6:3:4:6。

由上述比例可推导出各对补色的明度比例关系，并进一步确定各补色之间达到色彩力量平衡的面积比例关系为黄:紫=1:3；橙:蓝=1:2；红:绿=1:1。

色彩面积比例关系依据的原理是人视觉生理需求的色量平衡，即调和出视觉乐于接受的中性灰色所需要的色量比例。该平衡理论可以通过色盘的旋转混合的方法得以验证。

从上面的理论看，红绿配色面积比 1:1 时为和谐，但实际应用中红绿面积相等时会给人以刺激强烈的感受，并不能真正体现出色彩的调和统一，这是由于色彩的纯度在配色中起到相当重要的作用，红色的纯度大约为绿色的两倍，因此在配色时红色面积应缩小至绿色面积的二分之一，这样才能获得调和的色彩效果。

色彩的秩序调和主要依靠色立体来实现，孟赛尔色立体和奥斯特瓦德色立体都是可应用的色彩模型。在色立体中做规则几何线形，线形所经过的色彩就会形成有序的排列。

色彩的轻重感主要取决于色彩的明度，明度高的色感觉轻，明度低的色感觉重，在相等明度条件下，冷色一般比暖色感觉略轻。色彩构图中上轻下重符合人的视觉习惯，轻色通常用于上部，重色用于下部，如果界面上部为重色时，在下部的边缘部位应呼应一块重色范围，可以达到平衡构图的目的。

5. 网页界面中文字的编排设计

以语言进行信息传达时，语气、语调以及面部表情、姿态手势是语言的辅助和补充，而在界面设计中，文字的字体、规格及其编排形式，就相当于文字的辅助信息传达手段。

宋体字型结构方中有圆，刚柔相济，既典雅庄重，又不失韵味灵气，从视觉角度来说，宋体阅读最省目力，不易造成视觉疲劳，具有很好的易读性和识别性。

楷体字型柔和悦目，间架结构舒张有度，可读性和识别性均较好，适用于较长的文本段落，也可用于标题。

仿宋体笔画粗细均匀，秀丽挺拔，有轻快、易读的特点，适用于文本段落。因其字型娟秀，力度感差，故不宜用作标题。

黑体不仅庄重醒目，而且极富现代感，因其形体粗壮，在较小字体级数宜采用等线体（即细黑），否则不易识别。

圆体视觉冲击力不如黑体，但在视觉心理上给人以明亮清新、轻松愉快的感觉，但其识别性弱，故只适宜作标题性文字。

手写体分为两种，一种来源于传统书法，如隶书体、行书体，另一种是以现代风格创造的自由手写体，如广告体、POP 体。手写体只适用于标题和广告性文字，长篇文本段落和小字体级数时不宜使用，应尽量避免在同一页面中使用两种不同的手写体，因为手写体形态特征鲜明显著，很难形成统一风格，不同手写体易造成界面杂乱的视觉形象，手写体与黑体、宋体等规范的字体相配合，则会产生动静相宜，相得宜彰的效果。

美术体是在宋体、黑体等规范字体基础上变化而成的各种字体，如综艺体、琥珀体。美术体具有鲜明的风格特征，不适于文本段落，也不宜混杂使用，多用于字体级数较大的标题，发挥引人注目，活跃界面气氛的作用。

在网页界面的排版中拉丁字母依据其基本结构可以分为以下三种类型：

（1）饰线体（Serif）：此类字体在笔画末端带有装饰性部分，笔画精细对比明显，与中文的宋体具有近似形态特征，饰线体在阅读时具有较好的易读性，适于用作长篇幅文本段落。代表字体是新罗马体（Times New Roman）。

（2）无饰线体（Sans Serif）：笔画的粗细对比不明显，笔画末端没有装饰性部分，字体形态与中文的黑体相类似。由于其笔画粗细均匀，故在远距离易于辨认，具有很好的识别性，多用于标题和指示性文字。无饰线体具有简洁规整的形态特征，符合现代的审美标准。代表字体是赫尔维梯卡体（Helvetica）。

（3）装饰体（Decorative，也称 Display）：即通常所说的"花"体，由于此类字体信笺有形式的装饰意味，阅读时较为费力，易读性较差，只适合于标题或较短文本，类似于中文的美术体和手写体。代表字体是草体（Script）。

在某些特殊场合，如广告或展示性的短语中，拉丁字母全部使用小写字母，能够造成一种平易近人的亲切感。

拉丁字母字体大都包含字幅（正、长、扁）、黑度（细、粗、超粗）、直斜的变化，因而由一种基本字形可以变化出多种具有相似特征的同族字体，这些字体统称为"字族"。

同一页面中字体应尽量在同一字族中选用，以保证界面具有明确、统一的风格特征。

在计算机字库中，有关字体特征的表示大多采用缩略语，如 Cn（Condensed,长体），Ex（Expanded,扁体），Lt（Light,细），Med（Medium,中粗），DemBol 或 Dm（Demi Bold,半粗），Bd（Bold,粗），XBd（Extra Bold,特粗），It（Italic,斜体）等。

中文正文的字符数每行以 20～35 个为宜，西文则约 40～70 个字符最易阅读，因此较宽的文字幅面应考虑采用分栏的排布方式。

通常设定行距为字高的 150%～200%，西文的行距通常小于中文行距。

粗细对比是刚与柔的对比，也有人称为男性性格与女性性格的对比。在同一行文字中使用粗细对比的效果最为强烈。粗字少细字多易取得平衡，给人以明快新颖的感觉，细字少粗字多，则不易平衡，但往往会产生具有幽默感的特殊效果。

界面中文字编排要求视觉上产生类似于天平平衡的印象，失去平衡的文字编排设计，将得不到浏览者的信赖，并给人以粗劣的印象。

可能通过左右延伸的水平线，上下延伸的垂直线，动感的弧线和斜线，穿插的图形来诱导视线依照设计师安排好的结构形式顺序浏览。

在界面的四角配置文字或符号，界面的势力范围就明确地确定下来，界面中即使存在让人感觉动荡不定的元素也会因此而稳定下来。在四角中，左上和右下具有特殊的吸引力，是处理的重点，处理得好，可以使界面左右均衡，同时还会形成从左上到右下沿对角线流动的视觉过程，给人以自然稳定的感觉。

非规律性造型形式的错落变化，应出现在周围有较充分的留白空间的场所，效果较为显著。如在界面中央或正上方表现效果较好，标题性文字往往使用此手法处理。

分栏式结构中，文字群体通常只出现在一栏中，每行的字符数相对较少，易于浏览。分栏中如果都排布文字群体，界面会显得十分拥挤，故不宜采用。其他栏中可设置目录、标题、导航等简洁的文字信息，整体形式繁简对比，疏密得当。国内使用较多的是三分栏，国外四分栏式结构则较为普遍。

6. 网页界面中版式的构成与设计

网页界面中除了点、线面这些实体造型元素，其余的空间就是"空白"，空白不一定是"白"，它可以是与背景色相同的表示"虚"的空间范围。空白能使实体在视觉上产生动态，获得张力。在中国传统绘画中，空白的表现力丰富，同时又使笔墨生支灵妙，无怪乎古人所说"形得之于形外""计白守黑"。页面中巧妙地留白，讲究空白之美，有助于更好地烘托主题，渲染气氛，集中视线，加强空间层次，使版面疏密有序，布局清晰。

黄金比之所以有如此神圣和不可思议的力量，是因为黄金比是含有无理数的数字，用公式表示为 $\phi = (1+\sqrt{5})/2$ 约=1.618。黄金矩形去掉短边为边长的正方形时，剩下的矩形仍为黄金矩形。

以正方形的对角线为长边，所得矩形为矩形，再以矩形的对角线为长边，所得矩形为矩形，以此类推，可以得到任意自然数的矩形。 矩形对折成半时，面积虽然只剩一半，但形状不变，仍是矩形。

网页界面的版式设计中，其比例关系一般体现在：页面所限定空间的长宽比，实体内容与虚空间（空白）的面积比，页面被分割的比例，图文的关系比以及各造型元素内部的比例等形式上的数量关系。

对称的版式设计稳定、庄严、整齐、秩序、安宁、沉静，如同中国古代宫殿一样庄重、严肃，体现了一种古典主义的风格。为避免对称产生的单调和呆板，要在对称中略带变化。

视觉艺术中的节奏和韵律来自音乐的概念，节奏较多地强调"节拍"，韵律较多地强调"变化"，如果说韵律感不够，是指缺少变化，过于呆板；如果说节奏感不强，是指变化缺乏条理规则。

对比是指因多种元素相异的特点相比较而更加鲜明强烈的紧张感。对比包括有形的对比（大小、方圆、长短、曲直、宽窄），色的对比（色相、明度、纯度、冷暖），质的对比（刚柔、粗细、强弱、干湿、轻重、软硬、虚实），势的对比（疾缓、疏密、动静、抑扬、进退）等。对比关系越清晰，视觉效果就越强烈，在一个页面中，通常是多种对比关系同时并存，以产生多姿多彩的表现效果。

人眼的视线沿水平方向运动比沿垂直方向运动快而且不易疲劳。视线的变化习惯于从左到右，从上到下和顺时针方向运动。

调查显示，视区内上部比下部注目程度高，左侧比右侧更引人注意。图 8-1 所示为视觉比例。

61%		56%	44%	33%	28%	17%
						44%
39%				26%	16%	22%
						17%

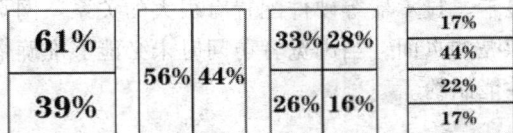

图 8-1　视觉比例

欲使网页在传递视觉信息时顺畅高效，页面须具备清晰的条理性和组织性，产生一定的主从关系。常采取的方式有以下几种：

（1）加强主从对象的大小对比。

（2）加大主体形象周围的空白。

（3）加强主从对象之间的色彩对比。

（4）将主体形象在页面反复出现，强化与视线的接触频率，这种强化方式尤其适合于以产品为主体形象的网页界面。

（5）加强主从对象在形态上"势"的对比。一般来说，网页的版面中水平或垂直的形态居多，如果主体形象运用适当的斜线和曲线，就会从水平、垂直线构成的环境中突显出来。

通过视觉流程，设计师运用视觉移动规律，将多种视觉信息进行有序组织，诱导浏览者的视线依设计师的意图进行流动，从而使浏览者清晰、流畅、快捷地接受最佳信息。视觉流程的几种表现方式如下：

（1）单向视觉流程：横向，竖向，斜向。

（2）曲线视觉流程。

（3）导向视觉流程：借助诱导因素来实现。

① 线形导向：以线、文字等线形元素来引导观者的视线。

② 形象导向：以图片中人或物的朝向来引导观者的视线，如人物的目光方向，一个座椅的朝向等。

③ 指示导向：通过指示性的箭头、手指或具有透视感的线条来引导视线。

（4）重心视觉流程：视觉会沿着形象方向与力度的伸展来变换、运动，如表现向心力或重力的视线运动。

（5）反复视觉流程：其运动虽不如单向、曲线、重心视觉流程运动感强烈，但更富于节奏和秩序美。

（6）散点视觉流程：没有固定的视觉流动线，强调一种感性、自由性、随意性、偶然性。

对于栏目设置比较复杂的网站，如果显示所有与该网页相关的导航，页面势必变得相当庞大，影响了版面的整体布局。最好的办法是将此页面做成弹出窗口，不影响原有页面的导航信息，同时只设置与该页关系最近的导航链接和首页链接。

在视觉习惯上，页面的垂直均匀分割，当左右两部分形成强烈对比时，会造成视觉心理的不平衡。这时，可将分割线作部分或全部的弱化处理，或在分割处加入其他元素，使左右部分的过渡自然而和谐。

8.2.3　Photoshop 环境设置

计算机是通过数字信息来处理颜色的，所以，计算机在屏幕上显示颜色的能力是有限的。

这也和计算机的品质、显卡、显示器等硬件配置有很大的关系。网页设计者在本地端高性能的计算机上设计出来的漂亮的页面，当浏览者访问时未必能够准确体现出来原有风貌，因为要受客户端的硬件配置性能制约。

1. 安全调色板

安全调色板就是包含 216 种 RGB 色的调色板，这 216 种 RGB 色在各种浏览器、操作平台、分辨率和显示器的条件下都尽可能的保持不变。这是因为当时 Microsoft 在开发计算机操作系统时，在计算机原有的 256 种 RGB 色当中保留了 40 种作为系统使用的颜色。由于许多访问者使用的是 PC，因这种情况而造成的约束相当普遍。如果使用了安全调色板的 216 种以外的色彩，页面传输到远端时，浏览者将看色彩抖动，即计算机自动将 216 种以外的颜色调入页面中，导致页面色彩的失真。

Photoshop 5 以上版本的软件解决了这一问题，它在 ColorPicker 调板上设置了"Only Web Colors"选项，我们在 Color 调色板的选项下拉菜单上也能找到"Web ColorSliders"和"MakeRampWeb"的选项。因此，可以通过这种方法限制调色板的色彩显示，大胆放心地选取调色板内的色彩，在网页设计中合理运用。

2. HTML 语言中的颜色值表示

在 HTML 语言中，颜色值有着不同的表达方式。其中最常用的是十六进制值。十六进制是以 16 个数字为基础的计算系统，即由数字 0～9 和字母 A～F 组成，Web 颜色值由六位十六进制数来表示。例如，RGB 值为（0，255，0）的绿色转化成十六进制值则为：00FF00。

在由 RGB 色值转化成十六进制值过程中，各种软件的出现使人们的工作效率得以很大提高，不再像以往那样用计算器进行计算。其中比较方便的是 Photoshop5 和 Dreamweaver3 等软件。取色器放到某一色彩的位置时，在调板的右下角就会即时出现十六进制值，用"#"表示。在 Dreamweaver 软件中，十六进制的色值测量也是十分便捷的。

3. 网页中色彩的合理配置

网页色彩的运用要达到独特创意的效果，单纯地靠多种色彩的机械组合是难以达到目的的。必须对色彩进行合理的配置，注意对比色以及深、中、浅的相互作用关系，把握住主色调的比重。主色调要占有一定的比例面积，其他色彩起着对主色调的协调、呼应、映照作用，其比重不能超过主色调，否则喧宾夺主、本末倒置。如要使色彩比例相近时，就要采用中性色去调和。

在网页设计中，如果你对色彩的表现力的把握不够准确，尽量少用对比强烈的色彩，如黑色或高亮度的红、蓝色等。若你能娴熟驾驭色彩，则可突破传统，创作出具有更强感染力的个性化的作品。

4. Photoshop 环境设置

启动 Photoshop，选择"编辑"|"颜色设置"命令，打开"颜色设置"控制调板，单击"更多选项"按钮，就可以看到全部调板，从上到下分别有 5 个板块，分别为设置、工作空间、色彩管理方案、转换选项和高级控制，如图 8-2 所示。

1）"自定"设置

这是整个设置的纲目，它的设置会影响下面全部的设置，图 8-3 所示为颜色设置下拉菜单。打开下拉菜单会出现一大列预置好的选项，如果选中任何一项，整个调板下面的四项都会出现与之配套的全部选项。这是一个通用的"傻瓜"式的设置，适用于对色彩管理不太熟悉的初级用户，只要设置合理，通常能够取得稳妥、安全的使用效果，但是这一设置与照相机的全自动模式有点类似，有自动的便利，但缺少手动的精到。

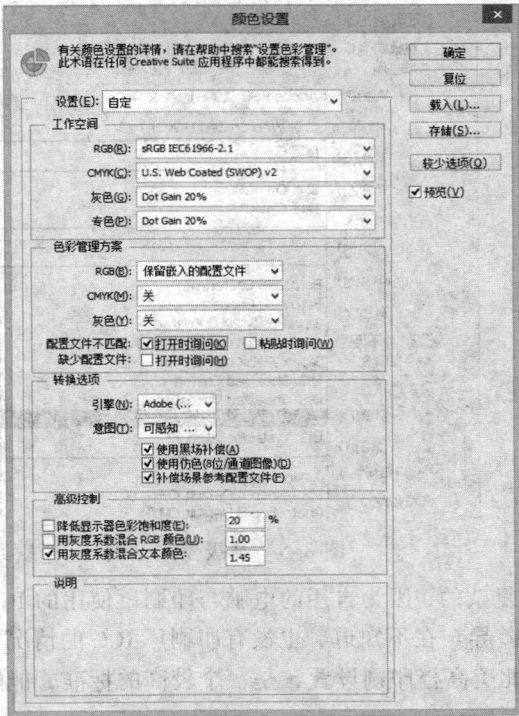

图 8-2 Photoshop 颜色设置

图 8-3 颜色设置下拉菜单

如果一定要使用这个自动的设置，建议使用"美国印前默认设置"（有些版本显示为"美国印前 2"），理由是该设置的 RGB 空间是 AdobeRGB，大于 sRGB 的色彩空间。为什么不设置日本的系列呢？大家看看两者"灰色"的网点扩大率的区别。桌面印前技术几乎都是 Adobe 创建的，图像制作也基本使用 Photoshop，所以没有比"美国印前 2"更专业的了。如果选择日本的系列，要求前后期的流程都要统一到该系列里，有时难以做到。这不是按美国的印刷标准，而是运用了 Adobe 的色彩规范，只是因为这个规范被称为"美国印前 2"而已。注意，这里多次提到印刷，并不是"美国印前 2"设置只针对印刷，一般的 RGB 模式照片制作也可以在这个设置下得到很好的效果，如图 8-4 所示。

"自定"是一种个性化的设置，可以单纯地对影像进行自主设定，可按个人的意愿实现意图，相当于关闭了相机的自动挡，进行手动拍摄，可能更精确，但是，如果设置错误，则可能还不如傻瓜式自动设置，设置自动板块后，其他选项都是自己来设置，如图 8-5 所示。

2）"工作空间"设置

工作空间是全部 Photoshop 色彩工作的核心，它规定操作必须在一个特定的色彩区域中进行，此工作空间制作的照片改换到彼工作空间，照片色彩就会发生变化。共有四个选项供选择，图 8-6 所示的工作空间设置，第一项就是 RGB 空间设定。中高级的摄影师应该选择 AdobeRGB，以使照片以后能够适合高档印刷的需要。如果用于激光输出和一般打印可以选

"sRGBIEC61966-2.1"。如果仅仅是屏幕观看或上网交流，可以选择"显示器 RGB"。假如搞错了，在色彩鲜艳而层次较少的"显示器 RGB"设置下修图，照片最终又被用于高档印刷，那么照片的色彩肯定会又灰又暗，色彩失真。

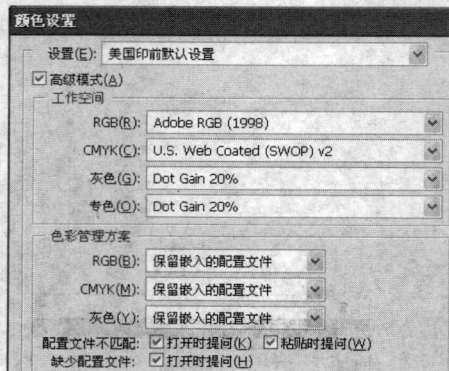

图 8-4 "颜色设置"对话框

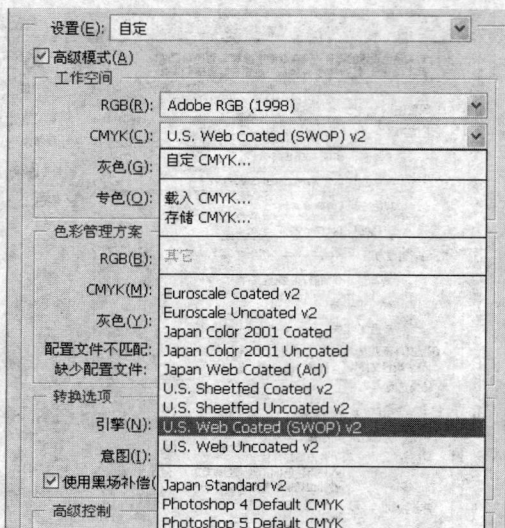

图 8-5 高级模式设置

第二项是 CMYK 的设置。四色设置是最复杂的，因为自用的电脑与印刷厂使用的 ICC 不同或者相差很大时，会导致比较严重的色彩差异。在不知道、也没有印刷厂 ICC 的情况下，建议设置为 U.S.WebCoated(SWOP)v2，这是北美高档印刷设置，是一个较高的标准，能够应付大多数印刷，得到的不会是一个很差的结果。

如果想印刷得到更好的效果，就要得到印刷机的 ICC 特性文件，复制到计算机中，然后在 CMYK 选项中载入该 ICC 特性文件，将可以用印刷机的色彩空间校准色彩。在 CMYK 里再进行载入该特征文件，如图 8-7 所示。载入后，在 CMYK 的色彩空间就有该 ICC 特征文件的色彩空间显示，然后载入这个 CMYK 的色彩空间，选择"视图"|"校样设置"|"工作中的 CMYK"命令，这样就可以模拟印刷厂色彩还原的实际效果。

图 8-6 工作空间设置

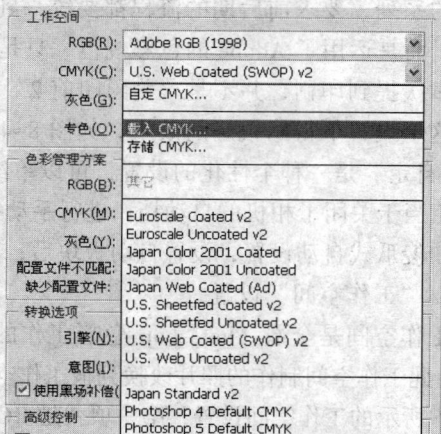

图 8-7 载入 CMYK 色彩空间

若此时打开的文件与四色设置的色彩不匹配，可以在"指定配置文件"对话框中选择"配置文件"单选按钮，并在下拉菜单中选择刚载入的 ICC 特征文件，如图 8-8 所示。

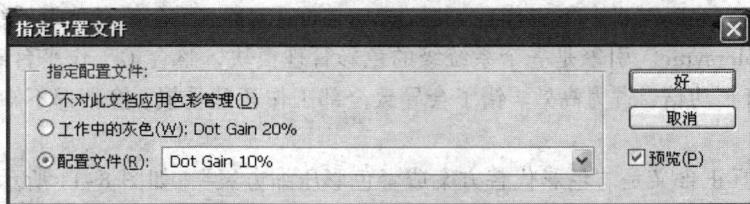

图 8-8　载入 ICC 文件

3）"色彩管理方案"设置

这一步设置能够使后期色彩管理提高效率，包括照片设定色彩空间自动转换、提示、警告等几项内容，如图 8-9 所示。

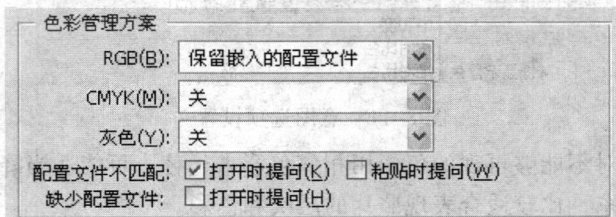

图 8-9　色彩管理方案设置

一是将"RGB"选项设为"转换为工作中的 RGB"。把文件都纳入到选定的色彩空间中随时进行监控是好事，能够适应大多数的 RGB 文档标准的修图工作。

二是"CMYK"选项设定为"保留嵌入的配置文件"，这是为了慎重从事。新打开一张图，我们不知道它带有什么特征文件，带有特征文件便于分析、决定取舍其色彩特性文件，不使用"转换为工作中的 CMYK"设定，也是为了防止糊里糊涂的转换，从我们眼皮下面溜过去，发生偏色。

三是"灰色"选项建议选择"关"，因为黑白照片的自动转换效果往往不佳，事实上我们都会对灰度照片的影调重新调整。

配置文件不匹配时或缺少配置文件时建议除"粘贴时询问"复选框以外，都勾选。粘贴一般都是一部分的图加入到另外一个整体的图像中，它进入一个大家庭以后会入乡随俗，理所当然。

4）"转换选项"设置

"引擎"选项用来指定一种颜色引擎，即选定不同色彩空间转换颜色所用的"颜色管理系统"（CMS）或者"颜色匹配方法"（CMM），如图 8-10 所示。

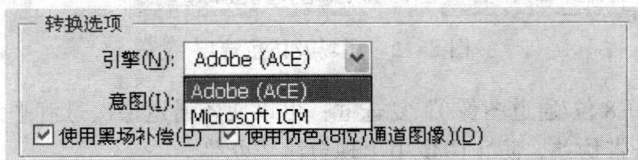

图 8-10　转换选项设置 ACE

引擎是对系统内软件都能进行色彩管理的、功能强大的色彩模块。决定这个模块首先要清楚用户使用和与之交流的工作平台是什么，假如都在 Adobe 的软件之间使用，首选 Adobe（ACE），如果在 Windows 平台下工作，可以选 MicrosoftCMM，而全部在苹果系统上工作，就可以选 AppleColorsynic。引擎是一个系统级的色彩管理模块，整合了工作平台和应用软件，设置正确可以事半功倍，省力高效，错了会导致全部工作紊乱受损，挽救都不知道从哪下手，所以十分重要。

"意图"的真正含义是"色彩代替方案或者色彩压缩方案"，如图 8-11 所示。

由于在源设备呈现的色彩不可能 100%的在目的设备中复制，必然要引起一些损失，压缩的方法是用其他相邻的色彩代替，"意图"就是指定用哪个压缩方案或者替代方案来执行替代。

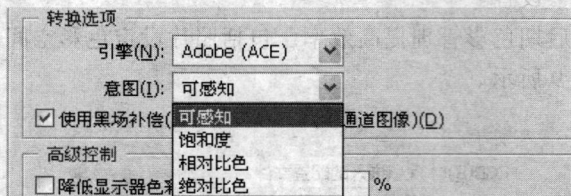

图 8-11　意图选项设置

（1）"可感知"：对不能够再现的色彩用相邻色彩来代替，可能适当降低饱和度，不改变源文件的色彩之间关系，比较适合表现照片的层次和色彩。

（2）"饱和度"：只关注对色彩鲜艳度的表达再现，而不太考虑源文件色彩之间的关系，适合于印刷地图、图表等，不适合制作照片。

（3）"相对比色"：更侧重对白点白平衡的比对还原，对不能再现的色彩用相邻的颜色代替，能够较好地表达色彩平衡和较多的颜色。与"可感知"侧重层次相比较，"相对比色"用白场平衡再现更多的色彩，尽管色彩可能有所改变。如果要漂亮，但并不十分需要准确的还原色彩，可以选此。

（4）"绝对比色"：与相对比色相反，不以白点为主，针对源文件中不太正确的白点，生成一定的补色，以造一个"白点"出来。可以想象，这种方法用在数码打样上是合适的，可以模拟最终的输出设备，但它不是源文件真实的色彩反映。

最后两项是"使用黑场补偿"复选框和"使用仿色（8 位/通道图像）"复选框，如图 8-12 所示。勾选"使用黑场补偿"复选框能使源文件中的黑色太大或不够时能够达到较好的黑色还原。

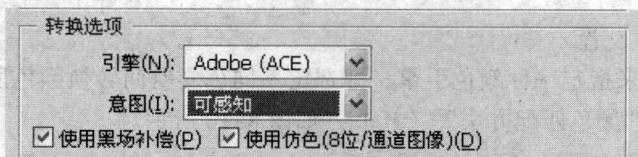

图 8-12　黑场及仿色选项

（5）"使用仿色（8 位/通道图像）"复选框：可以使各通道层次过渡平滑连续，减少过渡层次中容易出现的条带伪差，防止图像中出现台阶或断带。

（6）"高级控制"设置：单击"更多选项"按钮，出现在颜色设置调板最下面的"高级控制"选项卡只有两个复选框可选，如图 8-13 所示。一个是"降低显示器色彩饱和度"复选框，后面有可以定义的数值框，这是一个在显示色域较小的显示器上能够显示较多和较大的色彩范围的一个设定，比如试图用 sRGB 来显示 AdobeRGB，勾选该复选框，并且在数值里填入 15~20 时，反复勾选"预览"复选框可以看到取消时色彩较鲜艳，勾选时色彩较灰，但层次稍稍丰富。

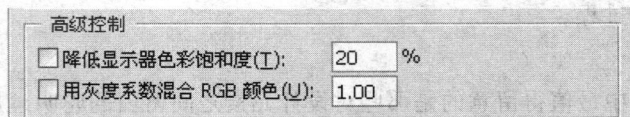

图 8-13　高级控制选项设置

另一个是"用灰度系数混合 RGB 颜色"复选框，它的本意是指在 Gamma1.0 的密度时（也就是按中灰曝光的胶片曲线 1.0 密度区，特性曲线的中段，最主要的影调中间值），RGB 的个性混合时能够体现出的中性灰度来，这当然是好事，它能完成色彩平衡，使混色自然。

5）本地屏幕软打样

在 Photoshop 中对图像进行软打样，需要完成两次色空间转换：一是从图像色彩空间到输出设备色彩空间的转换；二是从打样色彩空间到显示器色彩空间的转换。一旦掌握了如何使用 Photoshop 进行软打样，对输出图像的可预测性就越来越高。

（1）从图像色彩空间到输出设备色彩空间的转换。在"视图"下拉菜单中选择"校样设置"｜"自定"命令，弹出"自定校样条件"对话框，在对话框上部的"自定校样条件"菜单的子菜单中调用保存的打样设置，这些设置被保存在固定的文件夹中，如果使用的是 Windows 平台，则文件夹地址为 ProgramFiles/CommonFiles/ Adobe/Color/Proofing；如果使用的是 Mac 平台，则文件夹地址为 SystemFolder/ApplicationSupport/ Adobe/Color/Proofing。在"要模拟的设备"菜单中，可以选择要在屏幕上模拟的输出设备的描述文件，在其中可以选择几乎所有的设备，如 RGB、CMYK 或灰度打印机等，还可以选择显示器等，如图 8-14 所示。

"保留颜色数"单选框的功能是帮助用户查看如果将一个未转换的文件发送到指定了描述文件的输出设备上会出现什么情况。选中该复选框实际上就表示不对该图像进行转换，因此，其下的"渲染方法"菜单会变成灰色。

（2）从打样色彩空间到显示器色彩空间的转换。缺省情况下，对话框最下面的"模拟纸张颜色"复选框和"模拟黑色油墨"单选框是关闭的。

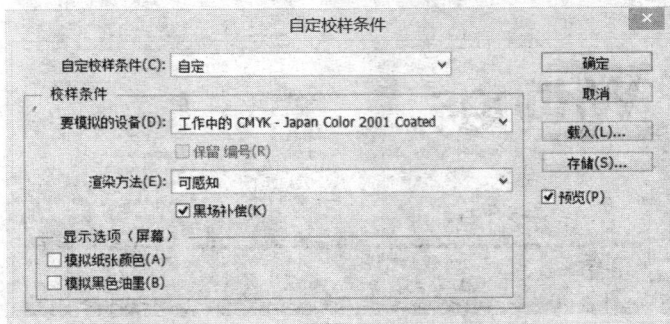

图 8-14　自定义校样条件

这时 Photoshop 自动执行包含有黑点补偿的相对色度转换法，完成从打样色彩空间到显示器色彩空间的转换。也可以根据输出的要求选择其他不同的渲染方法。

8.2.4 高品质的网页界面表现方法

"高品质"是所有人追求的目标，在网页界面设计的世界中也不例外。如下为网页设计中寻找"高品质"的过程。

1. 留白

在好的网页设计中最值得留意的是那些对设计元素之间留白的聪明运用。留心不同内容区块之间的间距和排列方式，能让设计的整体感官大不一样，从而提升设计的品质。处理好留白的关键是从整体上感知设计元素。把设计稿缩小观看会是个好办法。

Good.Is 页面整洁而有开放感，全都得益于设计师对文字和图像之间留白量的准确把握，如图 8-15 所示。

图 8-15　网页留白表现 A

Digital Mash 在大空白上展示的元素往往更具吸引力。Digital Mash 的网站创造了极佳的亲和力，如图 8-16 所示。

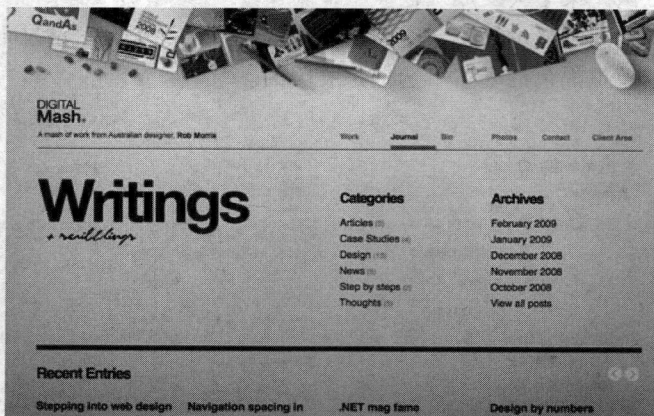

图 8-16　网页留白表现 B

Creatica Daily 的大量空白运用又一次让网页内容成为焦点（见图 8-17）。每篇文章中都有大量内容，不过该站点的设计师们并不善于给这么多内容之间填上大量留白。但并不是说文字不够多就不能用很多留白。

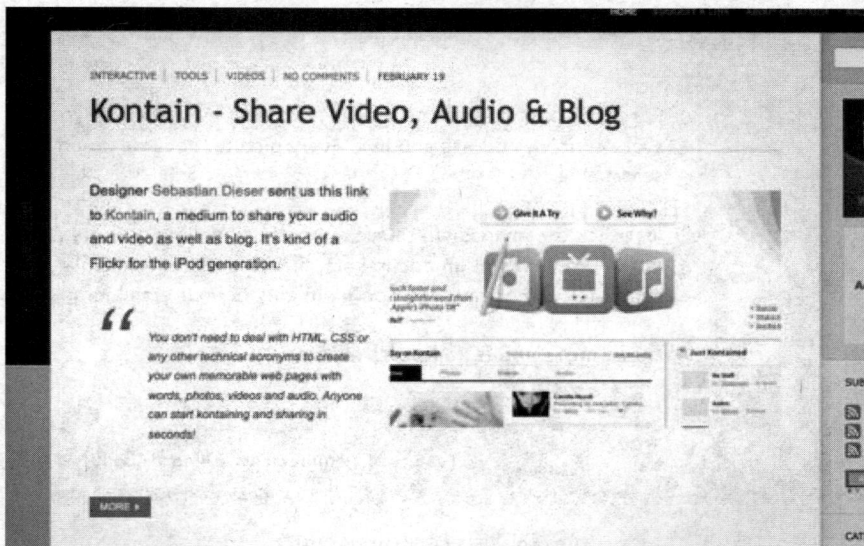

图 8-17　网页留白表现 C

Postbox 上也有很多空白，仔细观察 Postbox 的网站，能看到边缘处的留白应该如何处理。它的方框边缘有 60 像素的边内留白，如图 8-18 所示，实际看起来的效果却非常好。

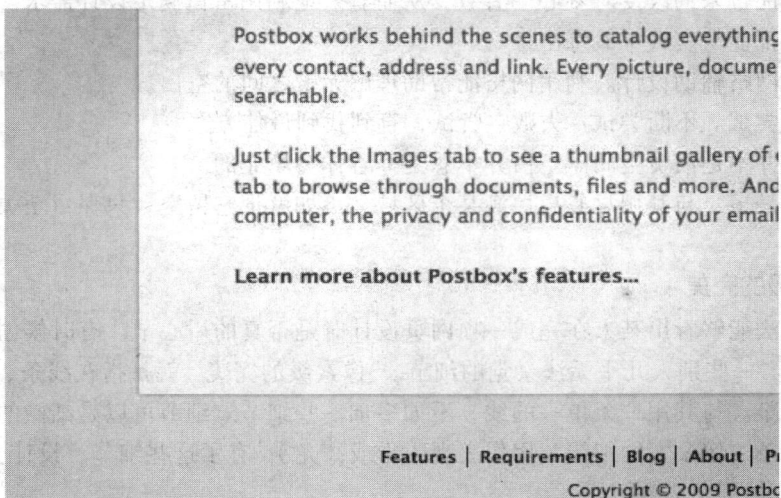

图 8-18　网页留白表现 D

1）留白时的错误

大家在设计留白时的最常见问题就是各个区块的内容到边缘距离太小。不论你的设计多么有风格，如果东西放得太满，这些风格连同设计的品质就会流失。

2）留白不够的例子

PostBox 网站那些大留白创造了十分动人的效果，下面修改一下它的页面，看看减少留白会是什么效果，如图 8-19 所示。

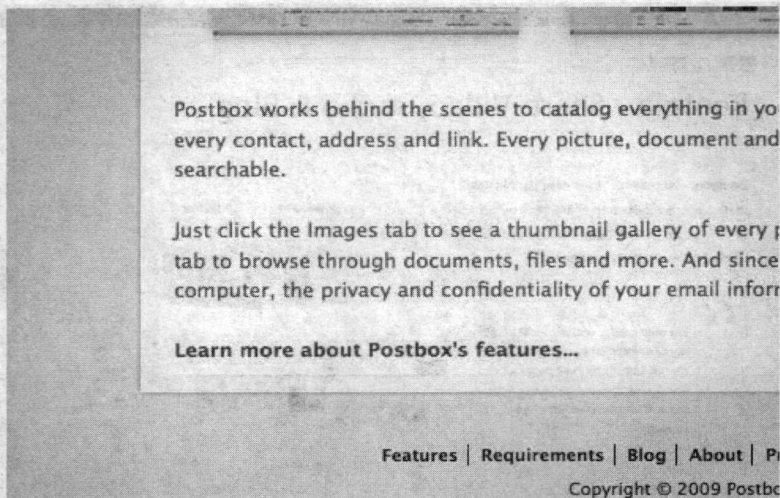

图 8-19　网页留白欠缺表现

品质感明显下降了，可见留白的影响十分巨，那么如何能较好地控制留白，主要有以下几个方面：

（1）高效控制留白的技巧。各种不同情况下，留白要求都不尽相同。需要不断训练自己，做到对留白所能带来的改变时刻心中有数，从而有效地利用留白满足设计需求。这要靠个人感觉的，不过都能从实践中锻炼出来。

（2）使用网格辅助设计。利用网格能帮助理解元素之间的空白。

（3）不断尝试。不断尝试—失败—尝试，直到找到最佳方案。

（4）留白并不是浪费空间。空白并不总是等着你去填充的。

（5）少即是多。与其用尽心思填满某个区域，不如就把它留空，只保留至关重要的信息就好。

2. 像素级的完美

有一个方法能够看出某人在完成一项网页设计时是否真的用心了。有时候创造奇迹的就是一些小细节，一些别人几乎无法察觉的细节。"像素级的完美"就是指在线条、边缘和边框描边上仔细推敲。与其用一条单一的线，不如多加一些细节。细节可以是细微的渐变，也完全可以只是一条 1 像素宽的细线（用作表现阴影或高光），有了这些细节，设计会大不一样。

1）Envato 的细节表现

图 8-20 所示为 Envato 的细节表现，在 Example1 中，绿色内容框的边缘有一条更亮的绿色线。而 Example 2 处，区块内边缘有柔和的渐变阴影，而边缘之上还有一像素的白色描边。这种做法非常聪明，用阴影来强调高光。后面的绿色区域有非常柔和细微的光影效果，有助于将注意力吸引到下面的白色区块中那清新脆爽的细节上去。尽管这种做法并不是总能让设计看起来更加精致，不过它们的确能赋予设计以三维的真实感。于是设计元素就成了镶嵌在

页面上的宝石，而不是平铺在上面的一张毫无动感的纸。

2）Tutorial9.Net 细节表现

图 8-21 所示为 Tutorial9.Net 细节表现，Example 1 设计仅仅通过添加一条 1 像素的高光，而将导航标签变得更有质感。Example 2 处使用的技巧则更多：相机图标的投影，下方白色区域的阴影与高光，以及导航条上的 1 像素高光。

图 8-20　Envato 的细节表现

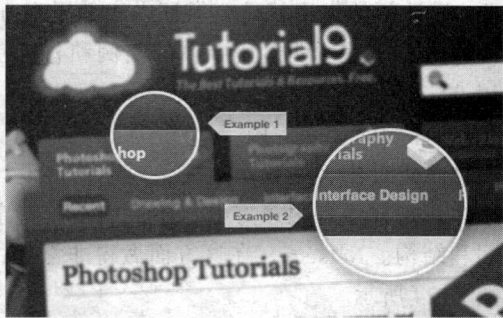

图 8-21　Tutorial9.Net 细节表现

3）RedBrick Health 按钮和分割线上的完美像素级细节

图 8-22 所示为按钮和分割线上的完美像素级细节，这个漂亮的导航菜单由 Ryan Scherf 创造，是使用完美像素级细节提升设计品质的绝佳实例。红色按钮有 1 像素的高亮，链接之间的分割线也有同等的品质与细节。正如你所看到的，Ryan 没有满足于只用一条灰色线分割，还在下面添加了一条 1 像素宽的高光线，避免了设计看起来过于平坦。

4）完美像素级细节也适用于 Grunge 风格

漂亮的 AvalonStar：Distortion（扭曲）主题博客，有着极赞的 Grunge 风格。不过，即便是肮脏做旧的 Grunge 风，利用 1 像素高光也能创造大不同。图 8-23 所示为 Grunge 风格细节表现，Example 1 处棕色区域有一个渐变阴影，下面的绿色区块的顶部则有着一条 1 像素高亮线。阴影与 1 像素线的结合，让这些区块显得更为精致。

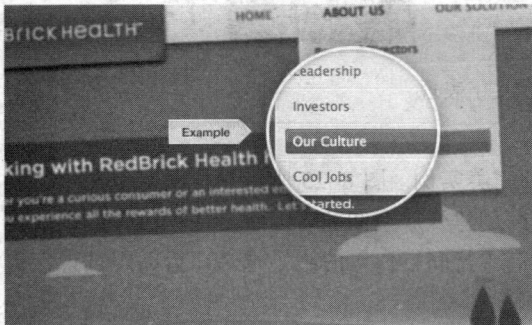

图 8-22　按钮和分割线上的完美像素级细节

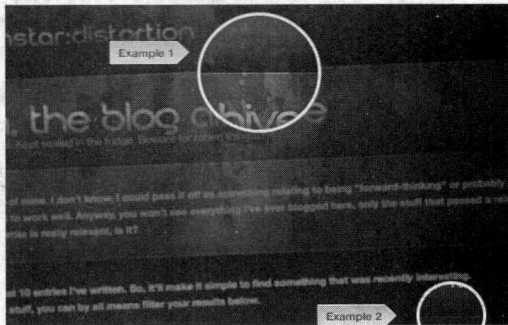

图 8-23　Grunge 风格细节表现

要在这一技巧上达到完美，不断的实践尤为重要。一条 1 像素线这么简单的东西就能给设计添加非常酷的深度感，甚至不一定要用到倒角或渐变。费尽心力做一些实实在在的置于某对象之上的效果，要在设计意识上时刻注意以下几点：

（1）注重细节。小细节完善内容感官是关键。

（2）思考像素级问题。描边、渐变、线条、阴影等等，不用太宽大也能有效地增强设计。

（3）前后对比。应用效果后注意与没有这种效果之前进行对比，了解这些细节带来的改观。

3. 文字排列与字体选用

尽管设计师大都不会亲自撰写网站的实际内容，不过他们对于内容的整体品质仍然至关重要。设计师的作用就是要保证内容的展现方式足够易读。有很多方法能保证字体易读易用，下面通过对一些聪明运用字体的实例和分析使人们了解在网页界面设计中文字、字体的完美运用方法。

1）标题的文字运用

网页设计中，标题很重要，对于博客设计来说尤为如此。最近流行在标题上使用大而粗的字体。这样做有很多好处，不仅能提高特定内容区块的可用性，而且有助于组织设计中的空间和结构。Netsetter 在这方面做得非常好，标题字体很大，周围有大量留白，十分易读，如图 8-24 所示。

图 8-24　标题文字表现

2）行间空白和字符间距

Viget 网站是字体究竟对网页设计有多重要的完美实例。图 8-25 所示为行间空白和字符间距作品集展示页，再一次展示了大字体是如何帮助创建开放空间的，即使是这种清爽的细线体及宽阔的空白。另一个值得称道的地方是对于行高（行间空白）的绝妙选择。行间距被设定得比默认值大很多，大大增强了文字可读性。

3）配合情绪的字体

要找到完美的字体需要不断的尝试和失败，或者根据字体所代表的"情绪"来选择字体。图 8-26 所示为情绪字体的应用例子，在给人以复古和做旧感的同时，也饱含开放的情绪与现代感。其成功的关键就在于选择了能唤起人们相应情绪的字体。Henry Jones（该站的设计师）为标题选择了一种流行的传统衬线字体：Georgia，对怀旧复古风的实现有大裨益。现代感则来自与标题完全不同的字体——主内容使用的 Helvetica 字体，一种无衬线的、滑溜的、开放的字体。

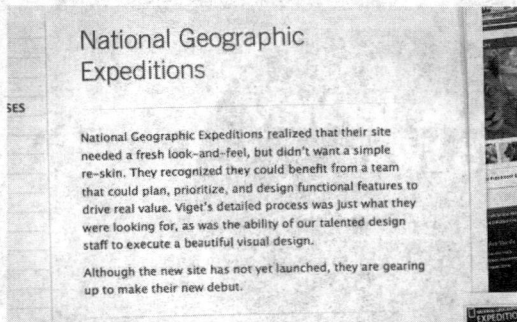

图 8-25　行间空白和字符间距

图 8-26　情绪字体的应用

4）网页设计中字体选用的快速决断

看了上面这么多好例子，将来选用起字体来应该会更加得心应手。不过，为什么这些设计给人的感觉这么好？那在自己的设计中，又该如何运用？可进行以下尝试：

（1）是否可读？不要怕尝试粗大的字体。

（2）可否考虑过间距？间距对于可读性有很大决定作用。

（3）字体带给人什么情绪？确保字体选择适合你的设计风格。

4. 元素的组织

设计师这一职业对很多人都有吸引力，因为那些制造创意的过程，实在是十分有趣。但是组织内容的过程就没有那么有趣了，不过一旦养成了组织内容的好习惯，就会发现其实它也没有想象中那么枯燥。组织内容的方式总是需要看情况而定，比如说，这站点是什么类型？某项特定内容在页面上的重要性如何？

如何放置内容，以及放到哪里，可能的排列组合实在太多了。不过还是有一些技巧可循的。最基础的就是，先决定设计需要达到的效果。例如，是要做内容展示、或者是在做一个用户注册页、推广页面，等等。

1）设计与营销

在广受欢迎的 37 Signals 的网站，销售业绩好可不是靠的运气。其网站用户你尽可能容易地了解他们的产品，帮用户做出最终决定。用户所看见的东西都被精妙地设计而呈现。

如图 8-27 所示，其提供了四大理由用户你购买他们的产品。吸引注意力(Attention)是第一步，网页的一个黑色区块，放上关于产品的简单介绍，并且使用了粗大的标题。接着，通过一些漂亮的插画把用户的兴趣(Interest)吸引到对产品优点的介绍上。然后，为了让你产生购买需求(Desire)，通过放置客户评论引言和产品获奖证书来实现。在这一实例中，通过几个"What our Customers have to say"（我们的客户如是说）的视频来实现的。最后要实现的即促成购买行动(Action)；37Signals 的网站上有大量行动点(Action Points，即引导用户进行下一步操作的链接)贯穿于整个页面，由于页面很长，页面底部还放置了更多的行动点。

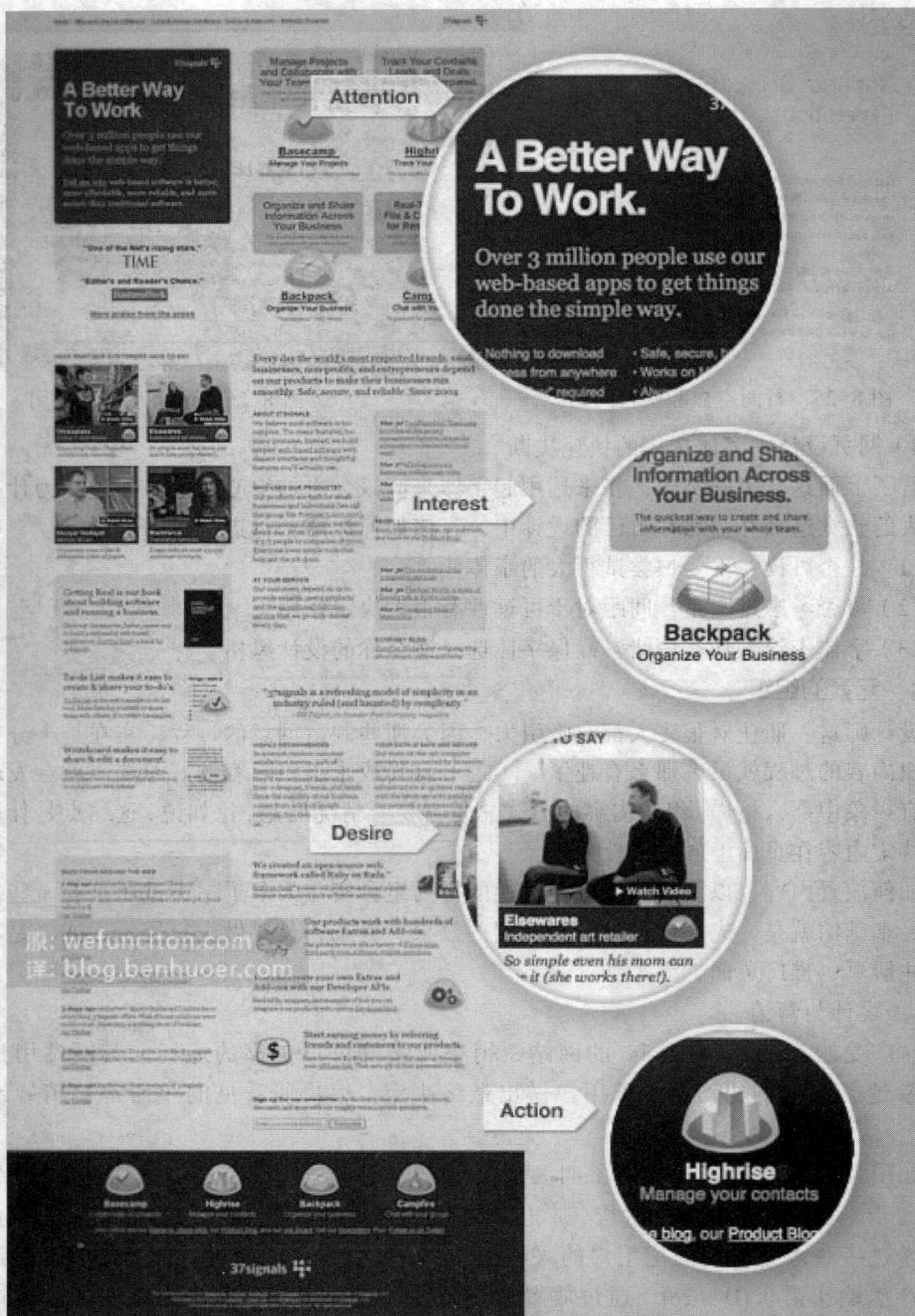

图 8-27　网页元素组织 A

2）为内容（Blog）而设计

设计博客页面时的情况则大不一样了。不用花力气劝说用户信任你的产品，你的"产品"已经展示在他们面前——也就是你的博客内容。你要做的就是确保用户能轻松阅读你的文章，探索内容，与你和你的博客产生联系。

内容（Content）应该是博客中出现在眼前的首要部分（之一）。图 8-28 所示的网页中一个粉红色粗体字的标题，很好地吸引了用户的注意力，引导用户直接关注文章内容。左侧放了张大小合适的预览图，右边则是两三段文章摘要，和一个"继续阅读"的链接。当然，也有标准的日期和作者信息。这简直就是内容设计的完美实例。注意力（Attention）可以被引导到任何有趣的事物上。在这个例子中，漂亮的 RSS 订阅按钮成为焦点。且不说这个焦点不仅让用户产生了与内容的联系感，还能帮助网站获得更多的订阅量。鼓励用户探索你的内容相当简单，只需在边栏上加一些最新文章或最受欢迎文章的链接列表，或者制作一个下拉菜单，或者组织一个其他你想要推送的内容的高效列表。做起来很简单，效果却足够有效，尤其是对博客来说。博客是一个私人领地，通过不同的途径告诉用户你的联系方式（Connect），能帮助他们了解你，也说不定会带来意外的好处。

图 8-28　网页元素组织 B

任务 8　网页界面设计与实现

217

当然可能会遇到需要打破常规，选用非同寻常的方式时，还是可以遵循以下简单技巧，以保证内容结构和阅读顺序的良好：

（1）为何而设计？如前所述，确定设计的目标。

（2）利用网格。网格帮助网站发挥页面的最大潜能。

（3）测试元素位置。以访问者的角度考察内容的易用性。

（4）移除所有不必要元素。不必要的东西都应该被消灭，或者至少不要放到显眼的地方。

（5）注意力的均衡。有些东西需要被简单化，好让另外的事物闪耀光辉。

5. 自我克制与精妙细节

设计师总是在寻找制造冲击力的方式，总是想做一个独一无二的设计，创造些前所未有的效果。不过有时候通过自我克制也能形成冲击力。量变产生质变，过多的"好"也会带出不好的结果。好的设计师晓得平衡点在哪里，并且能避免让过多的特殊效果毁了一项设计。

1）"Things"网站上的柔和渐变

对于访问过的站点，关注其细微渐变以积累将来设计时的灵感。渐变是最被滥用的设计方法之一，不过运用成功的话，还是能让设计增色不少。图 8-29 所示为渐变的完美应用，它所能提供的真实感和深度感是其他技巧所不能达到的。大部分人都不太注意渐变，不过别人对渐变的运用确实是最好的灵感来源。

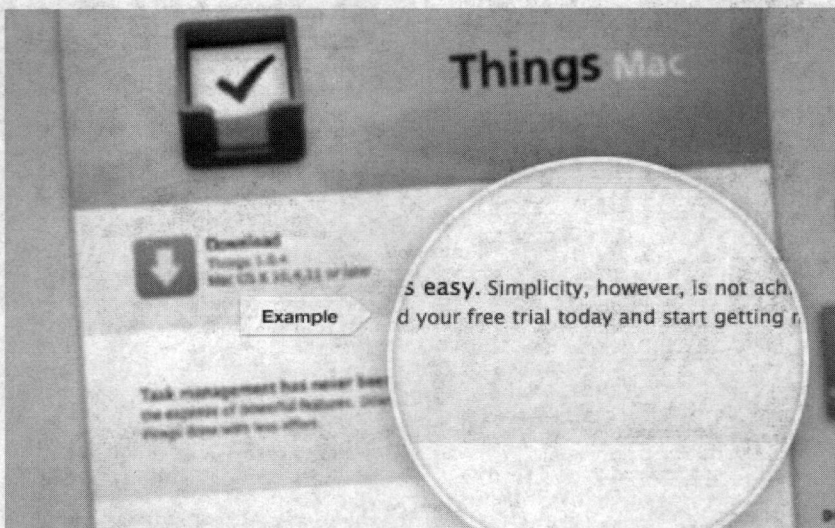

图 8-29　渐变的完美应用

2）Icon Dock 上的投影

Icon Dock 的网站简直就是各种精妙细节聚在一起开大会。像素级高光，渐变，以及投影（见图 8-30）。投影不是很大，透明度也被调高，小心翼翼地烘托着内容区块，让其成为真正的焦点。

3）精细的背景材质

材质性背景要么成全设计，要么毁掉设计。很多复杂的背景除了分散读者注意力，没有带来任何好处。最终使得设计品质大为降低。所以，最好还是一直保持背景材质细微而柔和。Scouting for Girls 的网站在运用材质打造整体风格和设计品质方面做得极好，如图 8-31 所示。

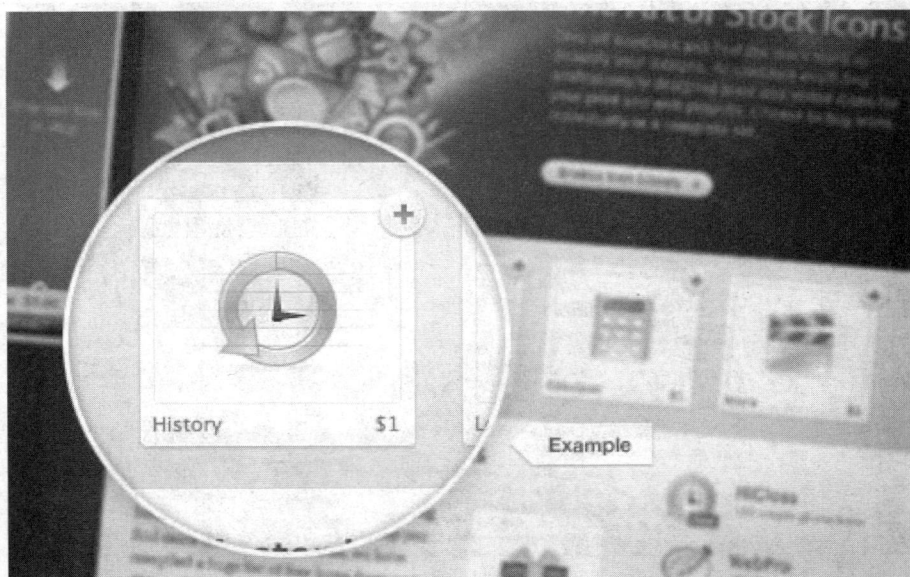

图 8-30　投影的完美应用

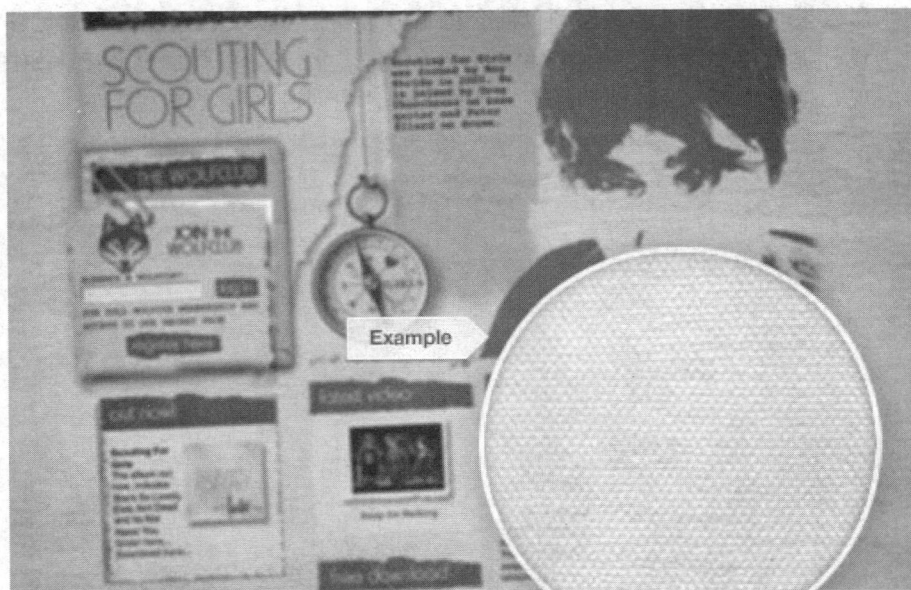

图 8-31　精细背景应用

4）做旧与撕碎的启发

任何细节的"细度"都以可见为前提。可能人们并没有清楚地意识到，不过这些细节必定确实产生了影响。博客 Viget Advance 的例子中，如图 8-32 做旧表现，在做旧与撕碎效果方面，能给人一点启发。只是非常细微的做旧，不过如果没有这效果，这张人造纸就会显得平淡无奇，枯燥乏味了。正是这些小小的"不完美"让这画面显得更可信，更真实。

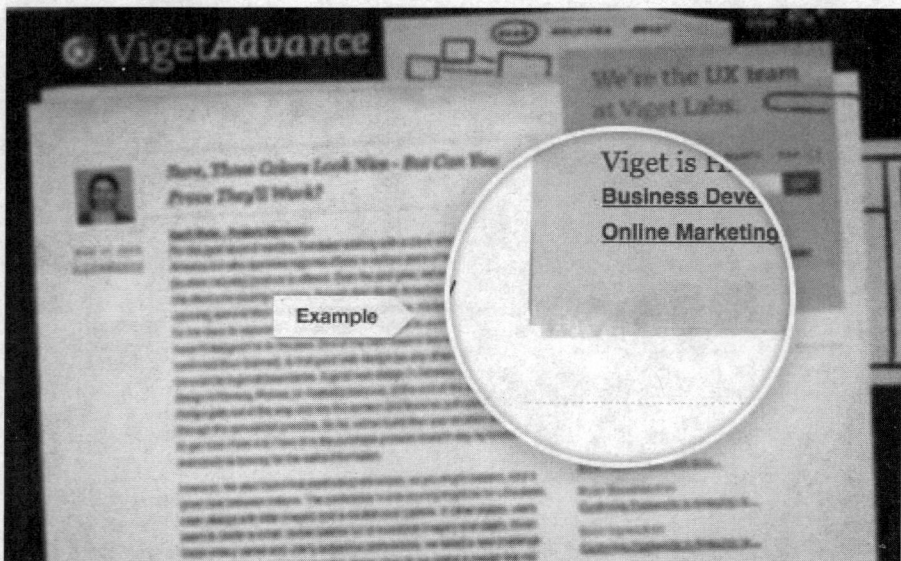

图 8-32 做旧表现

5）Web Designer Wall 上的水彩效果

使用水彩效果时，关键是要确保颜色混合得足够柔和，浓淡变化适宜，而且足够"水"。水彩效果为设计提供很多好处：精细而和谐的多种色彩，感染力极强的材质感，如图 8-33 网页水彩表现，越来越多的设计师选择了在他们的设计中创造水彩效果。

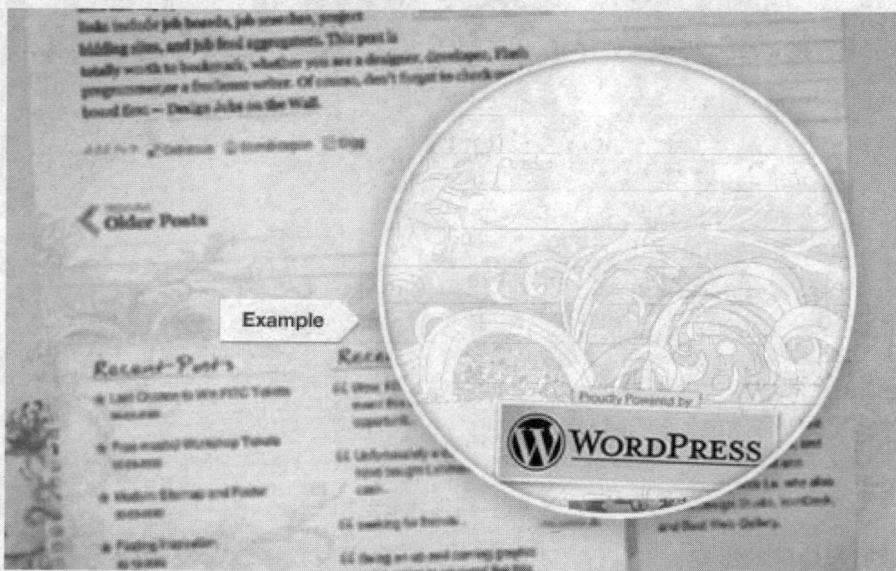

图 8-33 网页水彩表现

6）精妙的植物

网上还有很多更加栩栩如生的植物图案，而且也非常漂亮，如图 8-34 所示的背景装饰植物的应用中那些更清淡更微妙的细节应当受到关注。这个例子展现了细节的重要性，柔和的色彩，做旧的效果，唤起你对细节的感知，不过却并不形成为主要焦点。

图 8-34　装饰植物的应用

精妙细节能让一项好的设计升华为灿烂夺目的设计。精妙细节是个不错的设计方向。以下是关于运用精妙细节的注意事项：

（1）创建细节图层。不要在一个笔刷或材质上吊死，多加些图层，多做点细节。

（2）尝试不同透明度和色彩。有时候只有 3% 的不透明度也能产生正面影响。

（3）拒绝缩手缩脚。不要担心太多细微，或者太不明显。

6. 发挥色彩的全部潜能

1）无趣并不代表无色

图 8-35 所示的网站告诉我们，一项"无趣"的行业相应的设计并不一定也得"无趣"。通常企业的网站都不允许设计师有太多视觉创意上的发挥。保持简单、单调、淡彩色成了不成文的规定。Oypro 的例子证明，不用束缚自己，也能创造出一个有足够"企业感"的网站。

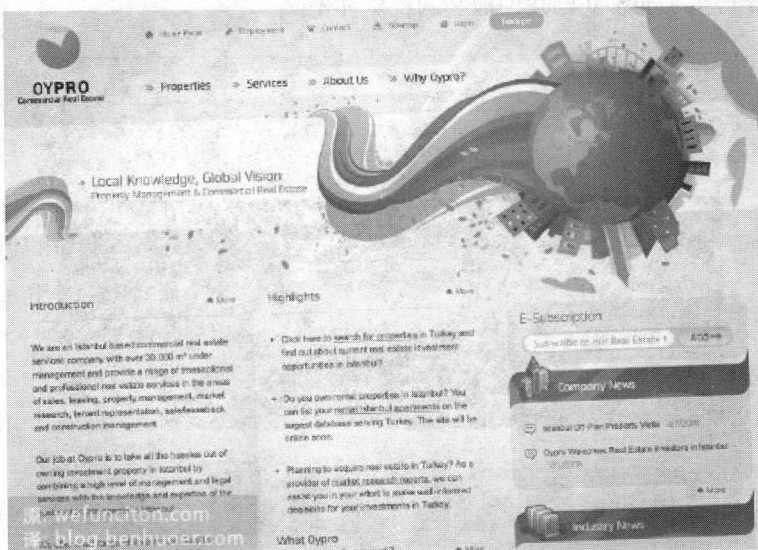

图 8-35　网页色彩表现 A

2）让色彩相互联系

Summertime in Tennessee(田纳西州夏日观光) 是一个充满活力的、明亮的，非常温暖的站点，如图 8-36 所示。一切看起来都是为了推送夏日活动而设计，该站点使用了非常多不同色相的高饱和度色，但每一种颜色都切中要害，没有一种是不适合主题的。高品质设计的色彩搭配必定与其要呈现的服务或产品密切关联。好的设计并不总是需要费尽心力选一些出奇制胜的颜色，那些最明显最该用的颜色反而能创造更好的效果。

图 8-36　网页色彩表现 B

3）背景还可以大作文章

只涂一层单调的背景色可没法让你的设计变得有趣。有一点变化的背影才是最好的背景。如图 8-37 中漂亮的橙/红色被运用到各种各样的光照和渐变效果中。这种为背景增加变化的做法，有效避免了平淡和沉闷。另一个需要特别注意的地方是，暗深橙色背景与上层明亮内容区的对比产生了非常戏剧化的漂亮的视觉冲击。

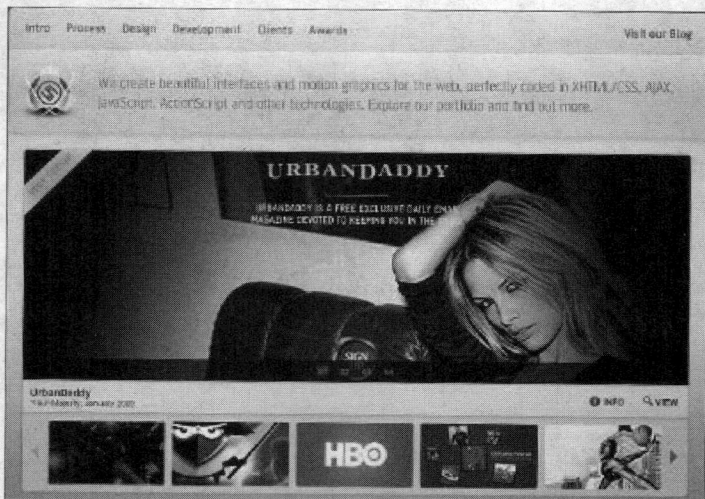

图 8-37　网页色彩表现 C

颜色永远是值得探索和尝试的区域。尝试不同的组合变化能为设计带来无限可能。不过选择颜色和色彩搭配时，应该做到对下面的要点心中有数。

（1）尝试突破。无趣的主题并不一定得使用无趣的色彩组合。

（2）多变。尝试在多彩的背景上使用渐变、重复图案、笔刷，光有颜色可不容易让设计显得好看。

（3）坚持主题。确保用色与需要呈现的产品/服务有关联。

7. 做别人没做过的事

最好的网站中有一些非同寻常的，奇怪的，甚至可以算得上诡异的设计。不过那些挑战传统的尝试说不定已经改变了传统的定义。要做到完全原创，创造出没人做过的东西实在是设计过程中最难做的事。打破常规之后，成功与失败只有一步之遥。要么做出令人惊艳的聪明设计，要么做出一堆垃圾饱受批评。别人从来不这么做是有原因的，因为有些点子实在是糟透了。要从人们知道并喜欢的区域走出来，需要勇敢才行。下面是一些相关实例。

1）MB Dragan 上的独特导航

不是通常所见的站点导航，但看起来还是一个网站，同那些标准导航同样的好。这样做有点冒险，但结果非常符合该网站特质。十分切题的设计，很难让人不欣赏这个导航与整个设计之间的配合呼应，如图 8-38 所示。

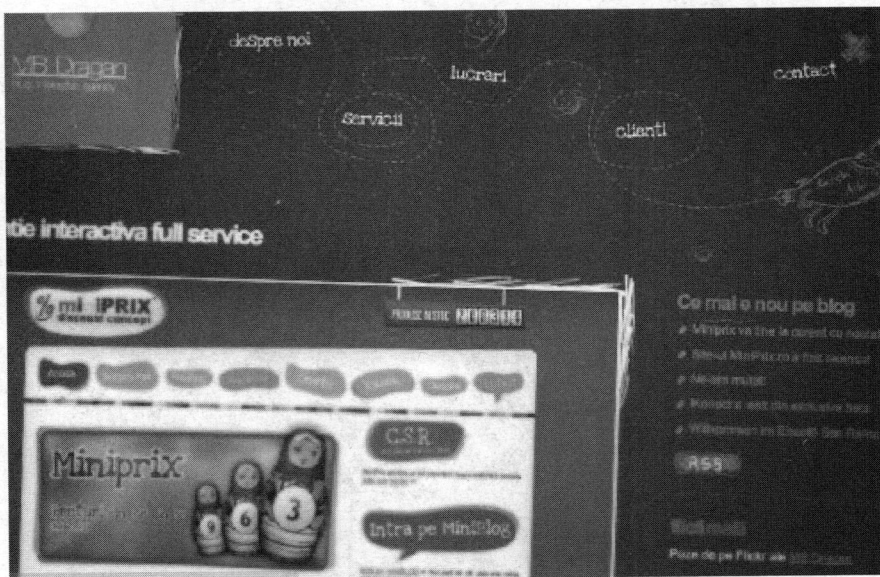

图 8-38　独特导航设计 A

2）Visualbox(视觉盒子) 非常视觉化的导航

Visualbox 的网站只有一个目标，向用户展示其充满智慧的作品，如图 8-39 所示。没有用多少文字，第一眼看到的就是名字和作品选集。鼠标滑过预览图片时，会显示出项目名称，单击时会带你滑到页面中该项目的相应位置。这是非常高效而实用的解决方案，而且比简单地堆一个列表出来要吸引人得多。

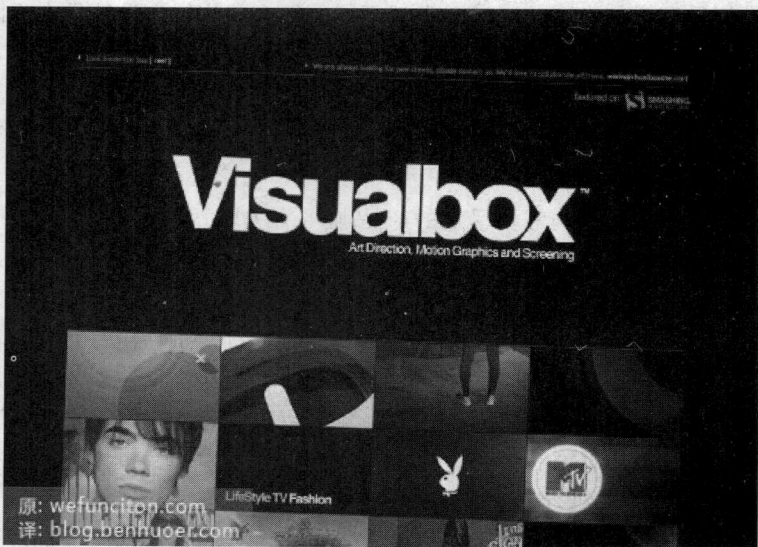

图 8-39　独特导航设计 A

8.2.5　网页设计中的色彩应用

设计师在决定了一个网站风格的同时，也决定了网站的情感，而情感的表达很大程度上取决于颜色的选择。颜色是很有力的工具，所有设计师在设计网页时就应该明白这一点。

1.　设计中颜色的类型

如图 8-40 所示有两种不同的颜色系统，两者的运用取决于设计的对象。

图 8-40　颜色表现

RGB 是这个色彩系统中三个基本色"红、绿、蓝"的英文缩写，这三种基本色是光的三原色。RGB 运用在电视电脑屏幕和任何类型的屏幕上。

CMYK 是"青色、洋红、黄色、黑色"的英文缩写，这些颜色是颜料的原色，CMYK 被运用于印刷，网页上的设计是建立在 RGB 色彩系统上的。

2. 明智地选择色彩、传达意义

色彩理论是运用颜色背后的意义给用户带来感官体验的实践所得。这种实践经验再加上一些知识和想法可以运用到网页的设计中去。人们往往不会同意一些特定色彩的含义以及设计师们应该用哪些颜色来加强特定的情感。但无需争论的是，客户对颜色是有情感的反应的。

当为设计品选择颜色时要慎重，不要无目的的使用颜色。所选择的颜色要适合目标、能表达客户希望传达的信息，能符合对用户在网站所获得的整体感受的期望。

暖色能带来阳光明媚的情绪，用在希望带来幸福快乐感觉的网站上是明智的。在 2009 年全球经济不太好的时候，黄色变成了网页设计中非常流行的色彩，因为公司希望顾客在其网站上有种阳光和舒适的感受。

冷色最好是用在想要表达出专业或整洁感觉的网站上，以呈现出一个冷静的企业形象。冷色表达出权威、明确和信任的感觉。冷静的蓝色用在许多银行的网站上。但是冷色运用在以乐观为主题的网站上是不明智的，因为用户会得到错误的印象。

3. 颜色对于用户的意义

大多数颜色能表达积极或消极的情绪，这取决于它是怎样被运用的，以及周围其他的颜色，还有网站本身的内涵。

以下是一些流行色彩的普遍意义：

1）红色

红色象征着火和力量，还与激情和重要性联系在一起，它还有助于激发能量和提起兴趣。红色的负面内涵是愤怒、危急和生气及紧急情况下的愤怒，这也源于红色本身里的热情和进取，如图 8-41 所示。

2）橙色

橙色是色轮上红、黄两个邻色的组合色。橙色象征着幸福，快乐和阳光。这是一个欢快的色彩，唤起孩子般的生机。橙色没有红色那么积极，但是它也有一部分这样的特质，刺激着心理活动，但它也象征着愚昧和欺骗，如图 8-42 所示。

图 8-41　红色表现

图 8-42　橙色表现

3）黄色

明亮的黄色是一种幸福的颜色，代表着积极的黄色特质：喜悦，智慧，光明，能量，乐观和幸福。一个昏暗的黄色则带来负面的感受：警告，批评，懒惰和嫉妒，如图 8-43 所示。

4）绿色

绿色象征着自然，并且有一种治愈性的特质。它可以用来象征成长与和谐，让人感到安全。医院经常使用绿色。绿色是金钱的象征，表达着贪婪或嫉妒。它也可以被用来象征缺乏经验或初学者需要成长（"没有经验的绿色"），如图 8-44 所示。

图 8-43　黄色表现

图 8-44　绿色表现

5）蓝色

蓝色是一个和平、平静的颜色，散发着稳定和专业性，因此它普遍运用于企业网站，蓝色也可以象征着信任和可靠性。一个冷调的阴影能带来蓝色消极的一面，象征着抑郁，冷漠和被动，如图 8-45 所示。

6）紫色

紫色是皇室和有教养的颜色，代表着财富和奢侈品。它也赋予了灵性的感觉，并鼓舞创造力。较浅的紫色可以散发出一种神奇的感觉，它能很好地提升创造力和表达女性特质。较深的紫色可以呈现出沮丧和悲伤的情绪，如图 8-46 所示。

图 8-45　蓝色表现

图 8-46　紫色表现

7）黑色

虽然黑色不是色轮的一部分，它仍然可以被用来暗示感觉和意义，它往往是与权力，优雅，精致和深度联系在一起。黑色也可以被看作是负面的，因为它与死亡，神秘和未知联系在一起，这是悲伤、悼念和悲哀的颜色，因此在运用时必须明智选择，如图 8-47 所示。

8）白色

与黑色相同，白色也不是色轮的一部分，象征纯洁和天真，它还传达着干净和安全。相反，白色还可以被认为是寒冷和遥远的象征，代表着冬天的严酷和痛苦的特质，如图 8-48 所示。

图 8-47　黑色表现

图 8-48　白色表现

4. 大公司的网站中颜色精彩运用解析

1）耐克官网（见图 8-49）

图 8-49　耐克官网

耐克常常更新网站，但通常还是黑色和灰色的色调，它通常是暗。黑色显示着产品中的力量，留给人们他们向爱运动的顾客出售优质产品的印象。

2）白宫官网（见图 8-50）

图 8-50　白宫官网

　　白宫的网站主要是白色和浅灰色，再加上一些蓝色和红色作强调色。白色象征着希望和自由，显露出平安和纯洁的价值。红色和蓝色是美国的代表色，红色代表着热情和能量，蓝色则代表着稳定与和平。

3）亚马逊官网（见图 8-51）

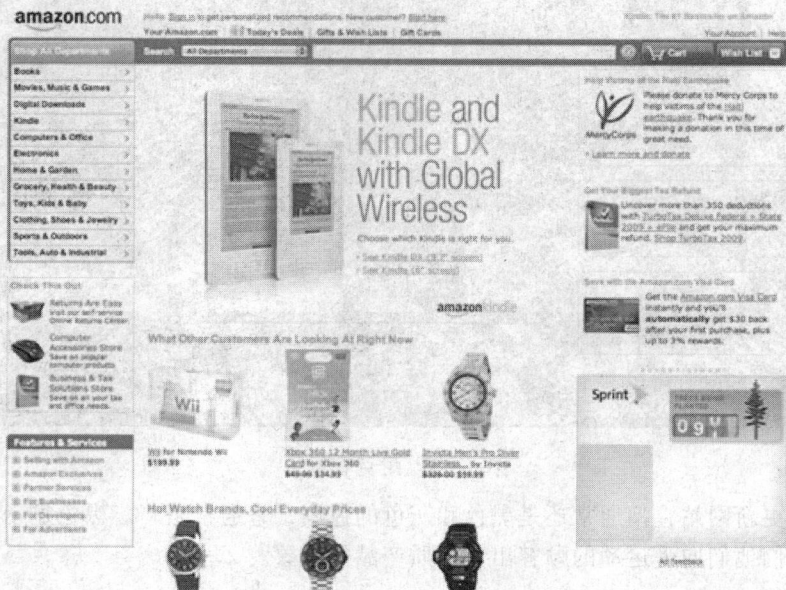

图 8-51　亚马逊官网

亚马逊的网站大多是白色的，白色有着最佳的对比度和可读性。它还显露出整洁性，让用户能自由地浏览网站。以橙色和蓝色的强调色则让用户感到安定、兴奋，也让他们期望找到最满意的采购。

4）Verizon 公司（见图 8-52）

图 8-52　Verizon 公司

红色是 Verizon 的企业品牌主色调，也是贯穿整个网站的颜色。红色有助于刺激用户的兴奋性，展示出一个让人兴奋和快速更新的产品的公司形象。白色背景的运用与亚马逊类似，通过一个整洁有序的界面来帮助用户阅读这个网站。

5）百思买官网（见图 8-53）

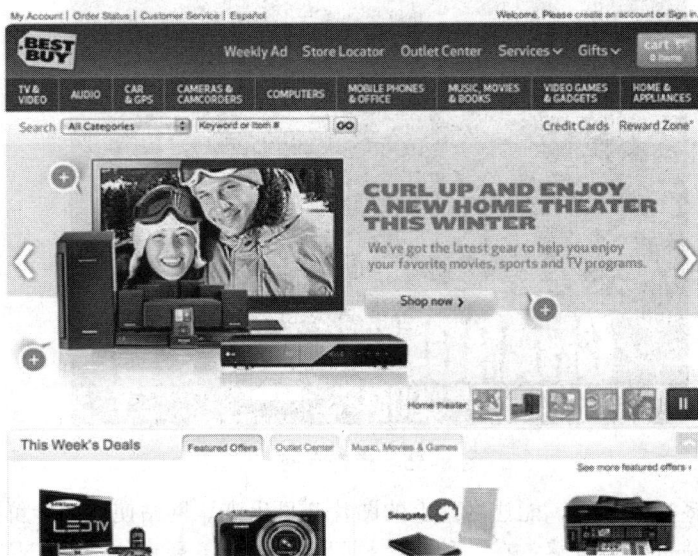

图 8-53　百思买官网

百思买的网站的色调是深蓝色，显露出他们在电子市场中的稳定和实力。顾客在百思买上的大量采购使得他们需要安全感与平和感。黄色散发的快乐气氛让他们在采购时感觉到兴奋与趣味。

6）嘉信理财官网（见图 8-54）

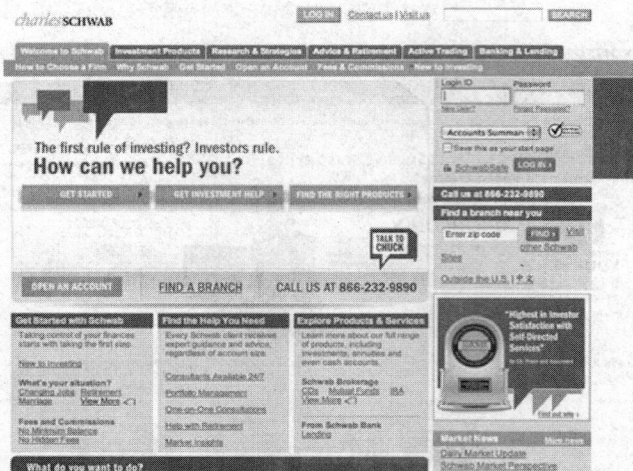

图 8-54　嘉信理财官网

嘉信理财是一家投资公司，在不稳定的市场环境下需要让消费者在其网站上感受到平和。网站使用柔和的深蓝色调来实现这一点，并建立起一种平静、祥和的气氛。中性的棕色则是另一种帮助协调偏激的用户感受的企业色彩。橙色作为强调色，能让用户在买股票时产生兴奋感，同时也为网站带来了幸福感。

7）道奇官网（见图 8-55）

图 8-55　道奇官网

道奇的网站大多是黑色系，能让网站上的图片凸显出来。网站使用一种鲜艳的红色作为强调色。黑色给网站带来力量感，在一种精致与阳刚的氛围下展示他们的产品。黑色是一种不错的颜色，它能使产品看起来珍贵、有价值。红色则表达出激情和兴奋，是希望消费者认为他们是从一个值得信任、质量有保障的公司购买到的车辆。

8）全食食品公司官网（见图 8-56）

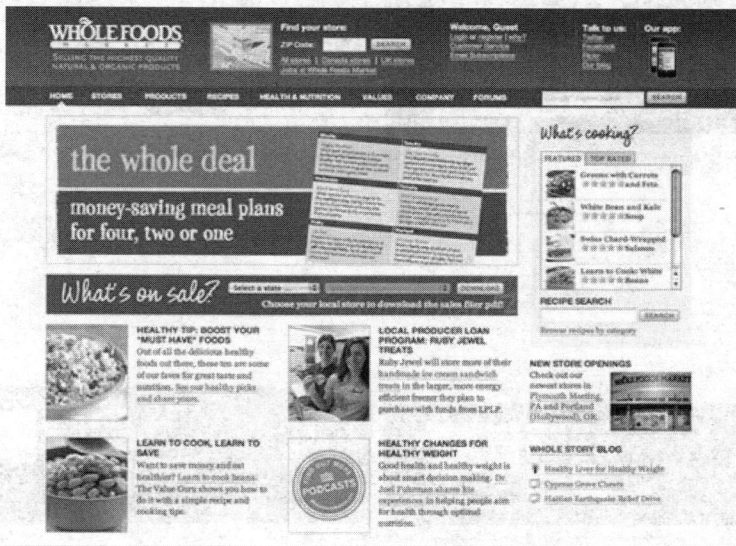

图 8-56　全食食品公司官网

全食食品企业品牌的主色调和他们的网站色调一样，是绿色。全食食品以较高的价格售卖健康的有机食品。网页设计中的绿色很好地展示了他们所珍视的健康与纯净的概念，以及他们亲近自然的产品。他们也用了很配绿色的淡黄色作为强调色，为网站增添了趣味性。

5.　颜色在网站中的运用

不需要描述性的文字，颜色就能赋予网站以意义，无论是否打算为他们加上某种意义，颜色本身就有许多特定的印象。用户浏览网页时，颜色帮助转移用户的视线，指引用户怎么去浏览一个页面。在许多企业的网站中可以看出，颜色表达了情感和价值观，向用户展示着他们公司是怎样的、他们所售卖的产品是怎样的。

仔细挑选补色能让人们更好地运用颜色，一旦选定后，想要表达的意义也就显示出来了，配对色的运用能改变一个网站的意义，给以柔和的蓝色为色调的、表达出平静网站配上明亮的橙色，就能让人感受到更多的兴奋和趣味。

也许客户认为网站的深灰色过多、太过严肃，加上柔和的蓝色能让网站有平静、平和的基调。

8.3　任务实施

任　务　内　容	实　施　环　境
网页界面设计	Photoshop CS6

网页的设计尺寸应符合当前网页的分辨率大小，颜色协调，制作元素细节表现优秀，首页和子页风格统一，主色调应以蓝色为主，给人以宁静，清凉的感觉，任务完成如图 8-57

所示。

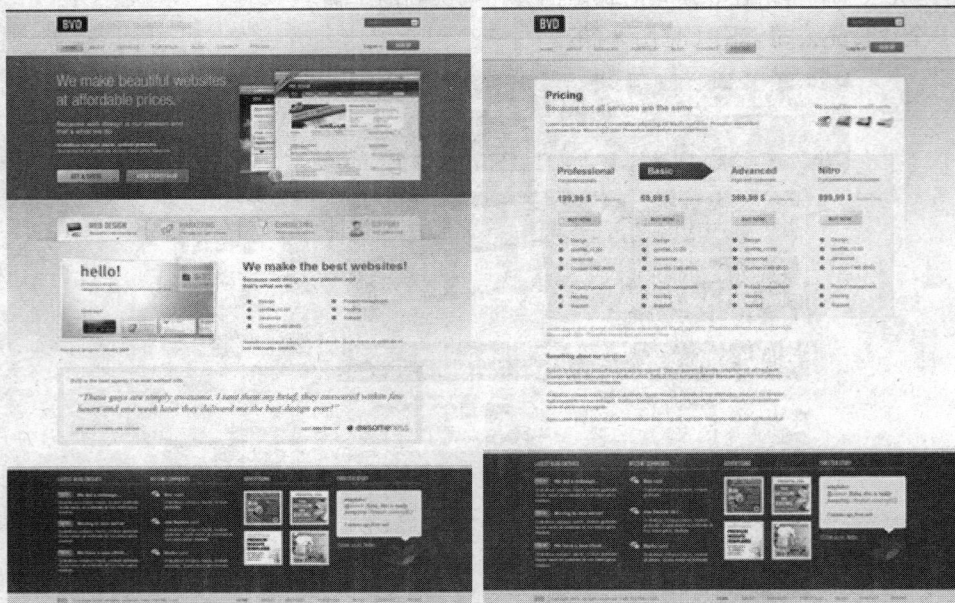

图 8-57　主页、子页最终设计效果

（1）在打开 PSD 网格模板创作前，首先需要构造想象中的结构，从图 8-57 可以看出这是一个有点复杂的结构，需要细致的排版，如图 8-58 所示。

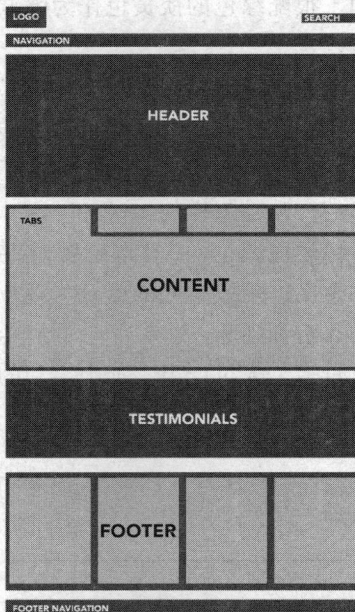

图 8-58　网页布局设计

（2）构造了结构之后，打开 16 栏式的 PSD 模板文件，选择"图像"|"画布大小"命令，把画布的宽度设置为 1200px，高度设置为 1700px，把背景色设置为#ffffff 即白色，如图 8-59 所示。

图 8-59　背景设计

（3）用长方形工具在顶部画一个宽 100%、高 80px 的长方形，用颜色#dddddd 填充它，如图 8-60 所示。

图 8-60　创建长方形

（4）创建一个新层，按住【Ctrl】键单击长方形层，长方形被选中，然后把目标移至刚建的新层上，选择半径 600px 的软笔刷（笔刷设置如图 8-61 所示），把其颜色设置为白色，然后在选框上边缘单击几下，通过这个技巧可画出了一个微妙的照亮效果，把这两层联合起来了。

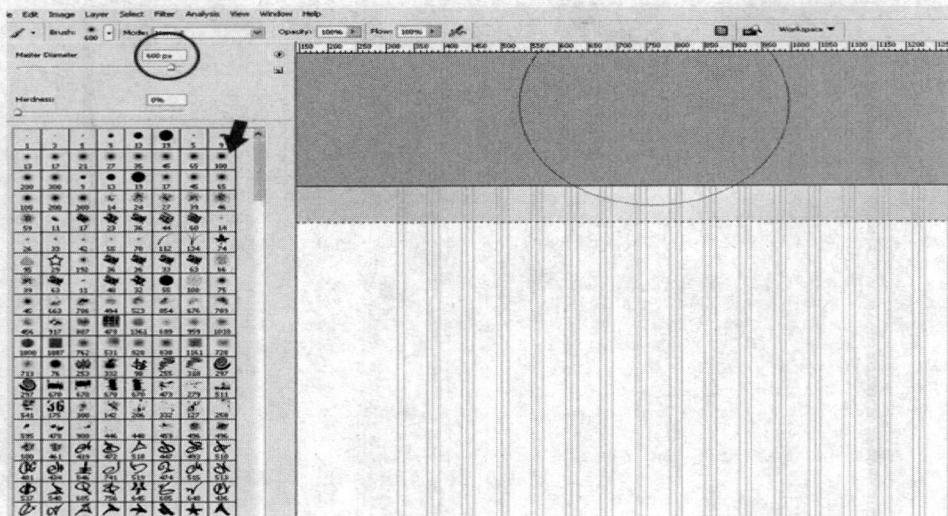

图 8-61　笔刷设置

（5）建一个新层，再用长方形工具在上端画一个深灰色的小长方形，如图 8-62 所示。

图 8-62　创建灰色长方形

（6）在距离上端长方形 500px 处开始画一个宽 100%、高 575px 的长方形，设置其由 #d2d2d0 到 #ffffff 的渐变色，角度为-90，缩放为 100%，如图 8-63 所示。

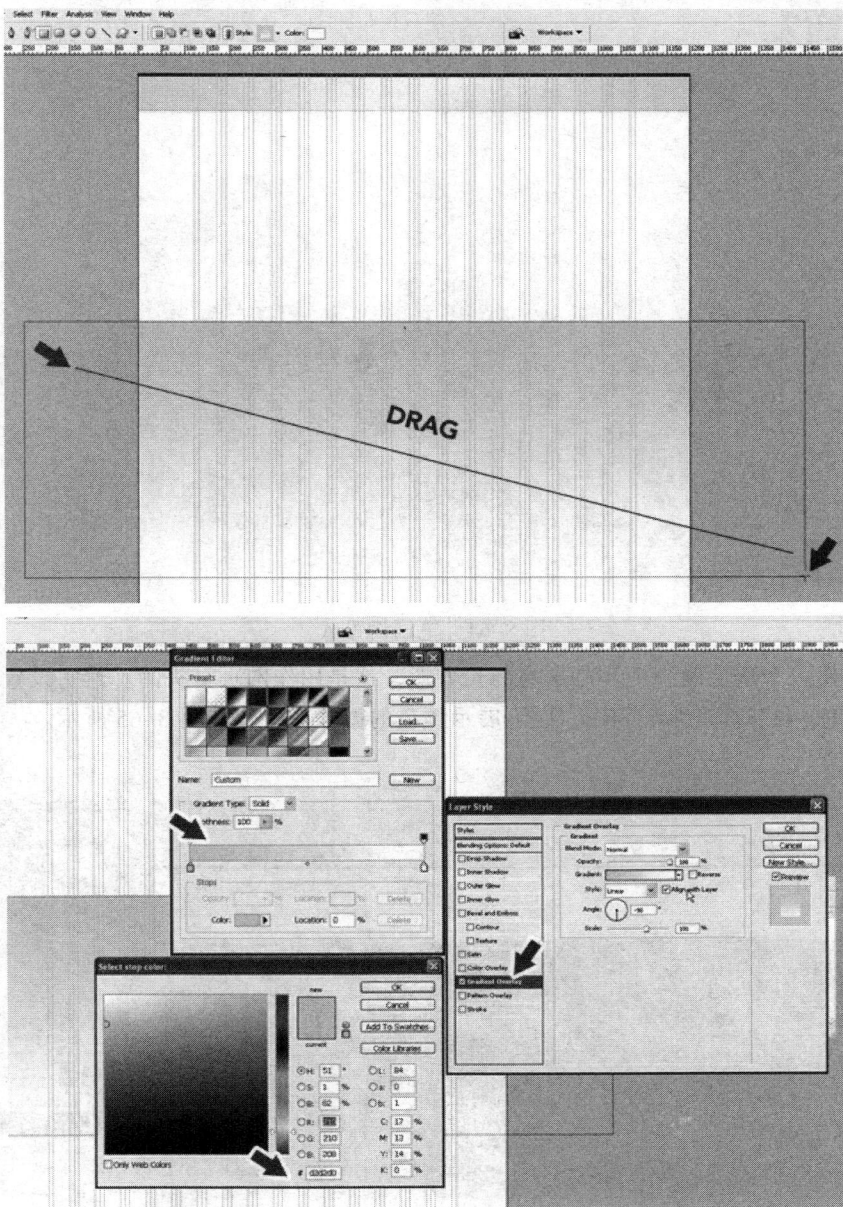

图 8-63　创建长方形 A

（7）如第（4）步那样添加照亮效果。在当前层之上建立一个新层，按【Ctrl】键并单击这个大的长方形，选择 600px 的软笔刷，设置颜色为白色，对选区的边缘多次单击，如图 8-64 所示。

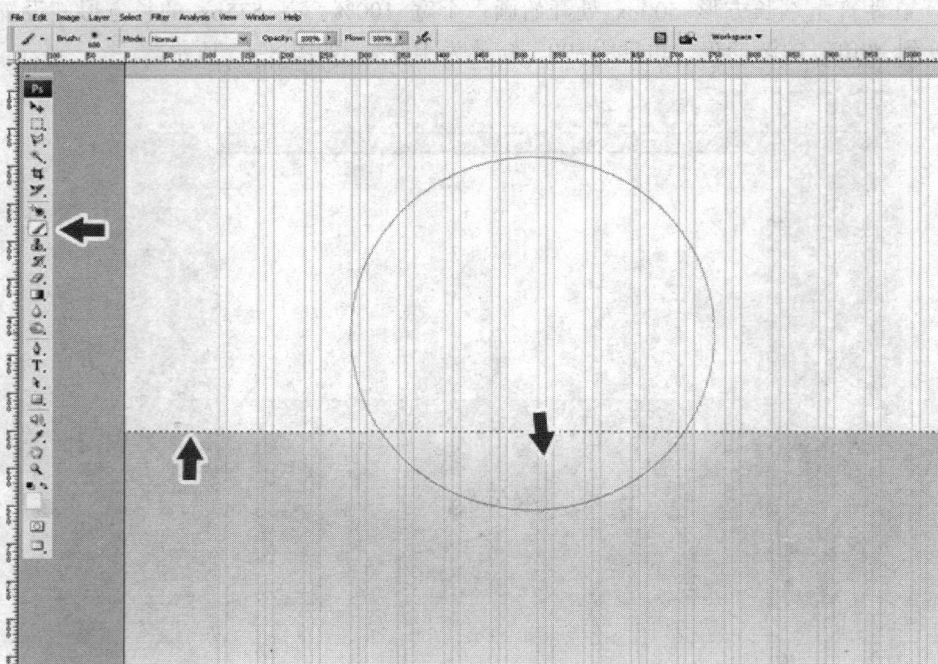

图 8-64　笔刷设置 A

（8）创建一个新层画一个 400px 高的长方形，这是用作网页页头的。给它设置一个线性渐变，由颜色 #2787b7 到#258fcd，以下展示颜色的微妙变化，如图 8-65 所示。

图 8-65　创建长方形 B

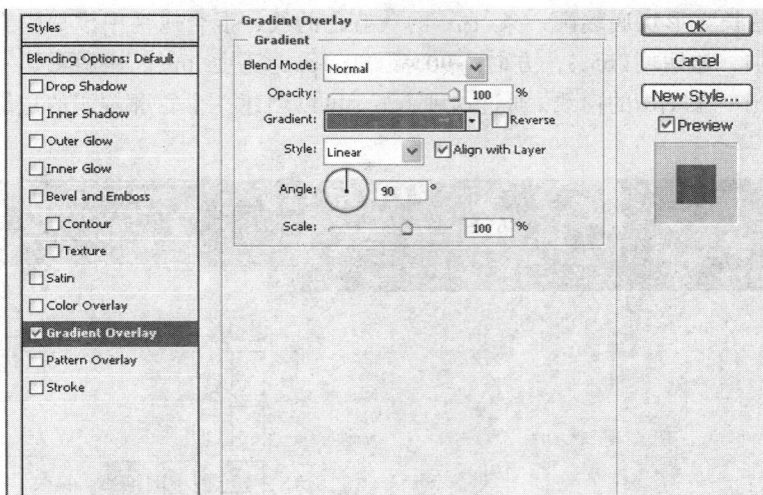

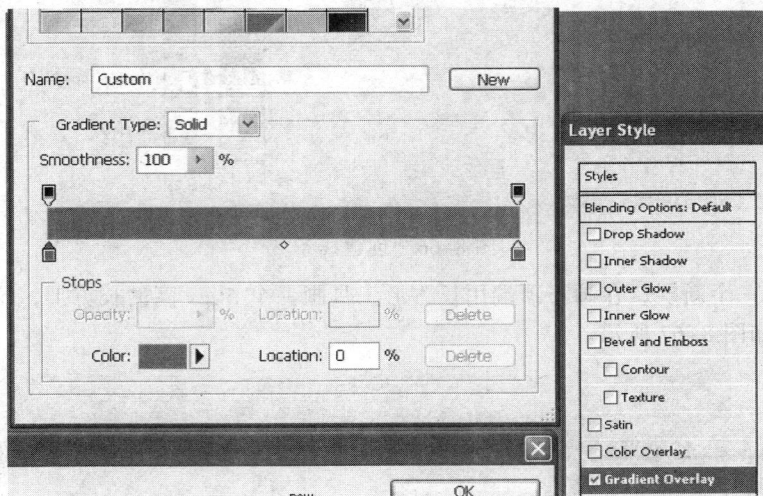

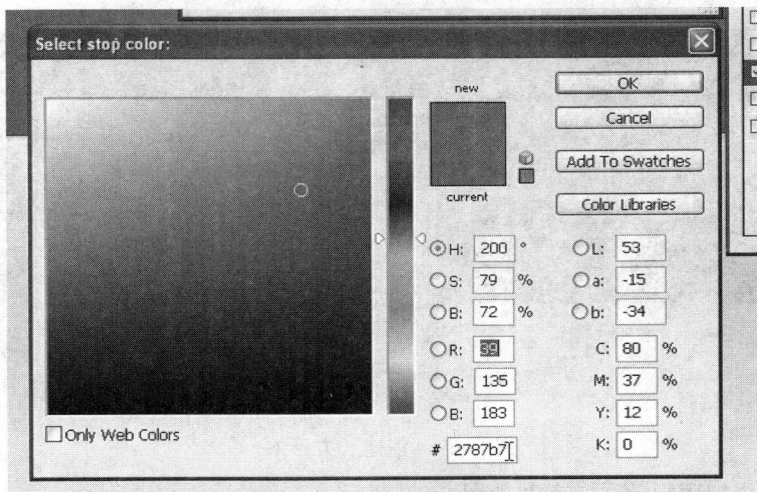

图 8-65 创建长方形 B（续）

（9）在页首长方形块底端画一条 1px 的灰蓝色的线，混合属性中添加阴影效果。阴影参数：正底叠加，透明度：65%，方向：-90，距离：1px，宽度：6px。之后再建一个新层，在灰蓝色线下面画一条 1px 的白线。通过这种方式，可以创建一个轮廓鲜明的边缘，如图 8-66 所示。

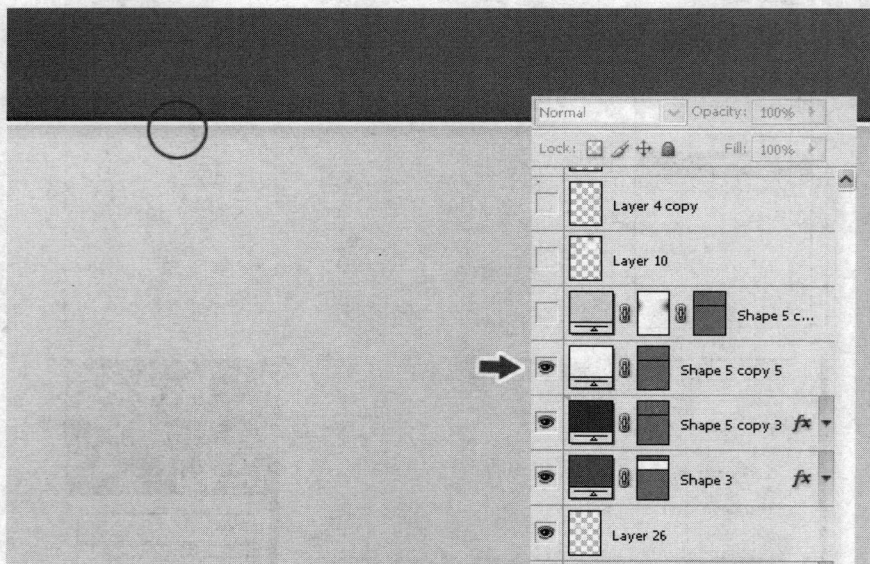

图 8-66　创建线条

（10）创建一个新层，在画布顶端用长方形工具画一个 50px 高的长方形，这个长方形是用作导航的，如图 8-67 所示。

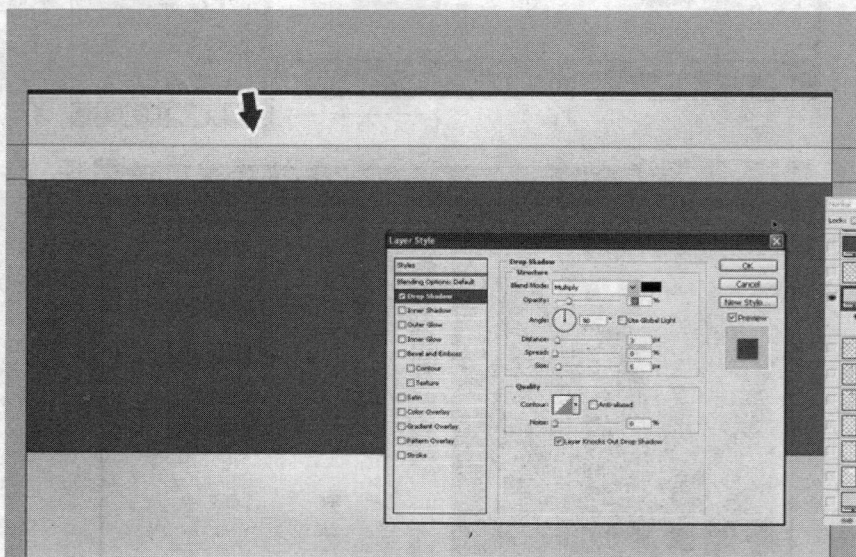

图 8-67　创建长方形 C

（11）为其添加阴影效果，参数如图 8-68 所示。

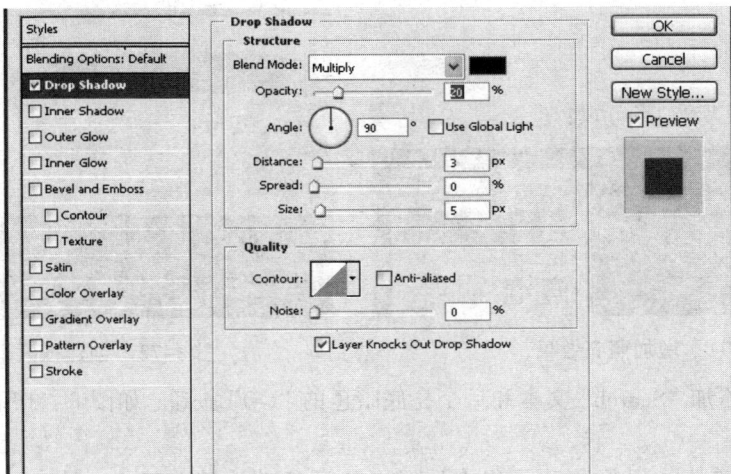

图 8-68 阴影效果设置

（12）开始绘制导航，使用圆角工具设置半径为 5px，画一个圆角长方形，用颜色 #f6a836 填充它， 之后给它添加以下效果。

内阴影– 颜色:#ffffff， 混合模式:正底叠加，透明度:60%，角度:120， 距离:7px， 大小： 6px；内发光 – 混合模式： 正常，颜色:#ffffff，大小：4px，其他参数默认设置；描边 – 大小：1px， 位置:内部， 颜色:#ce7e01，效果如图 8-69 所示。

（13）按【Ctrl】键并单击层产生如图 8-70 所示的收缩设置选区，选择"选择"|"修改" |"收缩"命令，然后在弹出的对话框中输入 1px，单击"确定"按钮。

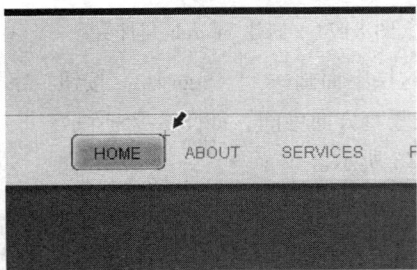

图 8-69 按钮创建

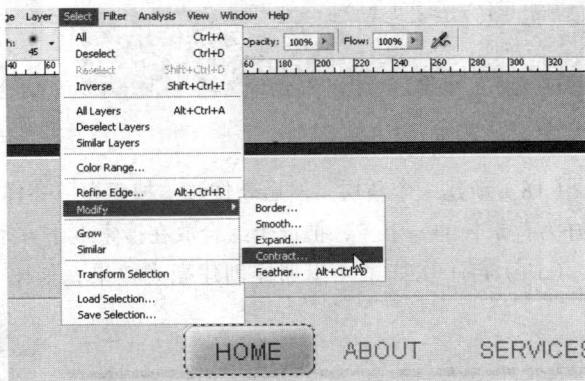

图 8-70 收缩设置

（14）在上面再建一层，把混合模式设置成叠加，然后像第（4）步那样加照亮效果，不过这次用的是小笔刷，如图 8-71 所示。增加导航文字，应用 Arial 字体作为导航的连接字体，所有效果设置为"无"1。

（15）创建搜索框，圆角长方形，半径 5px,在如第（4）步所示的网格的右边、顶端灰色背景网格纹中间创建一个用于搜索的色块。为它增加以下样式。

内阴影 – 颜色:#000000，混合模式：正片叠加，透明度:9%，角度:90，距离:0px，大小：6px；描边 – 大小：1px，位置:内部，颜色:#dfdfdf，效果如图 8-72 所示。

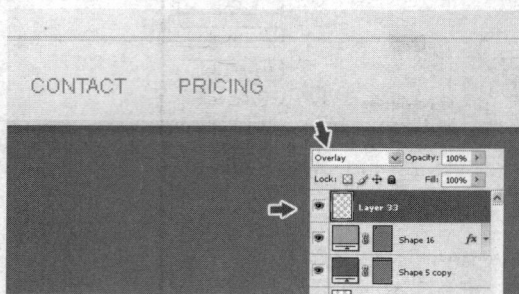

图 8-71　增加照亮效果

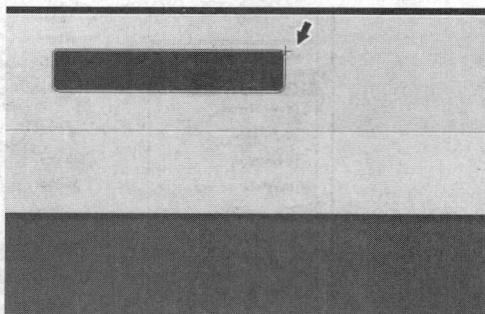

图 8-72　创建搜索框

（16）给它添加"Search"文本和一个亮底暗色的"GO"按钮，如图 8-73 所示添加 Search 所示。

（17）到目前为止已经创建了很多层了，为了条例清楚，建立一个叫"Search"的层文件夹，把所有与搜索相关的层一并拖到这个层文件夹里面去。这样处理可以让创作更合理，如图 8-74 所示。

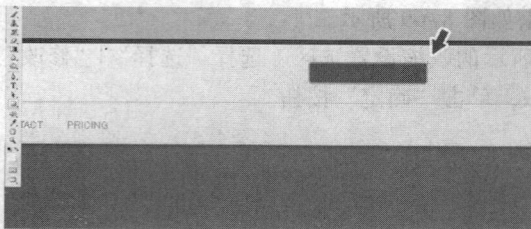

图 8-73　添加 Search

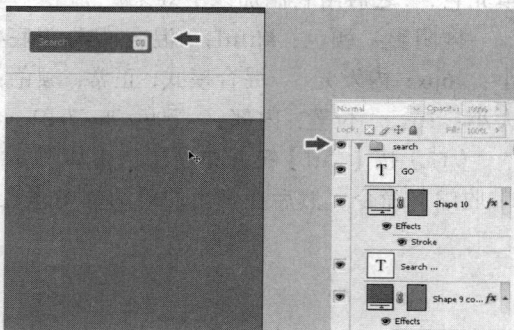

图 8-74　创建 Search 文件夹

（18）新建一个新层，然后就像画"搜索框"一样在这层上面画一个"Sign Up"按钮（字长刚好为背景长的一半），把这个组合放在搜索框下方条纹竖直方向中间，如图 8-75 所示。

（19）再一次如第 4 步那样创建亮光效果，如图 8-76 所示。

图 8-75　创建 Sign Up 按钮

图 8-76　添加光照效果

（20）使用更小的软笔刷，这次的笔触大小为 45px，如图 8-77 所示。

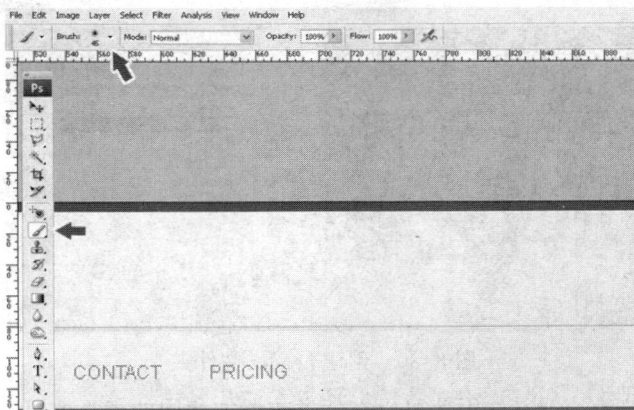

图 8-77　应用小笔刷

（21）加了 logo 和网站描述之后，网页如图 8-78 所示。

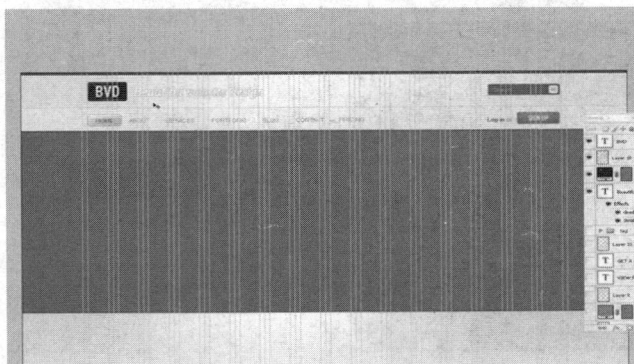

图 8-78　网页初现

（22）回到层结构，创建一个空的层文件夹并命名为"top_bar"，移动所有的图层到这个文件夹里面（包括 logo、条纹、搜索框、注册按钮、导航和背景），如图 8-79 所示。

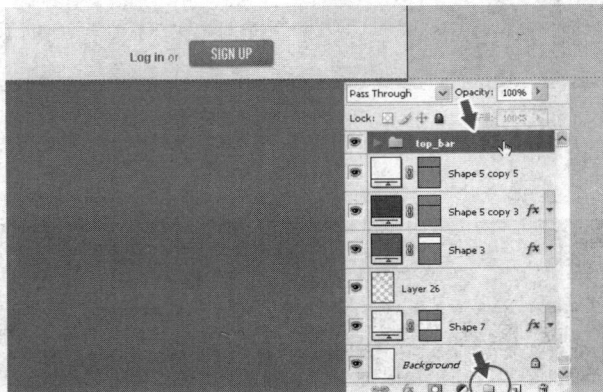

图 8-79　创建 top_bar 文件夹

（23）创建另外一个空层文件夹并命名为"header"，这里用于放置头部图层，如图 8-80 所示。

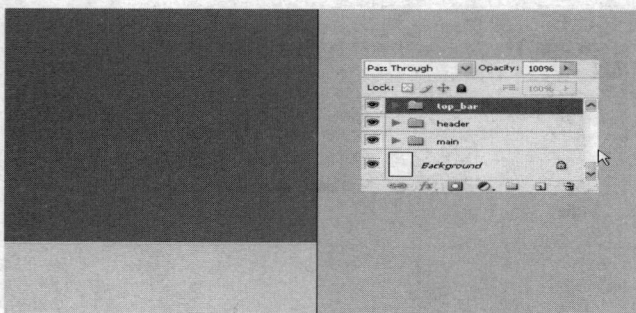

图 8-80　创建 header 文件夹

（24）头部看起来有点平淡，因此可以在任意位置加相同的亮光效果。选中蓝色的头部区域，在它上面创建一个新层并设置其混合样式为"叠加"，如图 8-81 所示。

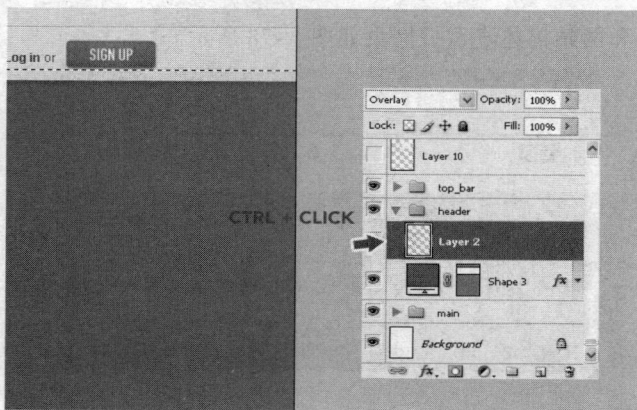

图 8-81　应用图层叠加模式

（25）选一个大点的 600px 软笔刷，颜色为#ffffff 即白色。然后在导航下方单击几次。假如想更有层次感，还可以把颜色调为黑色，然后在头部区底部重复同样操作，如图 8-82 所示。

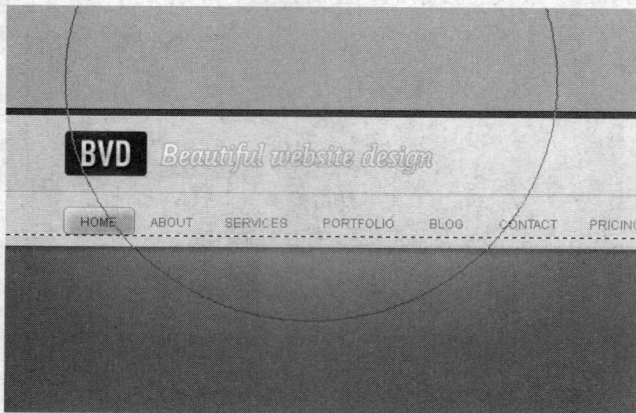

图 8-82　增加层次感

（26）在这一步实现头部图片的反光效果，用自由变换工具按住【Shift】键等比例缩放，用长方形工具在上层的图片下端外部画一个选区，选择"选择"|"修改"|"羽化"命令，在弹出的对话框中输入30，单击"确定"按钮，效果如图8-83所示。

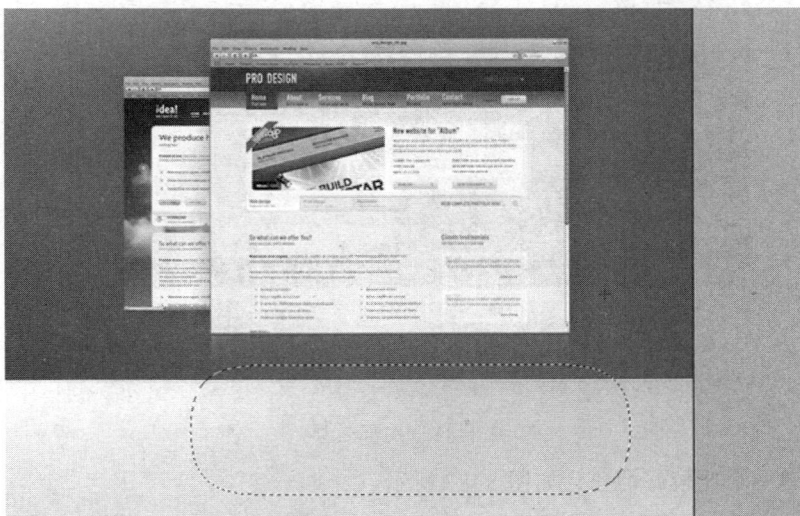

图 8-83　应用羽化选取

（27）为了让两个图片更加突出，可以新建一层，设置该层模式为叠加，重复第（4）步的效果添加的操作，效果如图8-84所示。

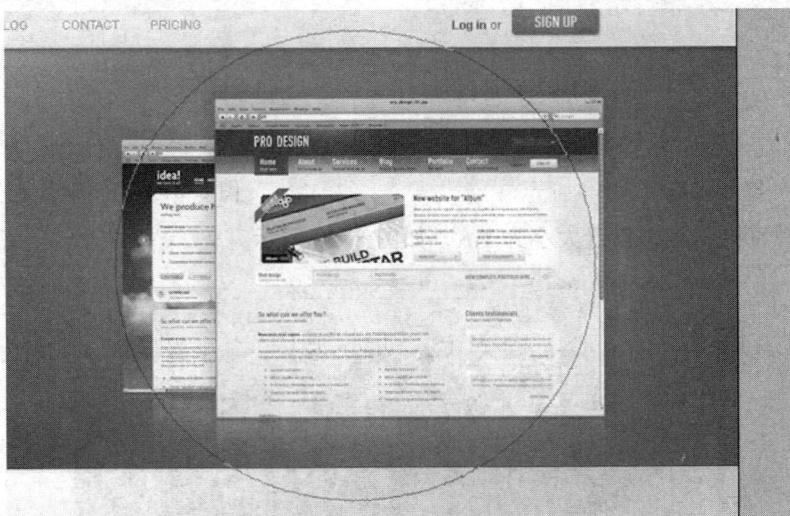

图 8-84　增加图层模式效果

（28）添加了一些按钮和漂亮的条纹之后，头部区域效果如图8-85所示。不要把图层都放在"header"层文件夹里面。

（29）最终效果图里面会看到在内容区域里面有很漂亮的切换页。为了创建这种切换页需要实现额外的一些操作。首先用圆角长方形工具创建一个高70px、圆角半径为10px的图形

（注意要画路径图），不要底部圆角的部分而为它添加一个更好的角效果。用直接选取工具单击这个图形的路径，单击垂直点然后按住 Shift 键往下拉直到达到如图 8-86 所示的状态。

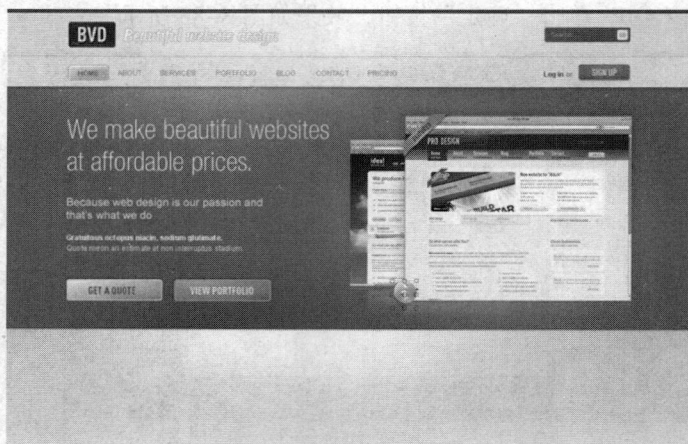

图 8-85　头部效果

（30）创建一个比较好的角，如图 8-87 所示。

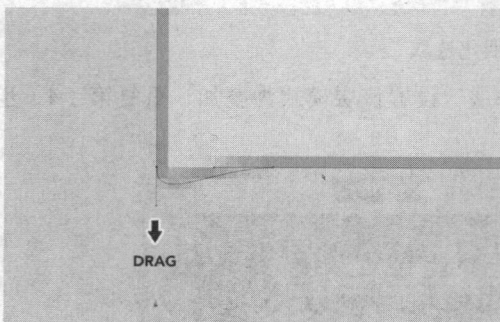

图 8-86　边角细节 A

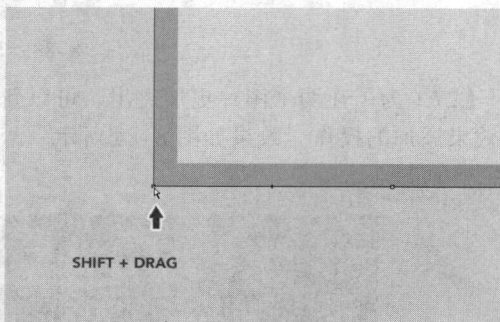

图 8-87　边角细节 B

（31）选择直线工具，设置大小为 1px，如图 8-88 所示 。

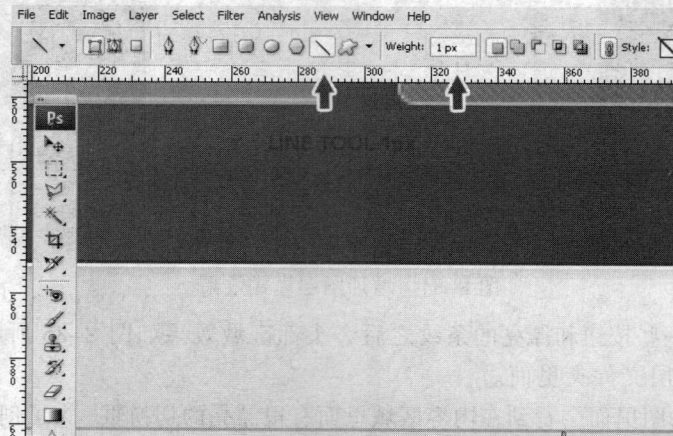

图 8-88　直线设置

（32）按住【Shift】键画灰色的分割线，如图8-89所示。

图8-89　添加灰色分割线

（33）为每个切换标题添加小图标。通常一个切换标题激活，了其他的就处于非激活状态了。为了清楚表达这一点，降低其他图标的饱和度并且降低标题字眼和描述文字的透明度以保证激活的标题处于高亮状态，如图8-90所示。

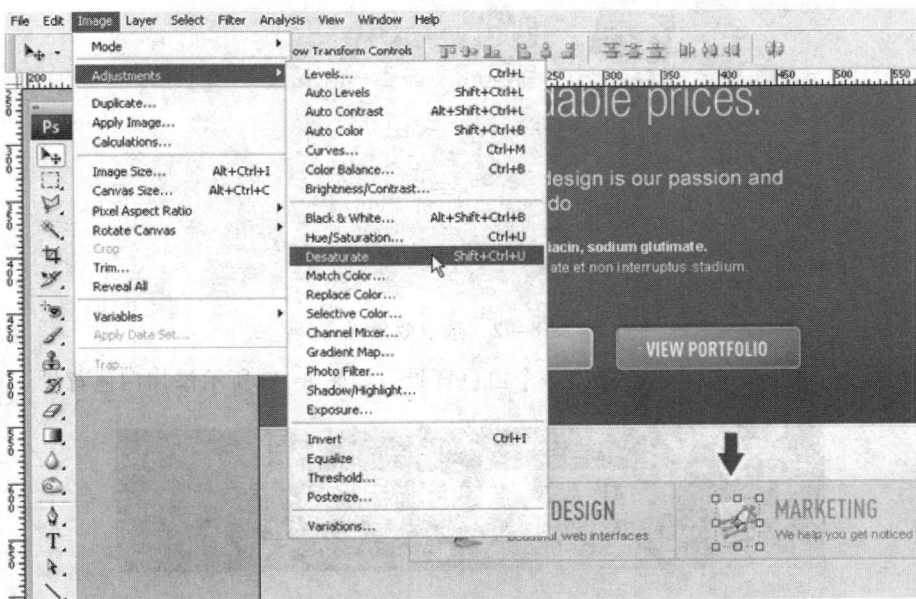

图8-90　设置高亮状态

（34）为了使激活的按钮更加明显，给它添加一个时尚的背景。为了达到这样的效果应把整个对象选中然后裁切选区（按住 Alt 键画选区即可把不要的选区去掉）最终使选中的范围只有第一个按钮，如图8-91所示。

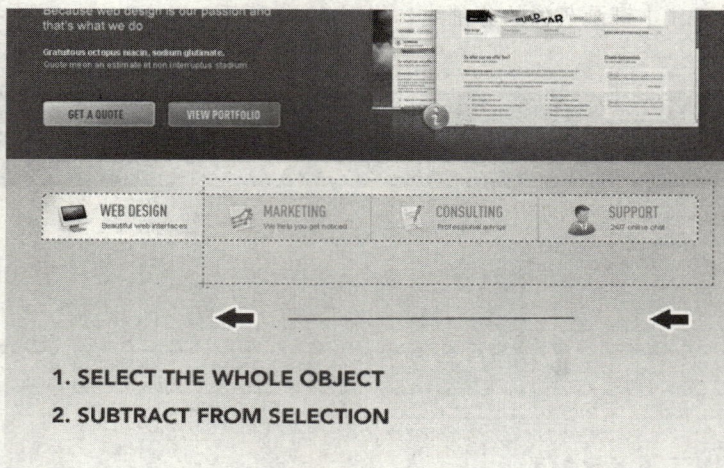

1. SELECT THE WHOLE OBJECT
2. SUBTRACT FROM SELECTION

图 8-91　高亮细节

（35）如图 8-92 所示的选取效果即为所要达到的选区。

图 8-92　选取效果

（36）用一个更小的软笔刷，画出一个白色背景，如图 8-93 所示添加白色背景。

图 8-93　添加白色背景

（37）增加一个阴影：在切换菜单的后面画一个深灰色的长方形，如图 8-94 所示。

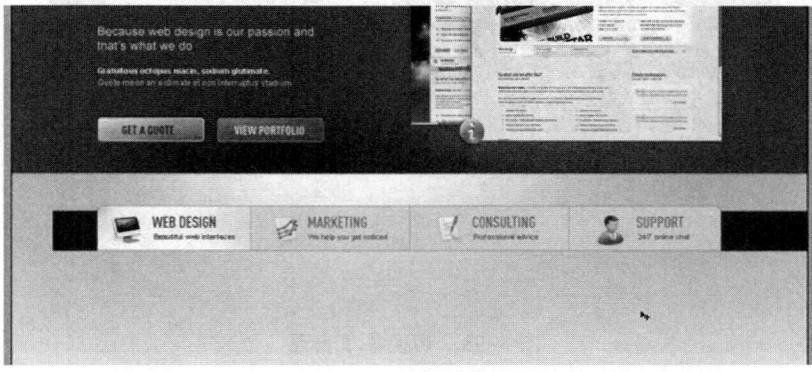

图 8-94　添加长方形

（38）单击图层区底部的小图标给该层增加一个蒙版，如图 8-95 所示。

（39）把前景色设置为黑色，选一个大的软笔刷，在蒙版层上面单击（蒙版上面除了白色之外的颜色都会遮挡图层，如图 8-96 所示）使部分黑色去掉。最终创建了一个比较好看的阴影效果。

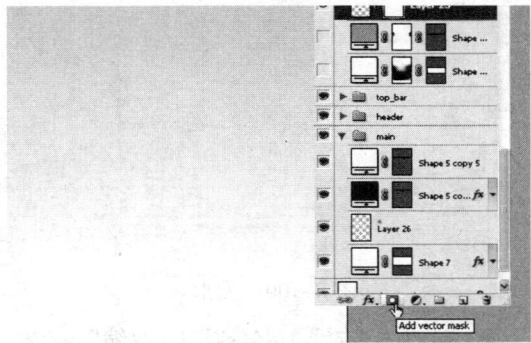

图 8-95　添加蒙版

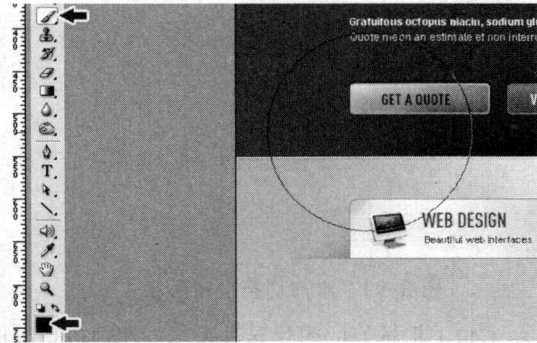

图 8-96　蒙版效果表现

（40）最后添加细节，在切换菜单下方画一个 1px 的灰线。然后如第（39）步用蒙版的方式使左右两端渐变得到一条比较时尚好看的线，如图 8-97 所示。

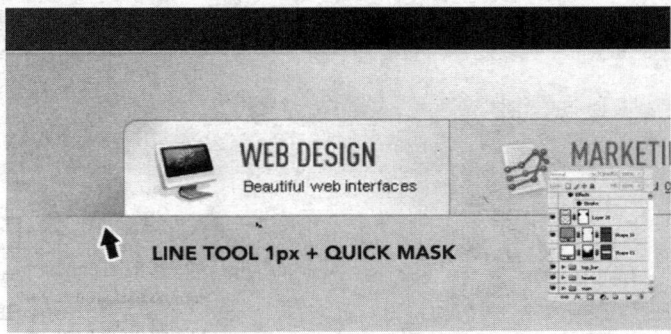

图 8-97　添加 1 像素质感线

（41）切换菜单，如图 8-98 所示。

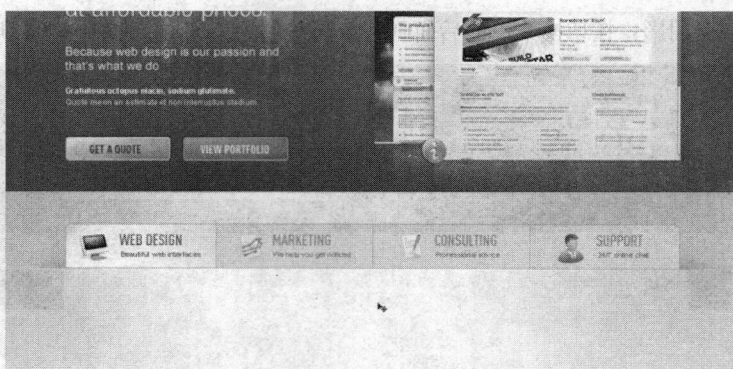

图 8-98 切换菜单表现

（42）设计第一个切换按钮的内容，需要一个精准设计的图像（有好看的标题和一些文字内容）。首先创建这个精准的图片，画一个白色有 1 像素灰色边框的长方形，再给它加上细微的阴影效果，如图 8-99 所示。

（43）复制这一层并用变形工具稍微旋转。重复这个操作几次，如图 8-100 所示。

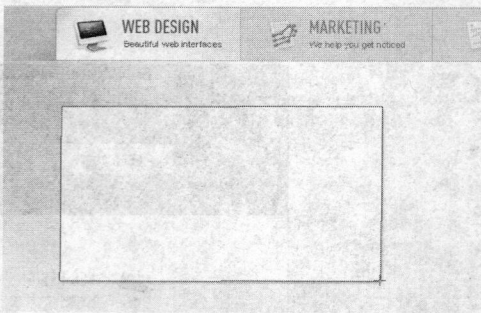

图 8-99 添加切换按钮形状

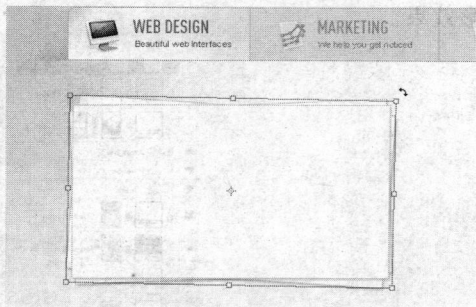

图 8-100 变形

（44）把选好的图片导进来，放在白色长方形上面。选择"选择"|"修改"|"收缩"命令，在弹出的对话框中输入 5，单击"确认"按钮，然后在图层管理区下方单击"添加图层蒙版"按钮，这样图片就只显示选区范围，如图 8-101 所示。

（45）图层状态的表现如图 8-102 所示。

图 8-101 添加图片

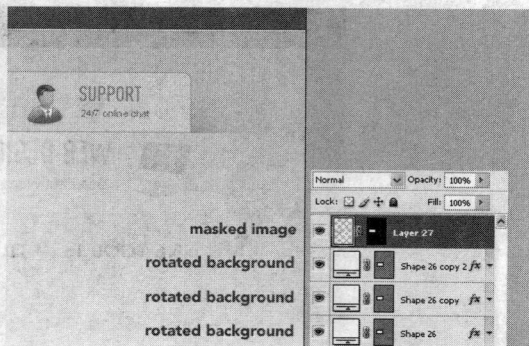

图 8-102 图层状态

（46）整理图层，新建图层夹把图层归类，如图 8-103 所示。

（47）增加一个漂亮的标题、一些文本和列表，添加标题如图 8-104 所示。

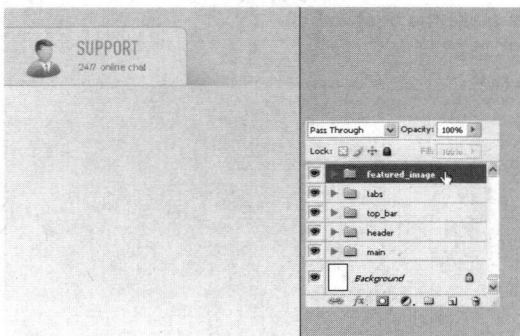

图 8-103　归类

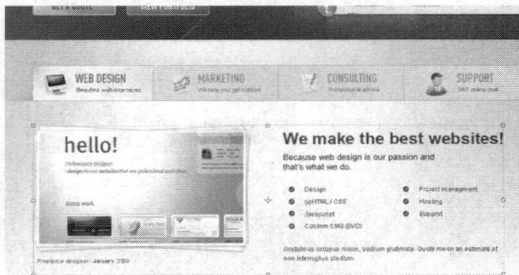

图 8-104　添加标题

（48）组织图层如图 8-105 所示。

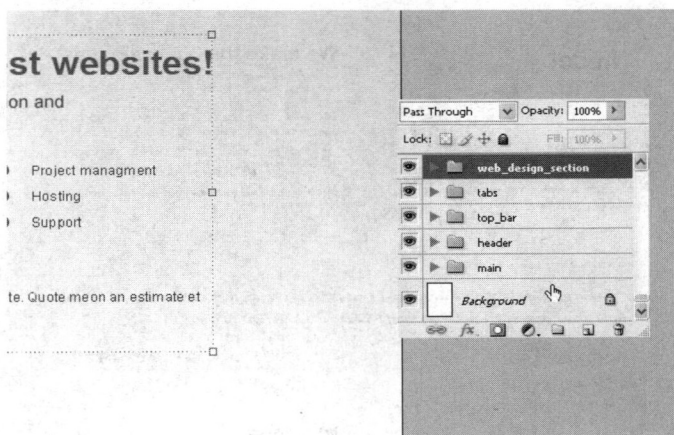

图 8-105　组织图层

（49）首先创建一个大的淡灰色的大概高 220 像素的长方形，设置其有 1 像素的灰色边，如图 8-106 所示。

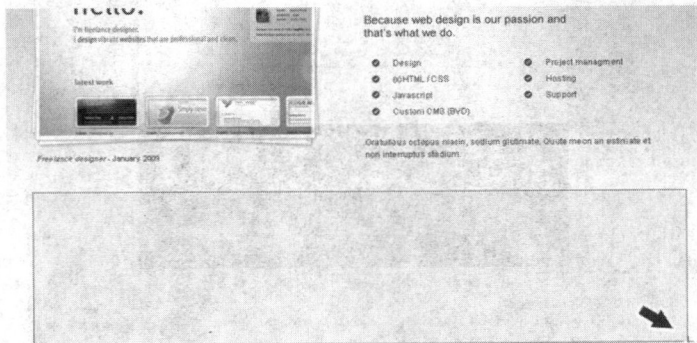

图 8-106　创建灰边矩形 A

（50）然后再画一个上下左右都比它小 10 像素的另一个长方形，同样设置其 1 像素的淡灰色边框，如图 8-107 所示。

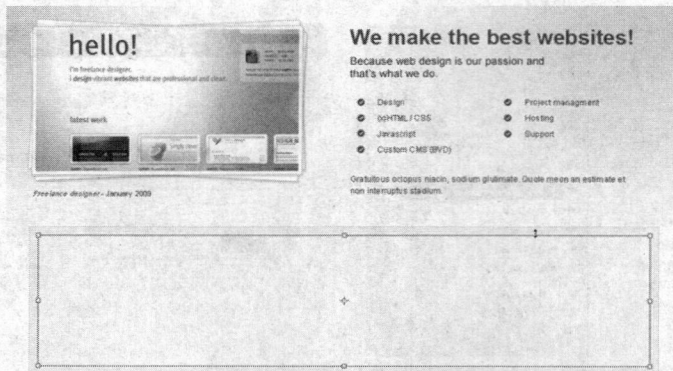

图 8-107　创建灰边矩形 B

（51）最后写上文本就可以了，如图 8-108 所示添加文字。

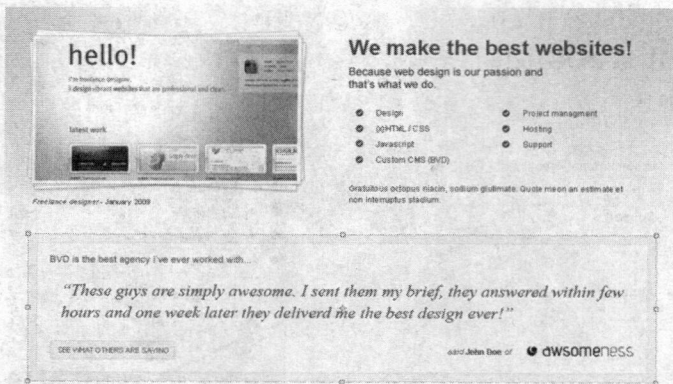

图 8-108　添加文字

（52）制作页脚。画一个 400 像素高的、深黑色的长方形，如图 8-109 所示创建页脚矩形。

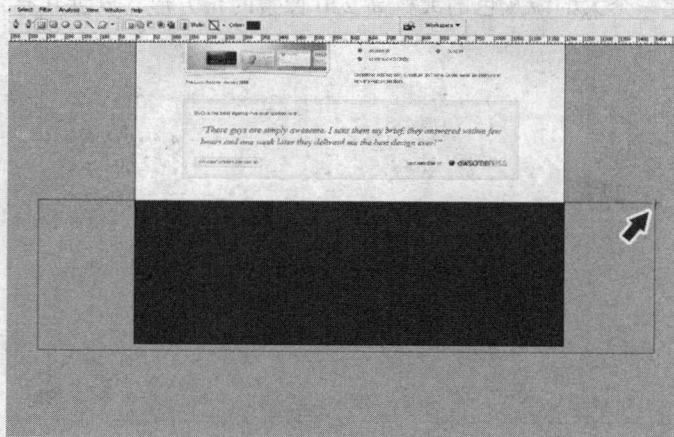

图 8-109　创建页脚矩形

（53）给页脚加亮光效果，如图 8-110 所示。

（54）图 8-111 所示为添加细节矩形，在区域上方画一个 10 像素高的长方形，并且通过在顶端和底部各多加两条线增强细节处理。

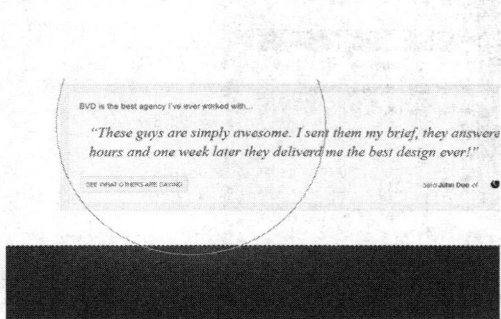

图 8-110　添加亮光效果

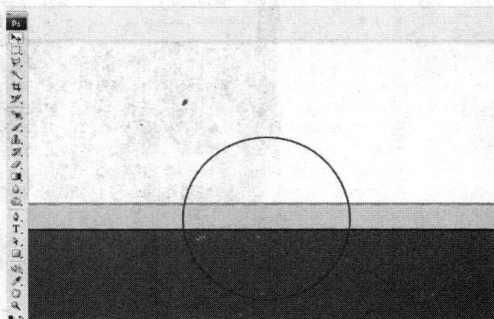

图 8-111　添加细节矩形

（55）创建底端部分用于放置重复的导航。可以复制顶端放置导航的长方形，移动并变形使其 40 像素高，把它放到画布的最底端。注意可能要扩张画布使所有东西都有适合的位置。制约扩张画布的操作：选择"图像"|"画布大小设置"命令，效果表现如图 8-112 所示。

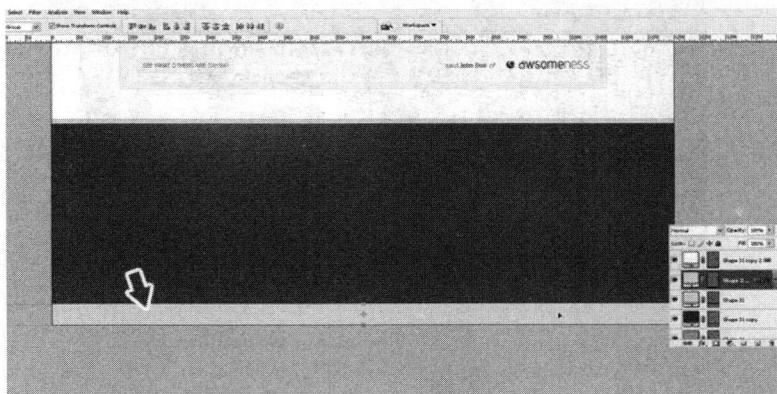

图 8-112　效果表现

（56）再次强化细节。给页脚的导航区顶端加一条白色边，这样有比较好的边框效果，如图 8-113 所示。

（57）给页脚增加内容，可以依据网格合理安置它们，如图 8-114 所示。

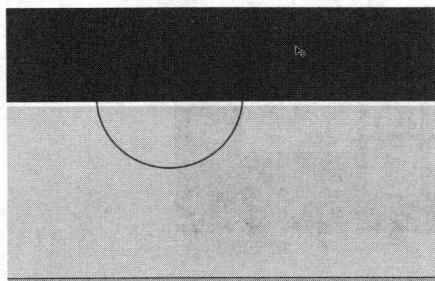

图 8-113　增强细节表现

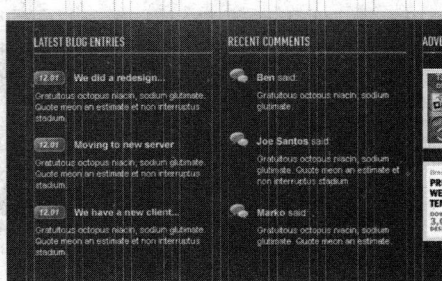

图 8-114　添加页脚内容

（58）把页脚相关的图层整合起来，如图 8-115 所示。

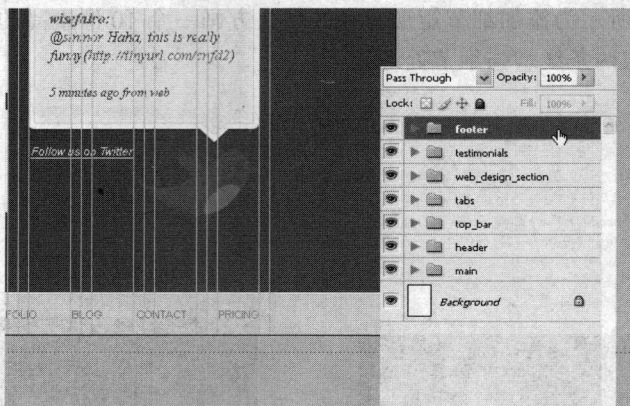

图 8-115　整理页脚图层

至此，整个网页的首页、子页完成，最终效果首页表现如图 8-16 所示，子页表现如图 8-117 所示。

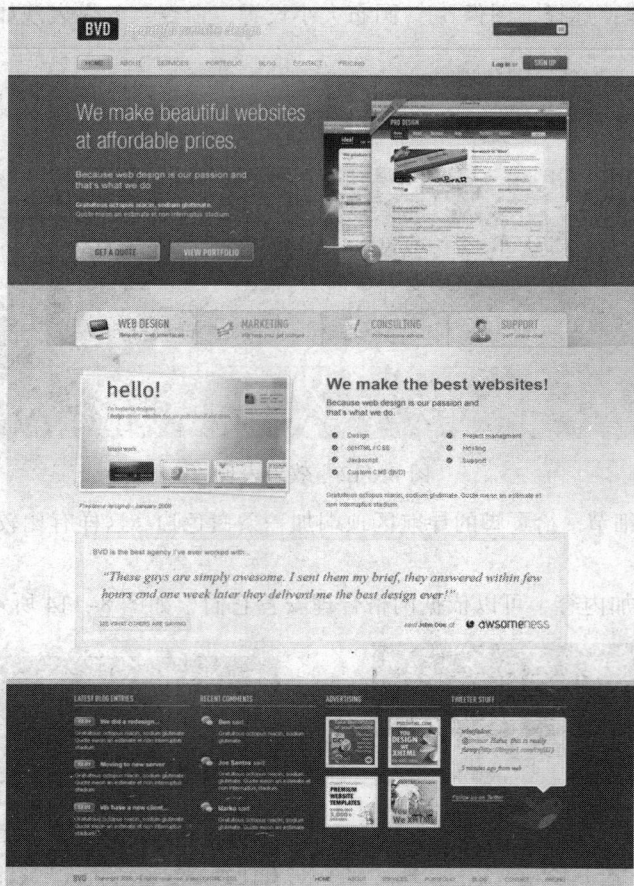

图 8-116　首页表现

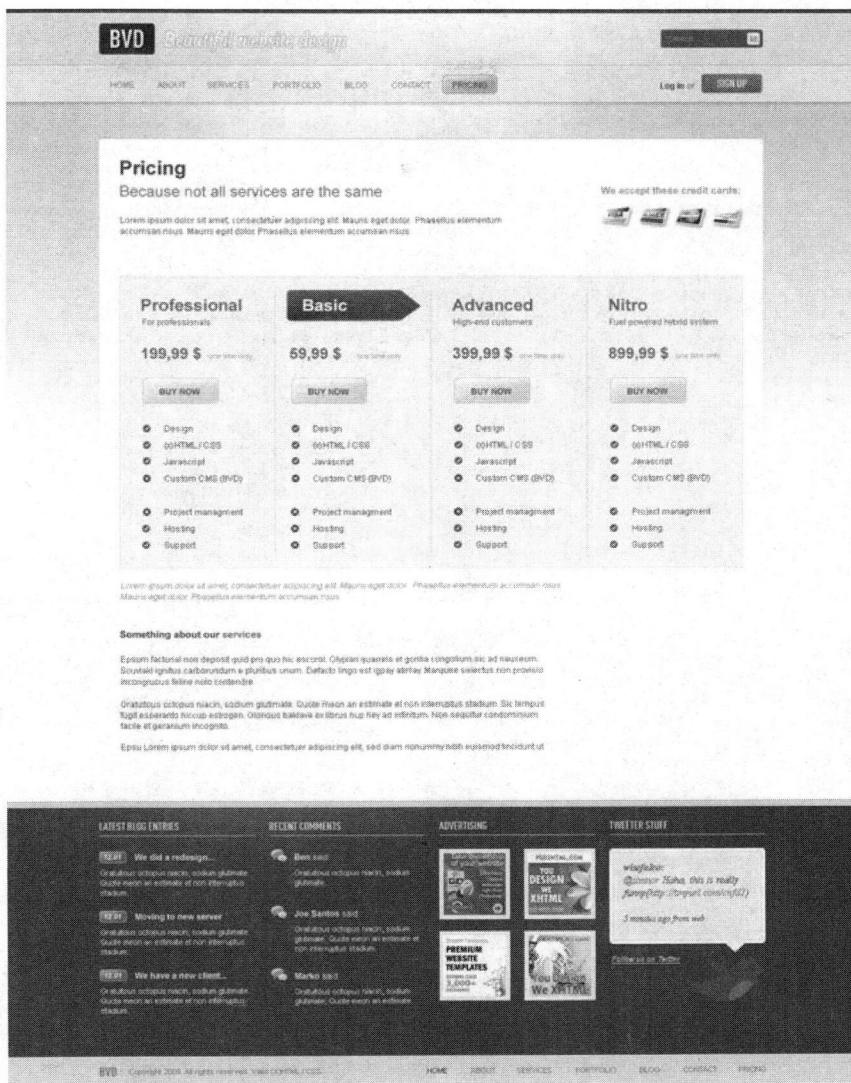

图 8-117　子页表现